TRANSPORTFLUGZEUGE
AUS DER SOWJETUNION

Michael Normann

Motor buch Verlag

Einbandgestaltung: Joachim Schreiber unter Verwendung eines Fotos von Vasily Koba (An-22 und An-225) sowie zweier Aufnahmen von Hendrik van Broekhuizen (IL-76 und An-74).

Bildnachweis: Sofern nicht anders vermerkt stammen die Bilder vom Autor bzw. aus dessen Archiv.

ISBN 978-3-613-04532-3

1. Auflage 2023

Sie finden uns im Internet unter www.motorbuch-verlag.de

Innengestaltung: WS – WerbeService Linke, 76185 Karlsruhe
Druck und Bindung: Conzella, 85609 Aschheim-Dornach
Printed in Germany

Inhalt

Die An-22 ist das größte propellergetriebene Transportflugzeug der Welt. (Foto: Normann)

Vorwort

Wer sich im Internet Filme über das Großmanöver »Waffenbrüderschaft 80«, das der Warschauer Vertrag im Herbst des Jahres 1980 auf dem Gebiet der DDR durchführte, anschaut, wird unweigerlich auf Aufnahmen einer großangelegten Luftlandung stoßen.
Mit einem Mal erschien eine riesige Armada viermotoriger Transportflugzeuge am Himmel, öffnete im Flug die Heckklappen und spie unzählige Objekte aus. Kurz darauf war der Himmel mit Fallschirmen übersät. Es gab kleine, an denen Fallschirmjäger hingen, und es gab größere oder gar Bündel größerer Fallschirme, die Gefechtsfahrzeuge sicher zu Boden gleiten ließen. Durchgeführt wurde diese Luftlandung durch die Transportfliegerkräfte der Sowjetarmee, kurz WTA, mit ihren Flugzeugen der Marken Antonow und Iljuschin. Dieses Bild prägte jedes Großmanöver des östlichen Verteidigungsbündnisses.
Wenn heute, mehr als 30 Jahre nach der Wende, die Zeit der großen Luftlandungen vorbei zu sein scheint, so sind militärische Transportflugzeuge doch auch immer noch unersetzlich. Sie transportieren Menschen und Material zu ihren Einsatzorten und holen sie von dort auch wieder zurück. Welche Bedeutung die Transportflugzeuge haben, wurde in den langen Jahren des Afghanistaneinsatzes der Bundeswehr, aber auch beim Einsatz im westafrikanischen Krisenstaat Mali, deutlich. Die Versorgung der Truppen vor Ort wurde durch die Transportflieger sichergestellt. Viele dieser Flüge fanden mit russischen oder ukrainischen Großtransportern des Typs An-124 Ruslan statt.
Die Ruslan war der Höhepunkt der sowjetischen Transportflugzeugentwicklung. Aus ihr wurde die noch größere An-225 Mrija abgeleitet, die bis zu ihrer Zerstörung im Ukrainekrieg das größte Flugzeug der Welt war.
Doch die Giganten Ruslan und Mrija kamen nicht aus dem Nichts. Sie sind lediglich der Endpunkt einer Entwicklung, die mit dem legendären Doppeldecker An-2 begann und über viele Zwischenschritte zur Ruslan führte. Eng verbunden mit dieser Entwicklungslinie und zugleich ihr Namensgeber war Oleg Antonow. Dieser geniale Konstrukteur war die treibende Kraft, im nach ihm benannten Konstruktionsbüro, das im allgemeinen Sprachgebrauch nur kurz OKB Antonow genannt wurde.
Das OKB Antonow war die Wiege für eine lange Reihe sowjetischer Transportflugzeuge. Antonows Flugzeuge waren und sind für ihre Robustheit, Langlebigkeit und Zuverlässigkeit bekannt. Seine Maschinen stehen auch heute noch im Einsatz.
Das Konstruktionsbüro Antonow war unbestritten die Nummer Eins unter den sowjetischen OKBs, wenn es um den Bau von Transportflugzeugen ging. Doch es stand nicht allein.
Als Konkurrent gab es das OKB Iljuschin, auf dessen Reißbrettern Transportflugzeuge wie die IL-14 oder die IL-76 das Licht der Welt erblickten.
Dieses Buch soll einen Überblick über die sowjetischen Transportflugzeuge, die in der Zeit des Kalten Krieges entstanden, geben. Es soll dem Leser die Entwicklungslinien der Antonows und Iljuschins in kurzer und allgemeinverständlicher Form näher bringen.

Ich hoffe, dass es Ihnen gefallen wird.

Michael Normann

Die An-14 war ein kleines Passagier- und Transortflugzeug, das sich sehr einfach fliegen ließ und auch abseits befestigter Bahnen gut einsetzbar war. (Foto: Neef)

An-2 (Nato-Code: Colt)

Die An-2 wurde in der frühen Phase ihrer Serienfertigung mit gebogenem Propeller ausgeliefert. Man nannte diesen Propeller »Sichel-« oder »Säbelpropeller«. (Foto: Sammlung Normann)

Die Antonow An-2 war sicherlich ein Anachronismus in der Entwicklung des Flugzeugbaus. Zu einer Zeit als die Flugzeugkonstrukteure weltweit vom Strahlantrieb schwärmten und ganz kühne Visionäre schon davon träumten die vielerorts für unüberwindbar gehaltene Schallmauer zu durchbrechen, entwickelte der sowjetische Luftfahrtingenieur Oleg Antonow einen riesigen, einmotorigen Doppeldecker, der als Transportflugzeug und in der Landwirtschaft eingesetzt werden sollte.

Das dieses Flugzeug letztendlich zum Erfolgsmodell wurde gleicht, rückblickend betrachtet, einem Wunder. Das ausgearbeitete Projekt wurde nämlich mehrfach abgelehnt. Die Aufnahme der Serienproduktion wurde massiv behindert und die Fertigung sogar eingestellt. Doch plötzlich erhob sich die totgeglaubte An-2 wie Phönix aus der Asche, startete durch und wurde zur Legende.

Dass es überhaupt zur Entwicklung der An-2 kommen konnte lag an einem Gespräch, das der ukrainische KP-Chef und selbsternannte Landwirtschaftsexperte Nikita Chruschtschow im Frühjahr 1944 mit dem Luftfahrtingenieur Oleg Antonow führte. Chruschtschow zeichnete in diesem Gespräch das Bild der Sowjetluftfahrt, so wie er sie sich nach einem siegreich beendeten Krieg gegen Hitlerdeutschland vorstellte.

Die Probleme, die er umriss, bestanden darin, dass riesige Gebiete des Landes kriegszerstört waren[1], die Infrastruktur größtenteils in einem desolaten Zustand oder gar nicht mehr vorhanden war. Der Wiederaufbau einer zivilen Luftflotte würde deshalb auf ungeahnte Schwierigkeiten treffen.

Zudem waren die Verluste an Menschenleben unvorstellbar hoch[2]. Es würde nach dem Krieg, vor allem in der Landwirtschaft, nicht mehr genügend Arbeitskräfte geben. Deshalb, so glaubte Chruschtschow, müsste die Landwirtschaft mechanisiert werden und das Flugzeug sollte in Zukunft landwirtschaftliche Aufgaben wie Düngung, Schädlingsbekämpfung, aber auch die Aussaat übernehmen. Und genau solch ein Flugzeug wollte Chruschtschow von Antonow haben.

Oleg Antonow sah sich nun vor die Aufgabe gestellt eine Maschine zu entwickeln, die genau für diese Aufgaben zugeschnitten war. Es musste ein Flugzeug sein, das auf keinerlei befestigte Start- und Landebahn angewiesen war, ein Flugzeug das stattdessen von jeder besseren Wiese starten und

[1] Die Sowjetunion war in etwa dreimal so groß wie die USA (ohne Alaska). Ein Drittel, also eine Fläche die in etwa der USA entsprach, war kriegszerstört.

[2] Die Verluste an Menschenleben waren so gewaltig, dass man sich zunächst scheute die wahren Zahlen zu veröffentlichen. Zunächst gab man 6 Millionen Tote zu, später waren es 8. In den siebziger Jahren wurde von 20 Millionen Toten gesprochen. Erst unter Gorbatschow wurde die Zahl von 26 bis 27 Millionen Kriegsopfern genannt.

auf ihr landen konnte, das robust und zuverlässig war und auch mit einfachsten Mittel und unter widrigsten Umweltbedingungen einsatzbereit gehalten werden konnte. Zudem musste es so leicht zu fliegen sein, dass auch mäßig qualifizierte Piloten leicht mit ihm zurechtkommen konnten. Hinzu kam die Forderung nach einer ausreichenden Transportkapazität.
In den folgenden Monaten erarbeitete Oleg Antonow ein dementsprechendes Flugzeugprojekt. Das geschah aber quasi als »Nebenjob«, nach Feierabend, nach seiner eigentlichen Arbeit, denn Oleg Antonow war zu dieser Zeit Stellvertreter des »Jägerkönigs« A. Jakowlew. Seine vorrangige Aufgabe bestand darin die in Massenfertigung hergestellten Jagdflugzeuge Jak-9 und Jak-3 weiterzuentwickeln und zu verbessern. Diese Flugzeuge wurden an der Front dringend gebraucht. Die Entwicklung eines zukünftigen Transportflugzeugs für den Zivilgebrauch hatte daher eher den Stellenwert eines Hobbys.
Um die von Chruschtschow gestellte Aufgabe so schnell wie möglich erledigen zu können griff Antonow auf einen bereits existierenden Flugzeugentwurf zurück. Es war das Projekt »Samoljot Schetirije«[3], an dem er vor Ausbruch des Krieges in Leningrad gearbeitet hatte. Das Projekt sah den Bau eines großen Doppeldeckers vor, der als Transportflugzeug für die Rote Armee gedacht war.
Im Frühjahr 1941 war das »Samoljot Schetirije« aber von den Luftstreitkräften abgelehnt worden, weil man dort für Doppeldecker keine Zukunft sah.
Im August 1944 hatte Oleg Antonow den Entwurf fertiggestellt. Er gab ihm die Bezeichnung SCha-1, bzw. SCha-A[4], wobei das A für Antonow stand. Der Entwurf SCha-1 wurde dem Wissenschaftlichen Flugversuchsinstitut der Zivilluftflotte übergeben. Dort zeigte man aber kein gesteigertes Interesse an einem Doppeldecker. Als Antonow merkte, dass er bei den Behörden nicht durchdrang, versuchte er seinen Chef A. Jakowlew zu überreden die SCha-1 als Prototyp in einem der Jak-Flugzeuge produzierenden Werke herzustellen. Doch Jakowlew lehnte dankend ab. Ein riesiger Doppeldecker, ein Flugdinosaurier, passte nicht zum Image des OKB Jakowlew, das für seine schnellen und wendigen Jagdflugzeuge bekannt war.
Damit war das Projekt SCha-1 zunächst bis Kriegsende begraben. Doch Oleg Antonow gab nicht auf. Er holte die SCha-1 im Sommer 1945 wieder aus der Ablage und als er immer noch keine Unterstützung bekam kündigte er im OKB Jakowlew. Sein Chef wollte seinen talentierten Stellvertreter jedoch nicht verlieren. Deshalb kam man zu einem Kompromiss. Antonow würde ins Flugzeugwerk Nowosibirsk versetzt werden, um dort die Leitung zu übernehmen. In der Abgeschiedenheit Sibiriens könne er weiter an seinem vorsintflutlichen Flugapparat basteln. So wurde es dann auch ausgeführt. Antonow zog nach Nowosibirsk um. Dort erreichte ihn im Oktober 1945 die Nachricht, dass das Wissenschaftliche Flugversuchsinstitut der Zivilluftflotte den Entwurf SCha-1 als nicht zukunftsträchtig ansah und deshalb ablehnte.
Antonow war aber von seinem Entwurf überzeugt. Er scharte Mitstreiter um sich, die bereit waren seine Vision vom landwirtschaftlichen Doppeldecker umzusetzen.
Was folgte war ein Canossagang durch alle Institutionen von Partei und Staat. Antonow erhielt überall Absagen. Doch im

Technische Daten der An-2	
Bezeichnung NATO	Colt
Abmessungen	
Spannweite	18,17 m
Länge	12,40 m
Höhe	4,23 m
Flügelfläche	71,51 m²
Massen	
Leermasse	3.445 kg
Startmasse	5.250 kg
Max. Startmasse	5.500 kg
Treibstoffmenge	1.200 l
Antrieb	1 x ASch-62IR
Startleistung	736 kW / 1.000 PS
Flugleistungen	
Höchstgeschwindigkeit	253 km/h in 1.750 m
Marschgeschwindigkeit	185 km/h
Landegeschwindigkeit	85 km/h
Reichweite	900 km
Gipfelhöhe	5.200 m
Steiggeschwindigkeit	3,5 m/s
Bewaffnung	keine
Nutzlast	1.500 kg Fracht 12 Passagiere 800 l Wasser
Besatzung	2 – 3

[3] Sa-mo-ljot Sche-ti-ri-je, ... Flugzeug 4
[4] Sprich: Es-Cha-Eins, wobei Cha kehlig wie im Wort »Suchen« ausgesprochen wird. Das Kürzel SCha stand für Sjelsko-chos-jeist-we-nuij Samoljot, Landwirtschaftliches Flugzeug.

Die An-2 war ein Flugzeug, das zum Anfangsbestand der NVA gehörte und bis zum letzten Tag im Einsatz stand. (Foto: Sammlung Normann)

An-2 beim Start auf dem Flugplatz Holzdorf. (Foto: Rob Schleiffert)

Januar 1946 gab es endlich einen Lichtblick. A. Jakowlew, in der Zwischenzeit zum Stellvertretenden Volkskommissar für Luftfahrtindustrie aufgestiegen, gab grünes Licht für die Realisierung des Projekts SCha-1. Später, als sich die An-2 als Erfolg herausgestellt hatte, schrieb Jakowlew in seinen Memoiren[5], dass er damals von der Sinnhaftigkeit des Projektes überzeugt gewesen sei. So steht es zumindest geschrieben. Wahrscheinlicher ist, dass Jakowlew, genervt von Antonows jahrelanger penetranter Hartnäckigkeit, letztendlich nachgab und Antonows Lieblingsprojekt genehmigte.

Dann überstürzten sich die Ereignisse. Anfang März erhielt Oleg Antonow vom Minister für Luftfahrtindustrie den Befehl ein einmotoriges Frachtflugzeug in zwei Exemplaren zu bauen und bis Mitte Dezember 1946 der staatlichen Erprobung zuzuführen. Ein entsprechender Forderungskatalog bezüglich der zu erbringenden Leistungen folgte. Um die Forderungen erfüllen zu können wurde Antonow zum Chefkonstrukteur des neuzugründenden Versuchskonstruktionsbüros Nr. 153 ernannt. Für dieses Kollektiv bürgerte sich schnell die Bezeichnung OKB Antonow ein.

[5] Unter dem Titel »Ziele des Lebens« sind sie auch in der DDR veröffentlicht worden.

Der vorgeschriebene Zeitplan war extrem ambitioniert, zumal das Ministerium in den Folgemonaten Änderungen am Entwurf verlangte. Deshalb konnte bis Jahresende (nach anderer Quelle erst im Januar 1947) nur ein Maket[6] der SCha-1 gebaut werden. Danach begann der Bau der beiden Prototypen. Der erste Prototyp erhielt einen 1.000 PS Sternmotor, der zweite einen 720 PS leistenden Antrieb. Ende Juli war der erste Prototyp fertiggestellt. Der Jungfernflug wurde aber immer wieder verschoben, weil das ZAGI[7] die Überprüfung und Bestätigung der vom OKB Antonow angefertigten Berechnungen auf die lange Bank schob. Im ZAGI wollte sich niemand mehr mit einem Doppeldecker beschäftigen. Oleg Antonow flog deshalb höchstpersönlich nach Moskau, um dort an den entscheidenden Stellen Druck auszuüben, damit das ZAGI endlich an die Arbeit ging.

Als das ZAGI nach wochenlangen Verzögerungen die Richtigkeit der Berechnungen bestätigte, war es das Luftfahrtministerium das den Erstflug verschleppte. Die entsprechende Genehmigung der Behörde fehlte. Antonow flog ein weiteres Mal nach Moskau und konnte Ende August 1947 alle notwendigen Papiere erhalten, die für die Durchführung des Jungfernfluges der SCha-1 notwendig waren.

Diese An-2 sind an der sogenannten Vorstartlinie aufgereiht. (Foto: Sammlung Normann)

Am 31. August 1947 startete das Flugzeug endlich zum Erstflug. Es wurde vom Testpiloten P. Wolodin gesteuert. Wolodin war vom Flugverhalten der SCha-1 sehr angetan. Die Werkserprobung endete Anfang Oktober nach 46 absolvierten Flügen. Anschließend wurde die SCha-1 auf eine 3.000 km lange Flugreise geschickt, um auf dem Flugplatz Moskau-Wnukowo die staatliche Erprobung zu absolvieren.

Die staatliche Erprobung erfolgte damals in zwei Stufen. Die erste Stufe wurde von militärischen Testpiloten absolviert. Die

Die An-2 wurde zur Ausbildung von Fallschirmspringern sowohl zivil, als auch militärisch genutzt. Hier steigen NVA Fallschirmjäger zum Sprungdienst in eine An-2 ein. (Foto: Sammlung Scheffler)

[6] Maket, russischer Begriff für eine 1:1 Attrappe. Im englischen Sprachgebrauch wird es als mock-up bezeichnet.

[7] ZAGI… Zentrales Hydrodynamisches Institut. In der englischsprachigen Übertragung vom kyrillischen ins lateinische Alphabet auch als «TsAGI« bezeichnet.

Eine An-2 rollt zum Start. Im Hintergrund ein Schulflugzeug des Typs MiG-21U. (Foto: Sammlung Normann)

Diese ehemals sowjetische Anna wurde in der Landwirtschaft verwendet, um Flüssigdünger und Pflanzenschutzmittel auszubringen. (Foto: Hendrik van Broekhuizen)

meisten Militärflieger fühlten sich an ihrer Ehre gekratzt und empfanden es als Zumutung einen einmotorigen Doppeldecker steuern zu müssen. Dementsprechend waren die Bewertungen der SCha-1.

Allerdings gab es einen Militärtestpiloten, der sich auf das Konzept der SCha-1 einließ, das Flugzeug auf Herz und Nieren testete und ihm eine gute Beurteilung erteilte. Damit war der Weg zur zweiten Stufe der staatlichen Erprobung geebnet. Diese wurde von zivilen Testpiloten durchgeführt.

Die Masse dieser Flüge wurde durch den Testpiloten Lysenko durchgeführt. Lysenko war mit der SCha-1 sehr zufrieden. Er schätze ein, dass das Flugzeug so einfach zu steuern war, dass auch einfache und unerfahrene Piloten leicht mit ihm zurechtkommen würden. Er bescheinigte der SCha-1 eine hohe Zuverlässigkeit und Flugsicherheit.

Das Flugzeug bestand die Erprobung und wurde für den Serienbau vorgeschlagen.

Allerdings mauerte das System erneut. Es fand sich kein Flug-

Auch das kam schon mal vor. Eine An-2 der NVA kollidierte mit einer MiG-21SPS. (Foto: Sammlung Scheffler)

zeugwerk in dem die SCha-1 gebaut werden konnte. Alle Werksdirektoren gaben an, dass ihre Werke vollständig ausgelastet seien und alle Kapazitäten darauf verwendeten moderne Kampf- und Zivilflugzeuge herzustellen. In Wahrheit wollte sich niemand mit einem Doppeldecker abgeben.

Was übrig blieb waren die Flugzeugreparaturwerke in Rostow am Don und Kiew. Die Direktoren beider Werke waren alles andere als erfreut, dass ihre Werke für den Bau der SCha-1 in Frage kamen. Letztendlich entschied Nikita Chruschtschow, dass das Kiewer Werk den Zuschlag erhielt. Chruschtschow sah in der SCha-1, nicht ganz zu Unrecht, »sein Baby« und mit diesem »Baby« wollte er eine eigenständige ukrainische Luftfahrtindustrie aus der Taufe heben. Als das geklärt war genehmigte der Ministerrat am 23. August 1948 den Serienbau der SCha-1 unter der Bezeichnung An-2. Als Produktionsstandort wurde Kiew bestätigt.

Das Werk in Kiew musste für die neue Aufgabe umgebaut werden. Weil der Direktor des Werkes der SCha-1 ablehnend gegenüberstand zog sich die Umrüstung des Werkes in die Länge und als 1949 endlich die Serienproduktion anlief war die erste An-2 von so schlechter Qualität, dass das Militär die Abnahme schlichtweg verweigerte. Mit anderen Worten, in Kiew ging es drunter und drüber.

Um dem abzuhelfen wurde der Werksdirektor ausgetauscht und fortan waren Ingenieure des OKB Antonow vor Ort, um die Produktion zu überwachen. Mitte 1950 lief der Serienbau richtig an. 1952 zog das OKB Antonow von Nowosibirsk nach Kiew um, doch Ende des Jahres kam der nächste Tiefschlag. Auf direkten Befehl Stalins hatte das Kiewer Flugzeugwerk seine Produktion auf den Frontbomber IL-28 umzustellen.

Daraufhin wurde die An-2 Produktionslinie demontiert und zur Verschrottung vorbereitet. Bis zu diesem Zeitpunkt hatten lediglich 185 An-2 das Licht der Welt erblickt. Das OKB Antonow stand vor dem Aus.

Das es dennoch überlebte verdankte es dem ukrainischen Schlendrian. Die Umrüstung auf die IL-28 Produktion kam nur langsam voran. Im März 1953 starb Stalin. Chruschtschow wurde zum neuen starken Mann in der Sowjetunion. Und weil Chruschtschow in der An-2 so etwas wie ein Herzensprojekt sah befahl er deren Produktion neu zu starten.

Die bereits demontierte Fertigungslinie wurde wieder aufgebaut und der Siegeszug der An-2 begann.

Bis 1963 wurde die An-2 in Kiew gebaut. Danach gab man die Fertigung an ein Moskauer Werk ab, wo das Flugzeug bis 1971 vom Band lief. Ab 1960 wurde die An-2 in Polen in Lizenz gefertigt. Im Werk Mielec entstanden, bis zum Ende der Massenproduktion im Jahr 1993, die meisten aller weltweit gebauten An-2. Einige Flugzeuge wurden bis 2002 hergestellt[8]. China baute die An-2 ab 1958 in Lizenz.

Insgesamt sollen 17.000 bis 18.000 An-2 gefertigt worden sein. Etliche dieser Flugdinosaurier sind bis zum heutigen Tag im Einsatz.

Die An-2 wurde in vielen Versionen und Varianten gebaut. Eine Auswahl findet sich am Ende des Kapitels.

Eine interessante Abart der »Anna« war die An-4. Das war im Prinzip eine An-2, bei der man das Räderfahrwerk gegen Schwimmer ausgetauscht hatte. Sie wurde in geringer Stückzahl gefertigt und vorrangig in Gegenden der UdSSR eingesetzt, in denen es aus klimatischen Gründen schwer möglich war eine Fluginfrastruktur aufzubauen, es aber genügend breite Flüsse gab, auf denen ein Flugzeug starten und landen konnte.

Eine weitere interessante Variante der »Anna« war die An-6. Die An-6 war ein meteorologisches Beobachtungsflugzeug.

[8] Angeblich ist es auf Kundenwunsch auch heute noch möglich sich in Mielec eine An-2 neu bauen zu lassen.

Blick ins Cockpit. Man sieht die unterschiedliche Instrumentenaustattung von Pilot und Copilot. (Foto: Giorgio Varisco)

Nach der Wende wurden viele An-2 der NVA privatisiert. Hier sieht man eine solche Maschine beim rollen zum Start auf dem Flugplatz Roitzschjora. (Foto: Normann)

Damit der Wetterbeobachter eine ausgezeichnete Rundumsicht bekam, wurde für ihn eine Beobachtungskanzel auf dem Rumpfrücken des Flugzeugs eingerichtet. Die Kanzel befand sich direkt vor dem Seitenleitwerk. Die An-6 wurde in geringer Stückzahl in den Jahren 1958 und 59 hergestellt.

Die An-2 erwies sich als äußerst langlebiges und vielseitiges Flugzeug. Es erwies sich praktisch als ein Ding der Unmöglichkeit, die An-2 durch einen moderneren Nachfolger zu ersetzen. Nicht das man es nicht versucht hätte. In der Sowjetunion gab es etliche Anläufe eine Nachfolgelösung zu finden. Dazu zählten die An-14 und die aus ihr abgeleitete An-28. Berijew baute die Be-30 und 32 und aus der Tschechoslowakei kam die L-410 Turbolet.

Doch keine dieser Maschinen konnte die An-2 in allen Aspekten ausstechen. Die »Anna« blieb das universellste Fluggerät.

In den 1980er-Jahren gab es international Bestrebungen alte Flugzeugtypen, die sich durch Robustheit und Langlebigkeit ausgezeichnet hatten, mit neuen Triebwerken zu versehen. So

Von hinten gesehen erkennt man die unterschiedliche Spannweiten der oberen und unteren Tragflächen. (Foto: Giorgio Varisco)

sollte den alten Flugzeugen ein neues Leben eingehaucht werden. In der Regel ersetzte man die verschlissenen Kolbenmotoren, für die es oftmals kaum noch Ersatzteile gab, durch Propellerturbinentriebwerke[9].

Im OKB Antonow beobachtet man diesen Trend aufmerksam und glaubte ihn auf die An-2 anwenden zu können. Mit einem PTL-Triebwerk ließ sich, bei vergleichbarer Größe mit dem Ursprungstriebwerk, die Motorleistung erhöhen. Außerdem benötigte die Propellerturbine kein hochwertiges Benzin, sondern konnte mit billigem Kerosin betankt werden. Zur Not konnte auch Diesel als Antriebsmedium herhalten. So glaubte man die Betriebskosten den An-2 reduzieren zu können.

Die Idee wurde zu einem Konzept ausgearbeitet, den entsprechenden Stellen vorgeschlagen und von diesen genehmigt. Dann machte man sich auf die Suche nach einem geeigneten Antrieb.

Die erste Wahl fiel auf das TW2-117. Dieses Triebwerk galt als zuverlässig, hatte es sich doch zehntausendfach als Antrieb des Hubschraubers Mi-8 bewährt. Seine Zeit als Hubschrauberantrieb war jedoch vorbei, weil die Hubschrauberbauer dazu übergegangen waren das leistungsstärkere TW3-117 zu verwenden. Deshalb war das TW2-117 für eine anderweitige Verwendung frei und bot sich quasi als Triebwerk einer modernisierten An-2 an. Man nahm Kontakt zu den Triebwerksherstellern auf, die daraufhin eine Abwandlung des Triebwerks schufen. Das TW2-117A war geboren.

In Kiew wurde nun ein Prototyp gebaut. Man nahm eine alte An-2, entfernte den Kolbenmotor und ersetzte ihn durch das Turbinentriebwerk. Eine neue, aerodynamisch geformte Bugverkleidung wurde gebaut und der alte Vierblattpropeller durch einen modernen Dreiblattpropeller ersetzt.

Als das Flugzeug fertig war erhielt es die Bezeichnung An-3[10]. Bei der Flugerprobung zeigte sich, dass das TW2-117A nicht die optimale Wahl war. Es leistete 1.500 PS und war damit für die An-3 eindeutig zu stark. Deshalb machte man sich auf die Suche nach Alternativen.

Als Ausweg bot sich das GTD-850 an, das man bereits aus der Flugerprobung der An-28 kannte. Dieses Triebwerk, das bei der Flugerprobung der An-28 noch Probleme bereitet hatte, war inzwischen ausgereift und passte sowohl was Größe, als auch Leistungsabgabe betraf, perfekt zur An-3.

Doch es kam anders. Das polnische Herstellerwerk Mielec, das als einziger Hersteller der An-2 verblieben war, zeigte Interesse an der An-3. In diesem Werk wurde aber auch die An-28 gebaut, deren Triebwerke ebenfalls von polnischen Herstellern in Lizenz gefertigt wurden. Aus ökonomischen Gründen war es für die polnischen Hersteller sinnvoll beide Flugzeugtypen mit ein und demselben Antrieb auszustatten.

9 Man denke nur an die legendäre DC-3, die mit PTL-Triebwerken ausgestattet wurde.

10 Diese Bezeichnung war eigentlich ein Verstoß gegen das sowjetische Bezeichnungssystem für Luftfahrtzeuge. Bis dato hatte gegolten, dass Jagdflugzeuge ausschließlich ungerade Nummern zugeordnet werden sollten, während alle anderen Fluggeräte mit geraden Nummern bezeichnet wurden

Immer wieder ein beindruckendes Erlebnis: zwei An-2 im Paarflug. (Foto: Giorgio Varisco)

Ein Blick auf den bulligen Motor der An-2. Der Name dieses Flugzeugs lautet »Rusalka« (Foto: Giorgio Varisco)

Deshalb wurde die An-3 auf das Triebwerk TWD-10B umgerüstet. Die Flugerprobung bestätigte, die Machbarkeit der Umrüstung auf das neue Triebwerk, so dass geplant wurde die An-2 Produktion in Polen auslaufen zu lassen und sie durch die An-3 zu ersetzen.

Doch dazu kam es nicht mehr. Die politischen Umbrüche des Jahres 1989 führten dazu, dass das interessante Projekt An-3 nie wirklich zum Tragen kam.

Die An-2 war ein großdimensionierter, einmotoriger Doppeldecker[11] mit Normalleitwerk und starrem Fahrwerk.

Der Vortrieb wurde durch einen Vierblattpropeller erzeugt. Diesen Propeller gab es in Metall-, aber auch in Holzaufführung. Frühe Modelle der An-2 hatten einen Propeller mit gebogenen Luftschraubenblättern. Für diese Propeller waren Bezeichnungen wie Sichel- oder Säbelpropeller im Umlauf.

Angetrieben wurde die An-2 von einem Sternmotor ASch-62IR[12]. Der Neunzylinder-Motor leistet maximal 736 kW oder

[11] Da die unteren Tragflächen eine geringere Spannweite als die oberen Tragflächen haben wird die An-2 oft auch als Anderthalbdecker bezeichnet.

[12] Dieser Motor des Konstrukteurs Schewzow wird je nach verwendeter Transkription von kyrillischen ins lateinische Alphabet als ASch-61IR oder ASh-61IR bezeichnet.

anders ausgedrückt 1.000 PS. Er hatte einen charakteristischen Klang. Eine An-2 konnte man leicht an ihrem »satten Blubbern« erkennen.
Ein Prototyp und die erste Baureihe der An-2 waren jedoch mit dem schwächeren, nur 720 PS leistenden ASch-21 ausgestattet.
Hinter dem Motor befand sich das recht geräumige, stark verglaste Cockpit. Der Pilot saß in der An-2 links. Er hatte einen vollständigen Satz Bedienelemente[13] und Fluginstrumente. Für den Copiloten gab es nur einen reduzierten Satz Fluginstrumente. Außerdem war der Copilotenplatz in der Regel nicht mit Bremsen ausgestattet. Nur bei An-2 die zur Flugausbildung genutzt wurden, sowie bei Passagierversionen, hatte auch der Copilot Bremsen.

Das Cockpit war durch eine Trennwand vom Frachtraum separiert. Der Frachtraum war 4,10 m lang, 1,60 m breit und 1,80 m hoch. Er hatte ein beachtliches Volumen von 11,81 m³. Der Zutritt erfolgte durch eine große Eingangstür bzw. -luke auf der linken Seite. Bei den Frachtversionen der An-2 war die Tür an einem nach oben schwenkbaren Rahmen montiert. So konnte die Ladeöffnung vergrößert und problemlos Gegenstände bis zu 1,50 m Kantenlänge eingeladen werden.
Je nach Version besaßen die An-2 auf jeder Rumpfseite vier runde bzw. drei eckige Fenster. Letzteres war bei den »Salonvarianten« zur Personenbeförderung der Fall. Diese waren auch mit recht bequemen Sesseln und Bänken ausgestattet. Für die normalen An-2 gab es entweder Klappsitze an den Seiten oder schlichtweg Bänke. Auf ihnen konnten bis zu zwölf Passagiere platznehmen.

Eine farbenfrohe rumänische An-2 im Flug. (Foto: Giorgio Varisco)

Die An-3 ist die Version der An-2, die mit einem PTL Triebwerk ausgerüstet wurde. (Foto: Igor Dubin)

Eine An-2 in den Farben der sowjetischen Luftstreitkräfte. (Foto: Hendrik van Broekhuizen)

Die An-4 wurde dort eingesetzt wo es zwar keine Startbahnen, dafür aber genügend Flüsse gab. (Foto: Sammlung Normann)

[13] Dazu gehörten ein Steuerhorn, Drosselhebel, Pedale und Bremsen.

Die An-4 war eine mit Schwimmern ausgerüstete An-2. (Foto: Sammlung Normann)

Die An-6 war eine Version der An-2, die zur Wetterbeobachtung eingesetzt wurde. (Foto: Sammlung Normann)

An der Kabinendecke war bei den meisten An-2 Varianten ein Stahlseil gespannt. Dieses wurde von Fallschirmspringern genutzt, um dort die Reißleinen ihrer Fallschirme einzuhaken.
Beiderseits der Frachtkabine war das Tragwerk der An-2 mit dem Rumpf verbunden. Die oberen Tragflächen waren dabei als Schulterdecker ausgeführt. Sie waren über die gesamte Vorderkante mit einem automatisch ausfahrenden Vorflügel ausgestattet. An der Hinterkante hatten die oberen Tragflächen im Wurzelbereich Landeklappen, im äußeren Bereich gab es großdimensionierte Querruder. Im Inneren der oberen Tragflächen befanden sich die Treibstofftanks.
Die unteren Tragflächen waren in Tiefdeckeranordnung mit dem Rumpf verbunden. Sie waren, wie die oberen Tragflächen, zweiholmig aufgebaut und besaßen eine große Dicke. An der Hinterkante der unteren Tragflächen gab es über die gesamte Flügellänge Landeklappen. Die Landeklappen wurden zum Start auf 15° und bei der Landung auf 45° gefahren. Sie waren als Schlitzlandeklappen ausgeführt.
Die unteren Tragflächen besaßen eine geringere Spannweite als die oberen Tragflächen. Obere und untere Tragflächen wurden durch einen Stiel verstrebt und zur Verbesserung der Stabilität kreuzweise querverspannt.
Hinter dem rechteckigen Frachtraum veränderte sich der Querschnitt des Flugzeugrumpfes. Er wurde nun oval.

Das äußerliche Erkennungsmerkmal der An-6 war die Beobachterkabine vor dem Seitenleitwerk. (Foto: Sammlung Normann)

Am Flugzeugheck war die An-2 mit einem normal ausgelegten Leitwerk ausgestattet. Das Seitenleitwerk hatte ein großes Seitenruder. Das Höhenleitwerk war abgestrebt und mit Höhenrudern versehen. Alle Steuerflächen der An-2 wurden vom Piloten mittels Seilzügen gelenkt.
Das Hauptfahrwerk der An-2 war starr und aus Stabilitätsgründen verstrebt. Es hatte eine große Spurbreite, um eine ausreichende Standfestigkeit auf schnell vorbereiteten Flugplätzen zu erreichen. Die Räder des Hauptfahrwerks waren mit Bremsen ausgestattet. Die Bremsen wurden am Boden zum steuern des Flugzeugs verwendet.
Das Hauptfahrwerk konnte bei Bedarf mit Skiern ausgestattet oder durch Schwimmer ersetzt werden. Das Heckrad war beweglich. Es konnte ebenfalls nicht eingezogen werden.

Exkurs – Die An-2 in deutschen Diensten:
Die An-2 war ein Flugzeug, das in der DDR lange genutzt wurde. Sie war extrem robust, zuverlässig und langlebig. Sie war das einzige Flugzeug der NVA das zur Grundausstattung der Luftstreitkräfte zählte und bis zum letzten Tag, dem 2. Oktober 1990, im Einsatz stand.
In der NVA wurde sie in vier Versionen eingesetzt. Als An-2T und TP wurde sie zum Transport von Fracht und Passagieren verwendet. Die An-2TD diente als Absetzflugzeug für Fallschirmspringer und die An-2S hatte als Salonflugzeug eine »gehobene« Ausstattung.
Die Aufgaben der An-2 der NVA waren vielfältig. Sie konnte als leichtes Transportflugzeug 1,5 t Fracht befördern, als Passagiermaschine zwölf Personen transportieren und als Sanitätsflugzeug sechs Verwundete und zwei Sanitäter aufnehmen. Bei den Transportfliegern war sie in der ersten Zeit das Standardschulflugzeug.
Die An-2 war in der Lage Fotoflüge zu unternehmen und wurde mit zusätzlichen Funkgeräten und Antennen als fliegende Funkrelaisstation genutzt. Ihre Hauptaufgabe war jedoch das Absetzen von Fallschirmspringern und Fallschirmjägern.
Sie stellte auch die jährlichen Qualifikationssprünge des fliegenden Personals sicher[14]. Bei ihren Piloten und Technikern war die An-2 beliebt. Sie verliehen ihr den Kosenamen »Anna«. Der Flugbetrieb der Fallschirmsportklubs Dynamo Hoppegarten und Dynamo Eilenburg[15] wurden ebenfalls von An-2 der NVA sichergestellt. In beiden Klubs trainierte die DDR Fallschirmnationalmannschaft[16].

Im zivilen Leben wurde die »Anna« vor allem für die Ausbildung von Fallschirmspringern bei der GST[17] eingesetzt. Sie diente aber auch zur Beobachtung und Bekämpfung von Waldbränden oder kam in der Landwirtschaft[18] zum Einsatz.
Nach der Wende wurden viele An-2 stillgelegt, verschrottet oder in Museen abgegeben. Einige Maschinen wurden an Privatpersonen oder Fliegerklubs verkauft. Von diesen Überlebenden sind heute noch etliche im Einsatz.

Einige Versionen:

SCha-1	Prototyp
An-2P	Passagierversion für 12 Passagiere oder 10 Fallschirmspringer oder 1.500 kg Fracht
An-2S	Salonvariante, eckige Fenster, Sessel und Tisch
An-2T	Mehrzweckvariante, in Polen hergestellt
An-2TD	Mehrzweckvariante für Fallschirmspringer und Fracht
An-2TP	Mehrzweckvariante für Personen und Fracht. 12 Klappsitze
An-2W	alias An-4, Wasserflugzeug mit Schwimmern
An-2L	Projekt, Feuerlöschflugzeug
An-2M	in Polen gebaute An-2W
An-2M	Agrarflugzeug, sowjetische Produktion
An-2PP	Feuerlöschvariante
An-2R	Agrarflugzeug zur Schädlingsbekämpfung, hermetisiertes Cockpit
An-2Sa	alias An-6 Meteo, meteorologisches Beobachtungeflugzeug
An-2F	Prototyp eines Artilleriebeobachters, verglastes Rumpfhinterteil
An-3	PTL-Triebwerk TWD-20

14 Um ihre Fluglizenz zu verlängern mussten Piloten, Copiloten und Bordtechniker pro Jahr einen Fallschirmsprung absolvieren.
15 Auf dem Flugplatz Rote Jahne bei Eilenburg war auch »Alpha«, die Anti-Terroreinheit der DDR, stationiert.
16 Jeder Sportklub in der DDR hatte einen »gesellschaftlichen Träger«, der für die finanzielle Rückendeckung und Ausstattung des Klubs zuständig war. Das konnten größere Betriebe wie z.B. Carl-Zeiss-Jena, die Reichsbahn (z.B. Lokomotive Leipzig), das Militär (ASK) oder die Polizei (Dynamo) sein. Die beiden Klubs Dynamo Hoppegarten und Dynamo Eilenburg hatten das MfS als Träger.
17 GST … Gesellschaft für Sport und Technik. Eine Organisation die für die vormilitärische Ausbildung zuständig war.
18 Meist waren es angemietete sowjetische An-2, die zum Zwecke der Düngung aus der Luft eingesetzt wurden. Die DDR Agrarflieger operierten in der Regel mit tschechischen Z-37 und polnischen PZL Kruk und Dromader.

An-8 (Nato-Code: Camp)

Der Begriff »Me too« war, lange bevor er zur feministischen Kampfesformel wurde, ein fester Bestandteil der Betriebswirtschaftslehre. Als »Me too«-Produkt wurde ein Produkt bezeichnet, das ein Unternehmen nur deshalb in sein Portfolio aufnahm, weil es von der Konkurrenz ebenfalls produziert oder verkaufte wurde. Der deutsche Begriff hierfür ist Nachahmerprodukt.

Auch im Flugzeugbau sind jede Menge »Me too«-Produkte zu finden. Die Antonow An-8 gehört dazu.

Der Zweite Weltkrieg hatte gezeigt, wie wichtig Transportflugzeuge sind. Man denke nur an die großen Luftlandungen auf Kreta, bei der Landung in der Normandie oder die Operation »Market Garden«. Transportflugzeuge transportierten aber nicht nur Fallschirmjäger, sondern auch Material, Nachschub, wie Verpflegung, Treibstoffe und Munition, aber auch Verwundete oder einfach nur Soldaten, von einem Ort zum anderen. Die Amerikaner hatten für diese Aufgabe ihre C-47 Dakota, entwickelten aber darüber hinaus eine Vielzahl leistungsfähiger Transportflugzeuge, die in der Masse allerdings zu spät kamen, um noch am Krieg teilzunehmen.

In der Sowjetunion wurde für Transportaufgaben das Flugzeug Lisunow Li-2 verwendet. Die Li-2 war eine überarbeitete Lizenzversion der legendären amerikanischen DC-3, also quasi die uneheliche Schwester der C-47 Dakota.

Für die Zeit des Zweiten Weltkrieges hatte sich die Li-2 als völlig ausreichend erwiesen. Doch hielt dieses Flugzeug den Vergleich, mit den nach dem Ende des weltumspannenden Konflikts von den Amerikanern in den Truppendienst gestellten Transportmaschinen, nicht mehr stand. Die großen amerikanischen Transportflugzeuge, wie die gigantischen C-124 Globemaster, deklassierten die sowjetischen Maschinen um Längen. Wollte die Sowjetunion in einer Liga mit den Amerikanern und Briten spielen, so benötigte sie Transportflugzeuge, die es in ihrer Leistungsfähigkeit mit den westlichen Pendants aufnehmen konnten.

1951, der Serienbau des Riesendoppeldeckers An-2 lief mehr schlecht als recht, stellten sich Oleg Antonow und sein Kollektiv die Aufgabe ein völlig neues Transportflugzeug zu schaffen, das den zukünftigen Anforderungen der sowjetischen Streitkräfte gerecht werden sollte. Hierbei lag der Fokus vor allem auf dem Transport von Luftlandetruppen.

Ideen wurden gesucht, gefunden und im Projekt DT-5/8 gebündelt. Das Kürzel DT stand für »desantij transporter«, zu gut Deutsch »Transportflugzeug der Fallschirmjäger«. Die Zahl 8 symbolisierte die angepeilte Tragkraft in Tonnen.

So entstanden im Flugzeugwerk der sibirischen Stadt Nowosibirsk die ersten Zeichnungen und Berechnungen für das neue Flugzeug. Heraus kam ein völlig neues Design, das radikal mit allem brach,

Technische Daten der An-8	
Bezeichnung NATO	Camp
Abmessungen	
Spannweite	37,00 m
Länge	30,74 m
Höhe	10,05 m
Flügelfläche	117,20 m²
Massen	
Leermasse	24.300 kg
Startmasse	38.000 kg
Max. Startmasse	41.000 kg
Treibstoffmenge	13.080 l
Antrieb	2 x AI-20D
Startleistung	2 x 3.812 kW / 2 x 5.180 PS
Flugleistungen	
Höchstgeschwindigkeit	520 km/h in 5.000 m
Marschgeschwindigkeit	450 km/h
Reichweite	3.400 km
Gipfelhöhe	9.600 m
Bewaffnung	4 x 100 kg Abwurfwaffen 2 x Kanonen AM-23 mit je 350 Schuss
Nutzlast	10.000 kg Fracht normal 11.000 kg Fracht maximal 60 Passagiere 40 Fallschirmjäger 50 Verwundete
Besatzung	6

was man in der Vergangenheit für Transportflugzeuge notwendig erachtet hatte. Bisher waren alle Transportflugzeuge Tiefdecker gewesen. Ihre Beladung erfolgte durch große Tore in der Seite der Frachtkabine. So hatten es Amerikaner, Briten, Franzosen, Deutsche und Sowjets in der Vergangenheit stets gehalten.

Antonow ging bei der DT-5/8 einen völlig anderen Weg. Er konstruierte ein Flugzeug mit einem großen, voluminösen Rumpf. Beladen wurde das Flugzeug durch eine große Heckklappe, die sich absenken ließ und im abgesenkten Zustand als Laderampe

Modell des Projektes DT-5/8. Für seine Zeit war das ein revolutionärer Entwurf für ein modernes Transportflugzeug. (Foto: OKB Antonow)

fungierte. Um den Zugang zur Laderampe zu erleichtern, wurde die Hecksektion hochgezogen. Diese Detaillösung war so genial, dass sie Antonow bei all seinen Transportflugzeugen, die er in den folgenden Jahren konstruieren sollte, weiter verwendete. Der Rumpfquerschnitt der DT-5/8 war kreisrund und so dimensioniert, dass man Fahrzeuge bis zur Größe eines PKWs unterbringen konnte. Der Boden des Frachtraums war verstärkt, damit der die Last von Fahrzeugen und Fracht aushielt. An den Seitenwänden der Frachtkabine waren Sitzreihen für Fallschirmjäger oder Passagiere vorgesehen.

Eine An-8 der sowjetischen Transportfliegerkräfte rollt zu ihrer Parkposition auf einem Flugplatz. Vorn links sieht man die Nase einer Li-2. (Foto: Sammlung Normann)

Das Fahrwerk der DT-5/8 war revolutionär. Es bestand aus einer Vielzahl relativ großdimensionierter Räder, die an sehr kurzen Fahrwerksbeinen montiert waren. Das machte die Konstruktion außerordentlich robust, so dass Einsätze auch von unvorbereiteten Rasen- oder Schotterpisten aus durchgeführt werden konnten.

Weil die Fahrwerkskonstruktion nur eine geringe Bodenfreiheit erlaubte, konnten die Tragflächen der DT-5/8 nicht wie gewohnt in Tiefdeckeranordnung angebracht werden, weil sonst die Propeller der Triebwerke Gefahr liefen Bodenkontakt zu erhalten. Deshalb wurde die DT-5/8 als Schulterdecker ausgelegt. Das hatte außerdem den Vorteil, dass die Triebwerke durch aufgewirbelten Staub oder Steine weniger gefährdet waren. Nachteilig war allerdings, dass die Lärmbelastung in der Kabine höher ausfiel, als man es von Tiefdeckerflugzeugen gewohnt war.

Als Antrieb sah Oleg Antonow zwei Triebwerke des Typs TW-2 aus dem Konstruktionsbüro Kusnetzow vor. Das TW-2 war ein Propellerturbinentriebwerk mit gegenläufigem Doppelpropeller. Es leistete 6.500 PS. An seiner Konstruktion waren maßgeblich deutsche Ingenieure beteiligt, die nach dem Zweiten Weltkrieg als »menschliche Kriegsbeute« in die Sowjetunion gebracht worden waren.

Als Alternative waren zwei Ljulka AL-7 Strahltriebwerke vorgesehen.

Bei der Gestaltung von Tragflächen und Seitenleitwerk ließ sich Oleg Antonow von den neuesten aerodynamischen Erkenntnissen leiten. Er verabschiedete sich von den abgerundeten Formen, wie sie in der Zeit zuvor Mode gewesen waren und verwendete ein Design mit klaren, geraden Formen. Der Rumpfbug der DT-5/8 hingegen erinnerte mit seinen vielen kleinen Glasfenstern noch stark an den deutschen Bomber He-111.

Zur Selbstverteidigung sollte die DT-5/8 zwei fernbediente Geschütztürme erhalten. Einer wurde auf dem Rumpfrücken positioniert, der andere direkt im Heck. Beide Türme sollten zwei 23 mm Maschinenkanonen erhalten. Inspiriert wurde ihr Design von der Heckbewaffnung der Ju-188.

Im Dezember 1951 war das Projekt DT-5/8 fertiggestellt und bereit zur Präsentation.

Um den Vertretern von Partei und Streitkräften eine Vorstellung zu geben, wie das neue Flugzeug aussehen würde, wurden ein kleines Holzmodell, sowie ein Maket, also eine Attrappe, der Bugsektion gebaut.

Die Vertreter des Militärs waren hin- und hergerissen. Auf der einen Seite gefiel ihnen die Perspektive, die ihnen das neue Design bot. Doch auf der anderen Seite missfielen ihnen zahlreiche Detaillösungen der DT-5/8, darunter auch die Bugsektion.

Deshalb wurde die DT-5/8 auch nicht für die nächste Entwicklungsstufe, d.h. dem Bau von Prototypen, zugelassen. Stattdessen sollte das Flugzeug radikal überarbeitet werden.

Das geschah dann nach dem Umzug des Konstruktionsbüros von Nowosibirsk nach Kiew.

In Kiew gingen die Arbeiten am Projekt weiter. Es erhielt hausintern die Bezeichnung »Isdelije P«, zu gut Deutsch »Erzeugnis P«, wurde aber verkürzt oft nur als »P« bezeichnet.

1953 waren die Arbeiten bereits so weit fortgeschritten, dass die projektierten Daten den Anforderungen der Transportfliegerkräfte genügten. Deshalb wurde am 11. Dezember 1953 ein Ministerratsbeschluss herbeigeführt, der dem OKB Antonow befahl das Projekt »P« vollständig auszuarbeiten und bis zum Attrappenstadium voranzutreiben. Ein korrespondierender Befehl des Luftfahrtministeriums erfolgte wenige Tage später.

Auf das OKB Antonow kam nun ein großer Berg Arbeit zu, der mit dem zur Verfügung stehenden Personal nicht zu bewältigen war. Deshalb bemühte sich Oleg Antonow neue Mitarbeiter anzuwerben. Er ging sogar so weit einen kompletten Absolventenjahrgang des Charkower Luftfahrtinstituts zu rekrutieren.

Damit war der Personalmangel erst einmal beseitigt. Doch befürchtete Oleg Antonow, dass es den frisch ausgelernten Absolventen naturgemäß an Berufserfahrung mangelte. Deshalb ging er einen ungewöhnlichen Weg und bat die Chefs der Konstruktionsbüros Tupolew und Iljuschin um Hilfe. Man kannte sich aus früheren Zeiten persönlich und hatte gute Beziehungen zueinander. Deshalb waren sowohl Tupolew, als auch Iljuschin gern bereit Konstruktionszeichnungen, einiger ihrer Flugzeugmodelle, dem OKB Antonow zur Verfügung zu stellen, damit die dortigen Angestellten aus den Unterlagen lernen konnten.

Ein solches Verhalten wäre heute undenkbar. Aber damals war es Usus. Entsprechend der kommunistischen Ideologie galt der Grundsatz, dass »der Erfahrungsaustausch die billigste aller Investitionen« sei.

Die erfahrenen Konstrukteure von Tupolew und Iljuschin standen den Antonow Leuten auch bei weiteren Fragen und Anliegen beratend zur Seite, so dass auf diesem Wege ein Wissenstransfer zustande kam und Probleme leichter bewältigt werden konnten.

Die »P« nahm langsam Gestalt an, änderte aber ihre äußere Gestalt. Die stark verglaste Bugsektion a la He-111 verschwand und wurde durch eine kurze »Glasnase« ersetzt, wie sie bereits bei den Bombenflugzeugen Tu-16 und IL-28 zum Einsatz kam. Hier war der Arbeitsplatz des Flugnaviagtors. Die beiden Piloten erhielten eine eigene, abgesetzte Glaskanzel. Damit war das klassische Nasendesign erfunden, dass Antonow in den Folgejahren noch mehrmals verwenden sollte.

Auch die Heckrampe wurde überarbeitet. Sie wich einer Heckklappe, die nach innen, oben geöffnet wurde. Der Zugang zum Frachtraum, über die Hecköffnung, erfolgte über Leitern oder Spurbahnen.

Im Juli 1954 waren die Designarbeiten abgeschlossen und das OKB ging daran eine lebensgroße Attrappe der »P« zu bauen. Dabei wurden die beiden möglichen Antriebsvarianten berücksichtigt. Am linken Tragflügel wurde ein Propellerturbinentriebwerk TW-2 montiert. An der rechten Tragfläche wurde ein Turbinenstrahltriebwerk AL-7 befestigt.

Während die Arbeiten an der Attrappe voranschritten, wurden kleine Modelle des Flugzeugrumpfes gebaut. Die Modelle gab es im Maßstab 1:10 und 1:5. Mit ihnen wollte man das Flugverhalten der »P« erforschen. Weil es aber nicht möglich war Zeit für eine Erprobung in einem Windkanal zu erhalten, befestigte man die Modelle einfach am Tragwerk einer An-2 und erprobte das Verhalten der Rumpfmodelle im Flug. Dabei wurden ver-

Die An-8 wurde sowohl militärisch, als auch zivil genutzt. Diese Aufnahme zeigt eine An-8 in den Farben der Aeroflot. (Foto: Sammlung Normann)

schiedene Geschwindigkeiten und Anstellwinkel ausprobiert. Als man zufriedenstellende Ergebnisse erzielt hatte, begann man maßstäbliche Modelle von Frachtstücken anzufertigen. Mit diesen wollte man herausfinden, wie sich Frachtstücke nach dem Abwurf über die Heckrampe der »P« verhalten würden. Das war absolutes Neuland, denn bisher hatte man, beim Abwurf von Versorgungsgütern aus Flugzeugen, diese einfach aus der geöffneten Bordtür herausgeworfen. Bei der »P« sollten nun deutlich größere Frachtstücke zum Einsatz kommen. Und niemand wusste, wie sich diese nach dem Abwurf verhalten würden.

Also befestigte man die Modelle der Fracht an den Modellrümpfen, warf sie ab und filmte das Ganze vom Flugzeug aus. Am 26. Oktober 1954 wurde die Attrappe der »P« der zuständigen Kommission vorgeführt. Die Mitglieder der Kommission waren mit der »P« zufrieden und votierten für die Propellerturbine als Antrieb. Ausschlaggebend hierfür waren der geringere Triebstoffbedarf eines PTL-Triebwerks und die damit einhergehende größere Reichweite des Flugzeugs.

Allerdings gab es noch einige Probleme mit dem TW-2 Triebwerk. Es war noch nicht serienreif.

Die Arbeiten am Triebwerk mussten beschleunigt werden. Ein Jahr später wurde das Kusnetzow TW-2 sowohl im Windkanal des ZAGI, als auch an einer Tu-4, die als fliegendes Labor herhalten musste, getestet.

1955 begann der Bau des ersten Prototyps. Aus der »P« wurde die An-8.

Im Januar 1956 war der Prototyp fertiggestellt. Seine öffentliche Vorstellung, im heutigen Sprachgebrauch Roll-Out genannt, wurde so terminiert, dass er mit dem 50. Geburtstag von Oleg Antonow zusammenfiel.

Der Erstflug verzögerte sich ein paar Tage, weil bei der Betankung der An-8 ein Leck an den Triebstofftanks festgestellt wurde. Deshalb wurde das Flugzeug enttankt und wieder in die Fertigungshalle zurückgebracht. Das Problem konnte beseitigt werden und der Erstflug wurde auf den 11. Februar 1956 gelegt.

An jenem Tag erhob sich die An-8 zum ersten Mal in die Luft.

Eine An-8 im Landeanflug. Gut erkennbar sind die ausgestellten Landeklappen. (Foto: Sammlung Normann)

Eine An-8 der sowjetischen Transportfliegerkräfte. (Foto: Sammlung Normann)

Der Jungfernflug verlief aber nicht reibungslos. Es stellte sich heraus, dass das Kontrollsystem der Landeklappen versagte. Man sah sich also gezwungen das Flugzeug zum Flugplatz Kiew-Borispol umzuleiten und zwar deshalb weil dort eine längere Landebahn vorhanden war. Die Landung glückte.

Die Werkserprobung begann. Sie wurde am 18. August 1956 unterbrochen, damit die An-8 an der Luftparade in Tuschino teilnehmen konnte. Hier wurde die An-8, zusammen mit anderen neuentwickelten Flugzeugen, der internationalen Öffentlichkeit vorgestellt.

Am 2. Oktober 1956 konnte die Werkserprobung beendet werden. Das Flugzeug wurde nun dem Staatlichen Forschungsinstitut der Luftstreitkräfte übergeben, wo die zweite Phase der Flugerprobung begann.

Die Testpiloten des Militärs waren mit der An-8 nicht 100%ig glücklich. Sie bemängelten die Trudeleigenschaften des Flugzeugs und eine nicht ausreichenden Längsstabilität. Das Bugfahrwerk machte Dinge, die es nicht sollte und es gab noch eine Reihe weiterer Defekte, die behoben werden mussten.

Hauptkritikpunkt war das Triebwerk TW-2. Es hatte ein unzuverlässiges Startverhalten, arbeitete in größeren Höhen ungleichmäßig und hatte eine viel zu kurze Lebensdauer. Nach zehn Flugstunden im Volllastbetrieb waren die Turbinenschaufeln ausgeglüht und mussten gewechselt werden. Das war absolut untragbar.

Deshalb wurde angeregt die An-8 auf ein anderes Triebwerk umzustellen. Als neuer Antrieb kam das Iwtschenko AI-20 in Betracht. Dieses lieferte aber nur 4.000 PS ab. Das waren gan-

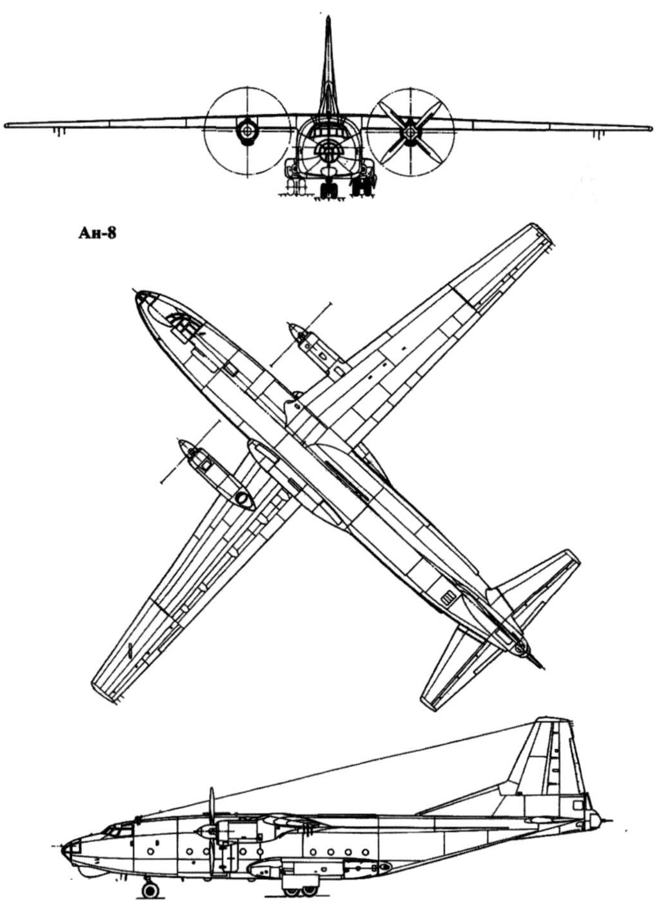

Eine An-8 kurz vor dem Aufsetzen. Man erkennt den typischen »Antonow-Anflug«, bei dem die Nase der Maschine so lange wie möglich nach unten zeigt, um erst im letzen Moment nach oben gezogen zu werden. (Foto: Sammlung Normann)

ze 2.500 PS weniger als beim TW-2 und das war eine ganze Menge.

Deshalb schlossen sich Flugzeug- und Triebwerksbauer kurz und Iwtschenko sagte zu, die Triebwerksleistung auf 5.500 PS zu steigern. Die neue Triebwerksvariante wurde AI-20D genannt.

Das AI-20D brachte zwar 1.000 PS weniger zustande, als das TW-2, war aber auch um einiges leichter. Deshalb konnte die An-8 um drei Tonnen abgespeckt werden.

Weitere Änderungen am Flugzeug betrafen den Anbau von Spoilern am Rumpf, die das Trudelverhalten der Maschine verbessern sollten, sowie ein verbessertes Bugfahrwerk.

Diese Arbeiten wurden innerhalb von sechs Monaten erledigt.

In der Zwischenzeit legte man von staatlicher Seite fest, dass die An-8 im Flugzeugwerk Taschkent in Serie gebaut werden sollte. Im Juni 1957 übergab deshalb das OKB Antonow die notwendigen Konstruktionszeichnungen ans Herstellerwerk.

Es war nicht ungewöhnlich für die Sowjetunion der damaligen Zeit, dass die Serienproduktion eines Flugzeugs begann, obwohl dessen Flugerprobung noch längst nicht beendet war. Als am 30. Oktober 1957 die Flugerprobung der An-8 mit dem AI-20D Triebwerk begann, fertigte man in der usbekischen Hauptstadt Taschkent die ersten Bauteile für die Serienproduktion der An-8.

Die Flugerprobung zog sich bis in den November des Folgejahres.

Trotz aller Bemühungen der Triebwerksbauer gelang es nicht die Leistung des AI-20D auf die gewünschten 5.500 PS zu bringen. Deshalb wurde beschlossen, dass die An-8 mit der vorhandenen Triebwerksleistung von 5.180 PS auszukommen habe. Die Flugleistungen der An-8 wurden per Befehl begrenzt. Die normale Startmasse wurde auf 38 Tonnen beschränkt. Maximal durfte das Flugzeug beim Start 41 Tonnen wiegen.

1958 wurden die ersten 10 Serienmaschinen ausgeliefert. Der jährliche Ausstoß steigerte sich von Jahr zu Jahr. 1960 wurde das Produktionsmaximum von 75 Flugzeugen erreicht. Die Serienproduktion lief 1961 aus. Insgesamt wurden 151 Maschinen des Typs An-8 hergestellt.

Alleiniger Abnehmer der An-8 waren die Transportfliegerkräfte der Sowjetarmee.

Die ersten Einheiten wurden 1959 mit dem neuen Flugzeug ausgerüstet. Der Umstieg auf die An-8 war nicht unproblematisch und zwar deshalb, weil die An-8 um einiges größer und komplexer war, als jedes andere Flugzeug, das die sowjetischen Transportflieger zuvor geflogen hatten.

In den ersten drei Jahren gingen fünf An-8 durch Unfälle verloren. Doch im Laufe der Jahre lernten Piloten und Techniker die An-8 immer besser kennen und ihre positiven Seiten zu schätzen. Sie war robust und schier unverwüstlich. Und die 100 Liter Enteisungsalkohol an Bord wurden gern genutzt, um nach Dienstschluss einen kleinen »Prasdnik«, eine kleine Feier zu veranstalten.

Während des Dienstzeitraums wurde die An-8 nachgerüstet. So erhielt sie einen kleinen Stromgenerator, der bei Stand-

Eine zivil eingesetzte, ehemals militärische An-8 im Flug. Man erkennt, dass die Abwehrbewaffnung im Heckstand entfernt wurde. (Foto: Sammlung Normann)

zeiten genutzt werden konnte, um die nötige Energie für das Bordnetz zu erzeugen. Die Rumpfspoiler wurden wieder entfernt, weil sie sich im Dienstalltag als wenig effektiv herausgestellt hatten. Der Rumpf erhielt im Bereich des Propellerkreises ein Verstärkungsband. Diese Verstärkung hatte man zuerst beim Passagierflugzeug An-10 angewendet, um die Lärmbelastung in der Passagierkabine zu reduzieren. Erfunden hatte das Verstärkungsband kein geringerer als der Staats- und Parteichef Nikita Chruschtschow. Als Lärmdämpfungsmaßnahme brachte es recht wenig, weil aber der große Chef der Erfinder war, wurde es dennoch eingesetzt.

In den 1960er-Jahren wurde die An-8 intensiv genutzt. Allerdings wurde sie recht bald durch die stärkere, viermotorige An-12 ersetzt.

1970 gab es bei den Transportfliegern der Sowjetluftstreitkräfte keine An-8 mehr. Die überlebenden Maschinen hatte man an die Seefliegerkräfte, die Luftverteidigung, sowie an die Flugbereitschaften einzelner Ministerien abgegeben. Einige Flugzeugwerke erhielten ebenfalls gebrauchte An-8 und nutzten sie zum Transport von Bauelementen. Demilitarisierte An-8 erkannte man daran, dass die Bordbewaffnung des Heckstandes entfernt worden war und man die entstandene Lücke mit einer aerodynamisch geformten Verkleidung abdeckte.

Die An-8 blieb bis zum Ende der Sowjetunion im Einsatz.

In den wilden Jahren der Nachwendezeit wurden etliche An-8 privatisiert und auf Verschleiß geflogen. Im Ergebnis gab es mehrere tödliche Abstürze, weshalb das Flugzeug in der Russischen Föderation mit einem Flugverbot belegt wurde.

Der Hersteller, das ANTK Antonow, widerrief die Luftzulassung der An-8, so dass der Betrieb der An-8 illegal wurde. Das hindert einige afrikanische Betreiber nicht daran das Flugzeug bis zum heutigen Tag einzusetzen.

Das OKB Antonow erarbeitete einige Versionen der An-8. Eine Variante war die An-8RU. Das war im Prinzip eine Serienmaschine, die mit Starthilfsraketen, wie man sie von der MiG-21 kannte, ausgerüstet wurde. Ziel war es die maximale Startmasse des Flugzeugs zu steigern. Ein Prototyp wurde gebaut und erprobt. Er stürzte am 16. September 1964 ab, als bei einem Erprobungsflug planmäßig ein Triebwerk abgestellt wurde. Der Propeller des abgestellten Triebwerks ging jedoch nicht in die Segelstellung, weshalb das Flugzeug zu rollen begann. Gegenmaßnahmen der Besatzung kamen zu spät, so dass die An-8RU knapp zwei Kilometer von der Startbahn zu Boden stürzte und ausbrannte.

Eine andere Version war die An-8T. Sie war als Triebstofftransporter vorgesehen. Im Frachtraum der An-8T wurden zwei große flexible Treibstofftanks eingebaut. Jeder Tank konnte mit 5.300 Litern befüllt werden. Alternativ konnten auch Spezialcontainer mit bis zu 8.000 Liter Fassungsvermögen oder ein Tank für Flüssigsauerstoff mit einer Kapazität von 11.000 kg eingebaut werden. Der Frachtraum bekam ein zusätzliches Belüftungssystem und wurde mit einer automatischen Feuerlöschanlage ausgestattet.

Die Erprobung war erfolgreich, doch konnten Bedenken wegen der ständigen Brandgefahr nicht ausgeräumt werden. Deshalb blieb es bei einer gebauten An-8T.

Für die Seefliegerkräfte wurde die An-8M entwickelt. Sie sollte als U-Boot-Abwehrflugzeug eingesetzt werden. Dazu war vorgesehen das Flugzeug mit den notwendigen Sensorsystemen und U-Boot-Abwehrwaffen auszurüsten.

1959 wurde die Version An-8Scha (An-8Sh) entwickelt. Sie sollte der Ausbildung von Flugnavigatoren dienen. Im Frachtraum des Flugzeugs wurden 18 Navigationskonsolen eingebaut an denen angehende Navigatoren ausgebildet werden konnten. Zwei Konsolen waren als Pulte für die Ausbilder gedacht.

Die letzte Version des An-8 war die An-8PS. Das war eine Variante für das Katastrophenschutzministerium, die dafür genutzt werden sollte Versorgungsgüter in Erdbebengebiete oder andere von Katastrophen betroffene Regionen zu befördern.

Eine interessante Ableitung der An-8 war das Projekt »Isdelije N«.

Während das OKB Antonow an der »P« arbeitete kam der Gedanke auf das neue Flugzeug genauso universell auszulegen wie die An-2. Die »P« sollte in der Lage sein nicht nur Truppen und Fracht, sondern auch Passagiere zu transportieren. Es sollte sowohl militärisch als auch zivil Verwendung finden.

Weil aber die Anforderungen für beide Verwendungszwecke zu stark divergierten, entschloss sich Oleg Antonow dazu zwei Versionen zu bauen. Eine als reines Transportflugzeug und eine als Passagiermaschine. Zu »Isdelije P« gesellte sich »Isdelije N«.

Rein äußerlich war die »N« der »P« sehr ähnlich. Unterscheiden tat sie sich in der Konstruktion des Rumpfes. Während der Frachtraum der »P« nicht hermetisiert war, sollte der Passagierraum der »N« mit einer Druckkabine ausgerüstet werden. Die Passagierkabine war voluminös, man könnte vom ersten »Widebody«-Flugzeug sprechen, und hatte Platz für 56 Sitze. Bei einer Erste Klasse Bestuhlung konnten 30 Passagiere befördert werden, bei 2. Klasse Bestuhlung 46 Passagiere. Ein kurioses Konstruktionsdetail der »N« bestand darin, dass alle Passagiersitze entgegen der Flugrichtung eingebaut werden sollten. Der Grund hierfür war weniger der Passagierkomfort, sondern die größere Überlebenswahrscheinlichkeit bei einer Bruchlandung.

Die Heckluke der »N« war im Vergleich zur »P« verkleinert. Sie bot Zugang zum Gepäckraum des Flugzeugs.

Die geplanten Flugdaten der »N« sahen eine Fluggeschwindigkeit von 650 bis 750 km/h und eine Flughöhe von 9.000 bis 11.000 Meter vor. Die Reichweite war mit 3.500 km errechnet.

Die Entwicklung der »N« wurde im Attrappenstadium abrupt gestoppt. Der Grund hierfür war das Eingreifen des Staats- und Parteichefs Nikita Chruschtschow, der sich nach Besichtigung der Attrappe negativ äußerte. Er bevorzugte eine viermotorige Passagiermaschine, weil diese eine größere Flugsicherheit habe. Deshalb wurden die Arbeiten an der »N« eingestellt und stattdessen eine Passagierversion der AN-12 unter der Bezeichnung An-10 Ukraina begonnen.

Die An-8 war ein zweimotoriges Transportflugzeug in Schulterdeckerauslegung, das vollständig aus Metall gebaut war. Der Flugzeugrumpf wurde in Halbschalenbauweise gefertigt.

Das Cockpit befand sich im Bug des Flugzeugs. In ihm fanden die beiden Piloten, der als »Steuermann der Besatzung« bezeichnete Navigator und der Bordfunker Platz. Während des Fluges gab es für den Bordingenieur ebenfalls einen Sitzplatz im Cockpit. Darüber hinaus war der Bordingenieur auch als Lademeister für die Fracht zuständig und war während der Lastabwürfe im Frachtraum tätig. Zur Besatzung militärischer An-8 gehörte noch der Bordschütze, der im Heckstand untergebracht war.

Die Bugnase der An-8 war verglast. Weil die Art der Verglasung bereits bei den Bombenflugzeugen Tu-16 und IL-28 zum Einsatz gekommen war, sprach man von der »Bombernase«. Sie gewährte dem Navigator eine ausgezeichnete Sicht nach vorn und nach unten. Die Piloten saßen eine Etage höher und nebeneinander. Die Cockpitinstrumente waren für beide Piloten gleich. Gesteuert wurde die An-8 durch ein Steuerhorn. Zur Arbeitserleichterung für die Flugzeugführer gab es einen Autopiloten und ein Blindfluglandesystem.

Das Cockpit war teilweise gepanzert. Seitlich der Pilotensitze gab es einen 8 mm starken Panzergürtel. Die Rückenlehnen waren mit 16 mm starken Panzerplatten geschützt, die Kopfstützen enthielten einen 25 mm starken Panzerschutz.

Das Cockpit war vollhermetisiert, so dass auch Flüge in großer Höhe möglich waren. Zusätzlich waren für die Besatzung Atemmasken vorhanden.

Für den Notfall gab es für jedes Besatzungsmitglied militärischer An-8 einen Fallschirm.

Hinter dem Cockpit befand sich der großdimensionierte Frachtraum. Dieser war durch eine Trennwand vom Cockpit separiert. Der Zugang zum Cockpit erfolgte durch eine Tür.

Der Frachtraum konnte nicht hermetisiert werden.

Er war groß genug, um Fahrzeuge bis zur Größe eines kleinen LKWs aufnehmen zu können. Alternativ konnten bis zu 60 vollausgerüstete Soldaten oder 40 Fallschirmjäger befördert werden. Sie fanden Platz auf klappbaren Sitzen am Rand des Frachtraumes. Für den Transport von liegebedürftigen Verwundeten konnten in den Frachtraum Liegen eingebaut werden. So wurde Platz für 50 Verletzte geschaffen.

Für den Transport von sperrigen Lasten gab es eine »Laufkatze« genannten Kran. Weiterhin war es möglich auf dem Frachtraumboden ein Förderband zu installieren. Dieses wurde genutzt, um bei Frachtabwürfen die Abwurfgüter kontinuierlich in Richtung Heck zu transportieren.

Der Frachtraum endete in Richtung Heck mit der Heckklappe. Sie wurde zum Öffnen nach oben geklappt und gewährte einen einfachen Zugang zum Frachtraum. So konnte das Flugzeug schnell beladen werden. Fahrzeugen war es möglich, über auslegbare Spurbahnen, mit eigener Kraft in das Innere der An-8 gelangen.

Oberhalb des Frachtraums waren die Tragflächen mit dem Rumpf verbunden. Die trapezförmigen Tragflächen bestanden aus drei Teilen. Der innere Flügel beherbergte vier flexible Treibstofftanks. Ihm schloss sich der mittlere Tragflächenabschnitt an, in dem weitere 16 Treibstoffbehälter Platz fanden. Auch sie waren aus flexiblem Material gefertigt und enthielten eine Schicht aus unvulkanisiertem Gummi. Im Fall eines Durchschusses kam dieser Gummi mit dem Treibstoff in Berührung, quoll auf und verschloss auf diese Weise das Einschussloch. Zur Vorbeugung von Treibstoffbränden waren die Tanks mit einem »System des neutralen Gases« ausgestattet. Dabei wurde ein nichtbrennbares Gas in die Tanks gepumpt, so dass der Ausbildung eines explosionsfähigen Luft-Treibstoff-Gemisches vorgebeugt werden konnte. Zusätzlich waren im Flugzeug Feuerlöscheinrichtungen vorhanden.

An der hinteren Kante des mittleren Tragflächenabschnittes befanden sich großdimensionierte Klappen. Es waren Doppelschlitzklappen, die beim Start auf einen Winkel von 25° gefahren wurden und bei der Landung eine Winkelstellung von 45° einnahmen.

Der mittlere Tragflächenabschnitt beherbergte auch das Triebwerk. Als Antrieb kam das Iwtschenko AI-20D zum Einsatz. Das war eine Propellerturbine, die eine Startleistung von 5.180 PS abgeben konnte. Sie trieb einen verstellbaren Vierblattpropeller des Typs AW-68D an. Der Propeller hatte einen Durchmesser von 5,00 m.

Im äußeren Abschnitt der Tragflächen befanden sich die Querruder. Zur leichteren Steuerung besaßen die Querruder eine Servounterstützung.

Der Rumpf ging in Richtung Heck in das Seitenleitwerk über. Es war ein einfach ausgelegtes Seitenleitwerk mit Seitenruder. Das Höhenleitwerk war unterhalb des Seitenleitwerks mit dem Rumpf verbunden. Es bestand aus Höhenflosse und Höhenruder.

Die Steuerflächen der An-8 waren trimmbar und zur leichteren Steuerung mit Hydraulikverstärkern versehen. Die Steuerung erfolgte mechanisch über Kabel und Gestänge.

Den Rumpfabschluss der An-8 bildete der Heckstand. Er war als Druckkapsel ausgebildet. In ihm saß der Bordschütze, der den Drehturm bediente. Im Drehturm waren zwei Maschinenkanonen des Typs AM-23 vom Kaliber 23 mm untergebracht. Als Zielhilfen gab es das Kreiselvisier KPS-35A, einen analogen Waffenrechner und einen Funkentfernungsmesser.

Das Fahrwerk der An-8 bestand aus einem steuerbaren doppelt bereiften Bugfahrwerk und einem stämmigen Hauptfahrwerk. Das Bugfahrwerk fuhr rückwärts in die Bugnase ein. Das Hauptfahrwerk befand sich in großdimensionierten Seitenwülsten und wurde im Flug in diese eingezogen. Die Fahrwerksräder waren groß dimensioniert und hatten Niederdruckreifen. Deshalb war die An-8 auch in der Lage von Rasenpisten oder anderen nicht vorbereiteten Landstreifen aus zu operieren.

Für die elektrisch betriebenen Komponenten der An-8 gab es drei Bordnetze mit unterschiedlichen Spannungen. Es gab ein 28,5 Volt Netz, ein 115 Volt Netz und ein 36 Volt Netz. Die drei Bordnetze versorgten die Bordinstrumente, sowie den Funk im Cockpit, die Triebwerksanlasser, das Treibstoffsystem, das Ein- und Ausfahren der Landeklappen, die Heckluke und andere elektrische Geräte.

Die Hauptaufgabe der An-8 war der Transport von Gütern und Personal. Darüber hinaus konnte das Flugzeug auch als Behelfsbomber verwendet werden. In den Seitenwülsten gab es zwei Aufhängepunkte für Bomben. Vor jedem Hauptfahrwerk konnten zwei Bomben bis zum Gewicht von 100 kg mitgeführt werden. Hinter dem Hauptfahrwerk gab es Platz für sechs 10 kg Bomben.

Die An-8 war das erste schwere Transportflugzeug des OKB Antonow. Mit ihm wurde Neuland betreten und Konstruktionselemente entwickelt, die sich in späteren Transportflugzeugen wiederfanden. Die An-8 war eine solide Konstruktion. Sie war robust und wurde von ihren Piloten gern geflogen.

Versionen:

An-8	Basisvariante
„N“	Passagiervariante
An-8PS	Such- und Rettungsflugzeug
An-8RU	Starthilfsraketen
An-8Sch	Schulflugzeug für Navigatoren
An-8T	Treibstofftransporter

An-12 (Nato-Code: Cub)

Eine ägyptische An-12. Im Hintergrund sieht man einen Bomber des Typs IL-28. (Foto: Fielding)

Die Antonow An-12 war und ist eines der erfolgreichsten Transportflugzeuge überhaupt. Deshalb ist es im Nachhinein verwunderlich, dass die Sowjets dieses Flugzeug ursprünglich überhaupt nicht auf dem Plan gehabt hatten. Man kann die An-12 durchaus als Betriebsunfall der Geschichte ansehen, entstanden aus den Launen eines Sowjetautokraten heraus.
Und dieser Sowjetautokrat war kein geringerer als Nikita Chruschtschow. Der eine oder andere Leser wird bei der erneuten Erwähnung seines Namens sicher die Augen verdrehen und sich denken »Nicht der schon wieder!«. Doch er liegt falsch. Chruschtschow spielte bei der Entstehung der An-12 eine entscheidende Rolle. Wieder einmal.
Für Leser, die im Westen Deutschlands aufgewachsen sind, oder die der nach 1989 herangewachsenen Generation angehören, mag es unvorstellbar sein, welche Macht sich in den Händen des ersten Mannes in Staat und Partei der Sowjetunion konzentrierte. Was dieser Mann sagte war Gesetz. Was dieser Mann sagte war unumstößlich. Was dieser Mann wollte wurde umgesetzt, egal ob es sinnvoll war oder auch nicht. Kein Wunder, dass sich Männer in seiner Position für unfehlbar hielten.
Chruschtschow hielt sich für einen Experten auf vielen Gebieten. Berüchtigt waren seine Vorlieben für die Landwirtschaft, den Raketenbau und die Luftfahrtindustrie. Auf diesen Gebieten hielt er sich für besonders schlau, was er aber nicht war. Nur sagte ihm das niemand oder besser ausgedrückt, niemand wagte es, denn niemand wollte einen längeren Aufenthalt in Sibirien riskieren.

Die Geschichte der An-12 begann im Jahr 1955. Nikita Chruschtschow besuchte das Konstruktionsbüro Antonow und das angrenzende Flugzeugwerk Kiew. Besonders interessierten ihn die Neuentwicklungen des OKB[19], von denen es zwei gab, nämlich das Transportflugzeug »Isdelije P« und das daraus abgeleitete Passagierflugzeug »Isdelije N«. Von der »P«, der späteren An-8, begutachtete er den ersten Prototypen, der sich damals in der Bauphase befand. Von der »N« gab es ein lebensgroßes Holzmodell. Im deutschen Sprachgebrauch nennt man ein solches Modell Attrappe, die Sowjets bezeichneten es als Maket und im Englischen spricht man von einem Mock-up.
Chruschtschow war vom Maket der »N« beeindruckt und diskutierte mit Oleg Antonow die Vorzüge und Nachteile des zweimotorigen Flugzeugs. Schließlich fragte er den Generalkonstrukteur, wie viele Triebwerke vergleichbare westliche Flugzeuge denn hätten. Oleg Antonow musste nicht lange überlegen. Es waren vier. Sowohl die britischen Vickers Viscount und Bristol Britannia, als auch die amerikanische Lockheed Electra waren alle mit vier Turboproptriebwerken ausgestattet.
Die »N« hatte nur zwei. Das gefiel Nikita Chruschtschow überhaupt nicht. Für ihn spielte das Prestige eine große Rolle. Wenn westliche Turboprobpassagierflugzeuge vier Turbinen hatten, so mussten sowjetische Flugzeuge mit derselben Zahl an Antriebsaggregaten ausgestattet werden. Andernfalls fühlte sich Chruschtschow zurückgesetzt.
Also befahl der Erste Sekretär der Kommunistischen Partei

[19] OKB ...russische Abkürzung für »Versuchskonstruktionsbüro«

Technische Daten der An-12	
Bezeichnung NATO	Cub
Abmessungen	
Spannweite	38,00 m
Länge	33,10 m
Höhe	10,53 m
Flügelfläche	121,70 m^2
Massen	
Leermasse	28.000 kg
Startmasse	55.100 kg
Max. Startmasse	61.000 kg
Treibstoffmenge	14.270 l (18.100 l nach anderer Quelle)
Antrieb	4 x AI-20
Startleistung	4 x 2.944 kW / 4 x 4.000 PS
Flugleistungen	
Höchstgeschwindigkeit	777 km/h
Marschgeschwindigkeit	670 km/h
Reichweite	5.700 km
Gipfelhöhe	10.200 m
Bewaffnung	4 x 100 kg Abwurfwaffen 2 x Kanone NR-23 mit je 350 Schuss
Nutzlast	16.000 kg Fracht normal 20.000 kg Fracht maximal 90 Passagiere 60 Fallschirmjäger 70 Verwundete
Besatzung	5

der Sowjetunion die Arbeiten an der »N« einzustellen und das Flugzeug so umzukonstruieren, dass es mit vier Propellerturbinen ausgerüstet werden konnte. Um die Prestigefrage ein wenig unter den Teppich zu kehren, erklärte er die größere Anzahl von Triebwerken mit einer höheren Betriebssicherheit im Flug. Ein Argument, das nicht von der Hand zu weisen war.
Oleg Antonow nahm die Weisung auf und weil er ein kreativer Kopf war, erkannte er sofort die daraus resultierenden Möglichkeiten.

Eine An-12 der russischen Luftstreitkräfte bei der Landung (Foto: Минобороны России)

Er antwortete Chruschtschow, dass es kein großes Problem darstellen würde, aus der »N« eine viermotorige Version abzuleiten. Und wenn man schon dabei war ein viermotoriges Passagierflugzeug zu schaffen, so könne man doch auf derselben Basis ein viermotoriges Transportflugzeug bauen. Das wäre auch nötig, meinte er, denn bei den Amerikanern sei ein vergleichbares Flugzeug, nämlich die C-130 Hercules, vor kurzem zum Jungfernflug gestartet.
Außerdem wäre der Bau von zwei sehr ähnlichen Flugzeugen doch sehr ökonomisch, sagte Antonow. Man bräuchte lediglich den Rumpf, entsprechend der jeweiligen Aufgabe, anzupassen. Beim Passagierflugzeug würde dieser eine Druckkabine und Passagiersitze erhalten und beim Transportflugzeug einen verstärkten Boden und eine Heckluke. Der Rest des Flugzeugs wäre gleich. Derselbe Antrieb, dieselben Tragflächen, dasselbe Fahrwerk etc. pp. Man könne auf den gleichen Fertigungsstraßen sowohl Passagierflugzeuge, als auch Transportmaschinen bauen, argumentierte Antonow. Und im Spannungs- oder Kriegsfall könne man ohne große Produktionsumstellungen vom Zivilprodukt zur Militärmaschine umschwenken. Ökonomischer ging es wohl kaum.
Chruschtschow war begeistert. Er befahl noch vor Ort die Entwicklung der viermotorigen Flugzeuge, die später die Bezeichnungen An-10 und An-12 erhalten sollten.
Die An-10 war das Passagierflugzeug. Es lief unter der hauseigenen Bezeichnung »Isdelije U«[20], wobei der Buchstabe »U« gewählt wurde, um Chruschtschow zu schmeicheln. »U« stand für »Ukraina« und Chruschtschow stammte aus der Ukraine.
Das Transportflugzeug erhielt den hausinternen Kenner »Isdelije T« oder kurz »T«.
Am 30. November 1955 wurden beide Flugzeuge offiziell gemacht. Der Ministerrat der Sowjetunion erließ den entsprechenden Befehl.

[20] Isdelije … russ. für »Erzeugnis«. Als Faustregel gilt: In der sowjetischen Geheimsprache waren alle Entwicklungen die flogen ein »Isdelije«, alle die fuhren ein »Objekt« und alles was schwamm war ein »Projekt«.

Diese An-12 wurde in einem Museum abgestellt. (Foto: Hendrik van Broekhuizen)

Die Arbeiten begannen.
Im Prinzip war die »T« eine leicht vergrößerte »P«, alias An-8, die kurz vor ihrer Fertigstellung stand. Man musste lediglich die Tragflächen modifizieren und ein paar Änderungen am Leitwerk vornehmen. Außerdem konnte man Probleme, die bei der Flugerprobung der An-8 auftreten würden, erkennen und deren Lösung gleich in die Konstruktion der »T« einfließen lassen.
Im OKB war man sich seiner Sache so sicher, dass man bereit war auf den Bau von Prototypen zu verzichten. Man glaubte

Diese Fallschirmjäger an Bord einer kasachischen An-12 sind zum Absprung bereit. (Foto: Kalabaha1969)

genügend Erfahrungen bei der Erprobung der An-8 und dem Passagierflugzeug An-10, alias »U«, sammeln zu können, dass man die »T« auch so in die Serienfertigung überführen könne. Die ersten Vorserienmaschinen würden dann die Werkserprobung und anschließend die staatliche Erprobung absolvieren. Die Arbeiten gingen gut voran. Beide Flugzeuge, die »U« und die »T«, wurden parallel entwickelt. Einzig die Auswahl des Triebwerks sorgte für Diskussionen. Zur Auswahl standen das Kusnetzow NK-4 und das Iwtschenko AI-20. Letzteres Aggregat hatte man bereits in der An-8 verwendet, allerdings in einer deutlich leitungsgesteigerten Variante. Für die neuen Flugzeuge wollte man keine auf 5.180 PS hochgezüchteten Antriebe, sondern orientierte auf 4.000 PS Leistung.

Sowohl das NK-4, als auch das AI-20 erbrachten diese Leistung. Das NK-4 war moderner und hatte einen gegenläufigen Doppelpropeller. Das AI-20 war konservativer aufgebaut und

Detailansicht: Blick auf den Heckstand der An-12. (Foto: Rob Schleiffert)

Eine An-12 der russischen Transportfliegerkräfte auf dem Rollweg des Flugplatzes Wladiwostok. (Foto: Igor Dwurenkow)

Detailansicht: Blick von vorn auf die Nase der An-12. (Foto: Aleksander Beltjukow)

Blick ins Cockpit einer An-12BK. Man erkennt deutlich den »Uhrenladen« eines Flugzeugs aus der vordigitalen Zeit. (Foto: Aleksander Beltjukow)

Diese An-12LL wurde zur Erprobung von Magnetanomaliedetektoren zur U-Boot-Suche verwendet. (Foto: US DoD)

Blick ins Navigatorencockpit der An-12BK. Interessanes Detail: der Navigator sitzt quer zur Flugrichtung. (Foto: Aleksander Beltjukow)

deshalb zuverlässiger. Beide Triebwerke hatten im OKB Antonow ihre Befürworter und Gegner. Es gab lange, hitzige Diskussionen welchem Triebwerk man den Vorzug geben sollte. Und man kam zu keinem Ergebnis.

Die Kontroverse verließ die Reihen der OKB-Mitarbeiter und gelangte in die Sphären der Politik. Die Kommunistische Partei der Ukraine mischte sich ein und dessen Zentralkomitee entschied[21], dass ein in der Ukraine entwickeltes Flugzeug auch einen rein ukrainischen Antrieb erhalten müsse. Basta! Damit war das NK-4 von Kusnetzow aus dem Rennen und die Wahl fiel auf das AI-20, welches in Saporoschje gefertigt wurde.

Der erste Prototyp der »U«, alias An-10 Ukraina, wurde im Kiewer Flugzeugwerk montiert und startete am 7. März 1957 zum Jungfernflug. Die bei der Flugerprobung der An-10 gesammelten Erfahrungen flossen in den Bau des Transportflugzeugs ein. Weil in der Zwischenzeit entschieden worden war, die Transportmaschine in Irkutsk in Serie fertigen zu lassen, baute man das erste Exemplar des Flugzeugs »T«, alias An-12, gleich dort vor Ort. Die erste An-12 startete am 16. Dezember 1957 zu ihrem Erstflug. Und dabei zeigte sie sich nicht unbedingt von ihrer bes-

[21] Damals galt der Grundsatz:»Die Partei, die Partei, die hat immer Recht ...« Vor allem dann, wenn sie überhaupt keine Ahnung von der Materie hatte.

ten Seite. Es tauchten unerwartete Klappergeräusche auf, so dass sich die Testpiloten entschieden zum Flugplatz zurückzukehren und der Jungfernflug bereits nach neun Minuten beendet war. Man fand den Fehler schnell. Die Ursache des Störgeräuschs war eine Fahrwerksklappe, die sich nach dem Start nicht hatte schließen wollen.

Als problematischer erwiesen sich bei den folgenden Flügen die Triebwerke. Die von ihnen produzierte Leistung war für die Testpiloten unerwartet hoch. Das Flugzeug beschleunigte ungewöhnlich rasant, was ja an sich nicht schlecht war. Nur hatte man die Triebwerke alle mit linksdrehenden Propellern ausgestattet und das von den Propellern ausgehende Drehmoment[22] war nicht unerheblich und verlangte von den Piloten ein aktives Gegensteuern, sowohl beim Start, als auch beim Flug. Das Drehmoment war so stark, dass die An-12 die Tendenz hatte während des Startes nach rechts auszubrechen. Das übliche Gegensteuern mit dem Seitenruder reichte nicht aus, so dass man sich entschied das Bugfahrwerk aktiv steuerbar zu machen[23].

Eine An-12BK der russischen Transportflieger. Interessantes Detail: das Mammut als Wappen. (Foto: Aleksander Beltjukow)

Unangenehm war auch das Verhalten beim Landeanflug. Stellte man den Drosselhebel auf die Stellung »Leerlauf Luft«, ga-

Eine während der ISAF-Mission bruchgelandete An-12. Das Flugzeug musste danach abgeschrieben werden. (Foto: U.S. Navy, Engineering Aide 1st Class David Miller)

[22] Aus dem Physikunterricht kennen wir die Newtonschen Gesetze. Eines dieser Gesetze sagt aus, dass sich jeder Kraft eine entsprechend große Gegenkraft entgegenstellt. Weil alle Propeller der An-12 in die gleiche Richtung drehten addierten sich die Drehmomentkräfte. Das führte dazu, dass sich das Flugzeug beim Start zur Seite neigte. Deshalb versuchte das Flugzeug auf der Startbahn zur Seite auszubrechen. Außerdem führte die Seitenneigung dazu, dass das rechte Hauptfahrwerk stärker belastet wurde und schneller abgenutzt wurde. Die negativen Effekte des Drehmoments hätte man leicht lösen können, indem man die Drehrichtung der Hälfte der Propeller umgekehrt hätte. Zwei Propeller, die nach links drehen und zwei, die nach rechts drehen und die entstehenden Drehmomente hätten sich gegenseitig aufgehoben.

[23] Für gewöhnlich steuerte man die An-12 am Boden durch Betätigung der Bremsen des Hauptfahrwerks. Das Bugfahrwerk war beweglich angeordnet und folgte der Bewegungsrichtung des Flugzeugs automatisch. Während der Flugerprobung erhielt das Bugfahrwerk einen Steuermechanismus, so dass die Piloten in der Lage waren es in die gewünschte Richtung zu drehen. So konnten sie den Auswirkungen des Drehmoments entgegenwirken.

Eine zivil genutzte An-12 der ukrainischen Firma Motor-Sitsch (Foto: Motor Sitsch))

Detailaufnahme: So transportierten die Inder Bomben, während des indisch-pakistanischen Kriegs, um sie dann über die geöffnete Heckluke abzuwerfen. (Foto: Sammlung Normann)

Diese An-12 der russischen Streitkräfte wurde verwendet, um Versogungsgüter zu den Truppen in Syrien zu transportieren. (Foto: Минобороны России)

ben die Turbinen immer noch viel zu viel Leistung ab, so dass sich die Geschwindigkeit des Flugzeugs nicht so rasch wie gewünscht reduzierte. Stellten die Piloten den Drosselhebel auf die nächstniedrige Stufe, so sank die Leistungsabgabe

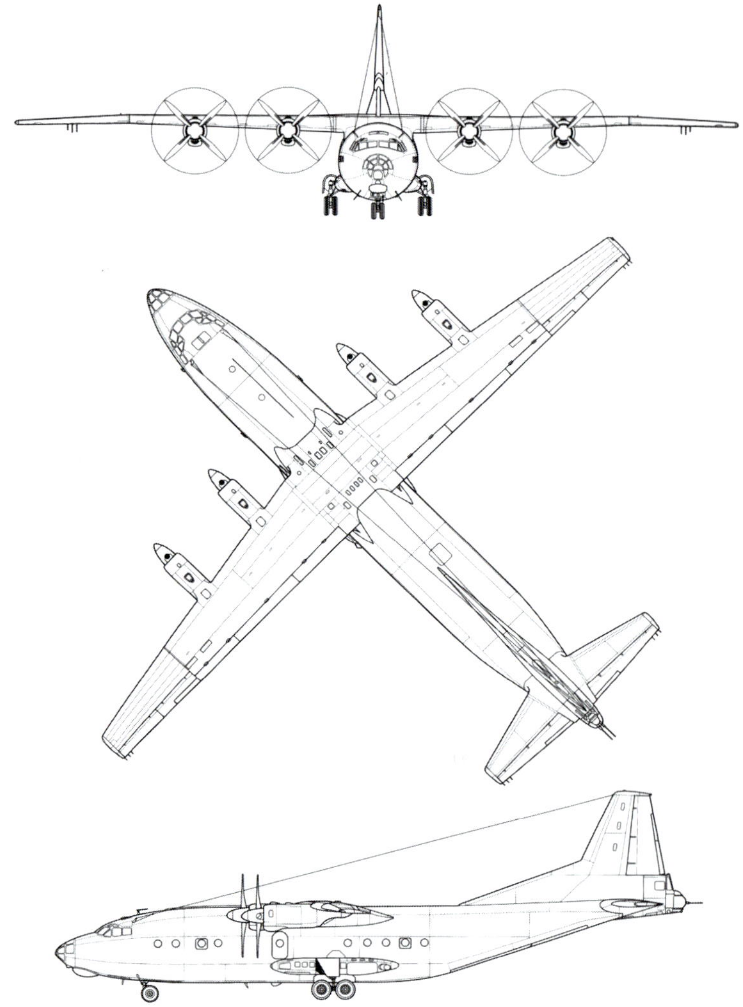

dramatisch ab und die An-12 sackte durch. Die Landung war deshalb mehr als ein wenig unsanft, was aber auch sein Gutes hatte, denn so wurde das Fahrwerk auf Herz und Nieren geprüft und bewies seine außerordentliche Robustheit.

Im Ergebnis dieser ersten Flüge fand man also heraus, dass die Triebwerkssteuerung noch ein paar Feinabstimmungen benötigte.

Während der Flugerprobung stellte man auch ein paar Probleme mit der Längsstabilität fest und als man zum ersten Mal im Flug die Heckluke öffnete, verzog sich Flugzeugzelle im Heckbereich durch den starken Fahrtwind.

Die erkannten Probleme wurden nach und nach beseitigt. Die Werkserprobung konnte innerhalb von acht Monaten beendet werden. Das war zwei Monate schneller als beim Vorgängermodell An-8. Bei der Passagiermaschine An-10 dauerte die Werkserprobung geschlagene zwei Jahre.

Im August 1958 war die Werkserprobung beendet. Zu diesem

Eine An-12 im typisch steilen Landeanflug. (Foto: Минобороны России)

Immer schön die Nase nach unten halten! Das robuste Fahrwerk macht das schon mit! (Foto: Минобороны России)

Zeitpunkt waren bereits drei Serienflugzeuge der An-12 gefertigt worden, die allesamt an der Flugerprobung teilnahmen.
Ende August wurde eine An-12 zur staatlichen Erprobung von Irkutsk nach Moskau überführt. Der Flug sollte eigentlich unter strengster Geheimhaltung erfolgen. Allerdings sprach sich das Ereignis in Fliegerkreisen schnell herum, weil die An-12 deutlich schneller unterwegs war, als man es von den bisherigen sowjetischen Transportflugzeugen gewohnt war. So wurde der An-12 Flug von jeder Bodenkontrollstelle, per Funk, lautstark begrüßt. Selbst die Jagdfliegerkräfte zeigten ihr Interesse an dem neuen Flugzeug und ließen sich die Gelegenheit nicht entgehen, die An-12 auf ihrem Weg eine Zeitlang mit einer Gruppe MiG's zu eskortieren.
Die Landung auf dem Flugplatz in Moskau verlief dann aber nicht so wie erwünscht. Die An-12 machte auf der Landebahn einen Dreher und schaukelte sich soweit auf, so dass die Propeller der rechten Tragfläche Bodenkontakt erhielten. Zu allem Überfluss kollabierte das rechte Hauptfahrwerk. Es war ein veritabler Bruch.
Eine zweite An-12 wurde so schnell wie möglich von Irkutsk losgeschickt, damit die staatliche Erprobung durchgeführt werden konnte. Die ging dann relativ reibungslos über die Bühne.
Obwohl die staatliche Erprobung noch nicht abgeschlossen war, wurde die An-12 bereits in Serie gefertigt. Aus westlicher Sicht mag dieses Vorgehen verwundern, es war aber in der Sowjetunion nicht unüblich.
Der Serienbau fand im Laufe der Jahre in drei Flugzeugwerken statt. In Irkutsk wurden von 1957 bis 1962 insgesamt 155 Maschinen gebaut. In Woronesch montierte man zwischen 1960 und 1965 genau 258 An-12. Die Masse der An-12 wurde im Zeitraum zwischen 1962 und 1972 in Taschkent hergestellt. Dort entstanden 830 Flugzeuge dieses Typs. Die Gesamtzahl aller in der Sowjetunion gefertigten An-12 belief sich damit auf 1.243 Maschinen[24].

Die An-12 wurde vorranging an das sowjetische Militär ausgeliefert. Für den Einsatz im zivilen Bereich entstanden spezielle Versionen, die mit anderen Funkgeräten und anderer Navigationsausrüstung gefertigt wurden. Diese Varianten besaßen keinen Panzerschutz und keine Heckbewaffnung.
Die Sowjetunion verkaufte die An-12 an vierzehn weitere Nationen. Dazu zählten Algerien, Ägypten, Bulgarien, China, Guinea, Ghana, Indien, Indonesien, Irak, Jemen, Jugoslawien, Kuba, Polen und die Tschechoslowakei. Durch Weiterverkäufe dieser Staaten wurde die An-12 in zehn weiteren Ländern geflogen, zuzüglich zu den Nachfolgestaaten der Sowjetunion.
Die An-12 wurde schnell zum Arbeitstier der sowjetischen Transportfliegerkräfte WTA. Etliche Fliegerregimenter wurden mit ihr ausgerüstet. Hier löste die An-12 die Li-2 und IL-12D ab. Später verdrängte sie auch ihre direkte Vorgängerin An-8 aus dem militärischen Dienstalltag.
Der Umstieg auf die An-12 ging nicht ganz reibungslos von statten. Das Flugzeug war seinen Vorgängerinnen leistungsmäßig weit überlegen. Vor allem im leeren Zustand beschleunigte die An-12 beim Start vergleichsweise rasant. Besonders ältere Piloten, die ein gemächlicheren Start gewohnt waren, waren anfangs von der Schnelligkeit überrascht und hatten die Tendenz das Steuerhorn beim Start zu spät zu ziehen, weshalb die An-12 mit zu hoher Geschwindigkeit abhob und mitunter auch zu steil vom Boden wegkam.
Auch galt es noch einige Kinderkrankheiten des Flugzeugs zu überwinden. So wurde im Laufe der Zeit die Reichweite erhöht, die zulässige Zuladung gesteigert und die Zuverlässigkeit einzelner Baugruppen verbessert. Die Fertigungsqualität nahm zu. Den neuen Anforderungen durch die Truppe, aber auch der zivilen Betreiber der An-12, kam das OKB Antonow mit immer neuen Versionen des Flugzeugs entgegen. Insgesamt soll es 41 verschiedene Varianten der An-12 gegeben haben, inklusive der Versionen, die die Chinesen für den Eigenbedarf entwickelt haben.

[24] Hinzu kommen noch in China unter der Bezeichnung Y-8 gefertigte Kopien und Weiterentwicklungen der An-12.

Diese als Testflugzeug verwendete An-12 wurde 1992 auf dem Flugplatz Schukowski fotografiert. (Foto: Hendrik van Broekhuizen)

Im Truppenalltag zeichnete sich die An-12 durch eine außerordentliche Robustheit aus. Sie war zuverlässig und wurde, nachdem sich Piloten und Techniker mit ihr angefreundet hatten, gern und ausgiebig geflogen.

In sowjetischen Diensten flogen die An-12 an allen Brennpunkten des Kalten Krieges. Sie versorgten die im In- und Ausland stationierten Einheiten mit Nachschub. Brachten Militärgüter in verbündete oder befreundete Staaten, die nicht dem Warschauer Vertrag angehörten[25]. Darüber hinaus wurden An-12 eingesetzt, wenn es galt Hilfsgüter in Katastrophengebiete weltweit zu bringen.

Die An-12 wurde auch zum Haupttransportmittel der sowjetischen Fallschirmjägerverbände. Fallschirmjäger konnten bei der An-12 direkt über die Heckluke abgesetzt werden. Das hatte den Vorteil, dass in sehr kurzer Zeit sehr viele Springer gleichzeitig abspringen konnten und die Landung auf recht kleinem Bereich stattfand. Das erleichterte das Sammeln der Truppen nach geglückter Landung.

Um die Schlagkraft der Fallschirmjäger zu erhöhen wurde eine Vielzahl gepanzerter Gefechtsfahrzeuge entwickelt, die in Größe und Gewicht speziell an die An-12 angepasst wurden. Dazu zählten die Luftlandepanzer ASU-57, ASU-85, sowie der Schützenpanzer BMD-1. All diese Fahrzeuge konnten aus der Luft abgeworfen werden und landeten mit Hilfe von Fallschirmsystemen[26] weich auf der Erde.

Mit Hilfe der An-12 waren großangelegte Luftlandeoperationen möglich. Sie wurden regelmäßig während er Herbstmanöver des Warschauer Vertrages in großem Maßstab geprobt. Auf deutschem Boden geschah das während der Großmanöver Waffenbrüderschaft 70 und 80.

Die An-12 war der Stolz der sowjetischen Transportfliegerkräfte. Sie steht in vielen Staaten noch heute im Dienst.

Die An-12 ist ein viermotoriges propellergetriebenes Transportflugzeug mit hoch angesetzten Tragflächen, einer Heckluke, einem Normalleitwerk und Heckbewaffnung. Der Rumpf der An-12 hat einen kreisrunden Querschnitt. Er ist vollständig aus Metall gebaut und in Halbschalenbauweise gefertigt. Als tragende Struktur besitzt er 68 Spanten. Seine Außenhaut besteht, je nach Stärke der Beanspruchung, aus ein bis zwei Millimeter dicken Metallblechen. Es kommen Stahl-, Aluminium- und Magnesiumbleche zum Einsatz.

Der Rumpf der An-12 gliedert sich in vier Sektionen. Sektion 1 ist der Bug. Er umfasst den Raum der Spanten 1 bis 13. Die Bugspitze wird durch die stark verglaste »Bombernase« gebildet. Hier befindet sich auch der Platz des Bordnavigators[27]. Etwas weiter in Richtung Heck, zwischen den Spanten 4 und 8, befindet sich der Cockpitbereich der Piloten. Die Piloten sitzen nebeneinander und haben jeweils einen vollständigen Satz an Bedienelementen und Fluginstrumenten vor sich. Gesteuert wird die An-12 mit einem Steuerhorn.

Hinter den Piloten befinden sich der Platz des Bordfunkers und ein Sitzplatz für den Bordingenieur/Lademeister. Das Cockpit hat im Dach eine Notausstiegsluke, die der Besatzung ein Entkommen, im Fall einer Notwasserung oder einer Notlandung

[25] Man denke nur an die Waffenlieferungen an die arabischen Staaten während des Oktoberkriegs 1973. Im Rahmen dieser Luftbrücke drängte die Sowjetunion die DDR einige MiG-21 an Syrien abzugeben. Die MiG's wurden von den taktischen Kennzeichen der LSK befreit, demontiert und an Bord von An-12 geladen. Über die Zwischenstation Belgrad wurden die MiG's nach Aleppo in Syrien geschafft, dort wieder zusammengebaut und an die Syrer übergeben.

[26] Es gab verschiedene Fallschirmsysteme, die zum Teil mit Bremsraketen ausgestattet waren. Einige Systeme erlaubten den Abwurf von Kampftechnik, bei der sich die Besatzung innerhalb des Gefechtsfahrzeugs befand. Andere Fallschirmsysteme waren so gestaltet, dass die Luftlandefahrzeuge solo abgeworfen wurden und die Besatzungen separat an eigenen Fallschirmen zu Boden glitten.

[27] Im sowjetischen Sprachgebrauch als »Steuermann der Besatzung« bezeichnet.

mit eingezogenem Fahrwerk, ermöglicht. Im Fußboden des Cockpits befindet sich eine Luke, durch die die Besatzung im Notfall mit dem Fallschirm abspringen kann.
Das Cockpit ist im Bereich der Piloten gepanzert. Der Boden unter den Pilotensitzen besteht aus 8 mm starken Panzerplatten. Die Seiten des Cockpits sind mit Panzerungselementen derselben Stärke geschützt. Die Lehnen der Pilotensitze beinhalten 16 mm starke Panzerplatten, die Kopfstützen sind mit 25 mm Stahl armiert.
Das gesamte Cockpit ist als Druckkörper ausgelegt, so dass auch Flüge in großen Höhen möglich sind. In der Bugsektion der An-12 befindet sich im Bereich der Spanten 9 bis 13 die Nische für das Bugfahrwerk. Die Bugsektion ist durch eine Trennwand von der Frachtkabine getrennt. Man kann sie durch eine Tür betreten. Die Frachtkabine der ersten 100 An-12 war als Druckkörper ausgelegt. Bei allen später gebauten An-12 verzichtete man darauf den Frachtraum zu hermetisieren. Das bedeutete, dass man beim Transport von Menschen eine bestimmte Flughöhe nicht überschreiten durfte. Der Frachtraum ist 13,72 m lang, 3,50 m breit und 2,40 m hoch[28]. Der Boden des Frachtraums wird durch eine fachwerkartige Metallstruktur gebildet, die zugleich leicht und stark ist. Sie ist so ausgelegt, dass pro Quadratmeter ein Gewicht von 1,5 t erlaubt ist. Unter dem Frachtraumboden befinden sich zwei Gepäckräume. Der vordere Gepäckraum ist im Bereich der Spanten 13 und 25 angesiedelt. Er hat ein Volumen von 11,4 m^3. Ein zweiter, kleinerer Gepäckraum befindet sich zwischen den Spanten 33 und 41. Er ist 5,3 m^3 groß. Der Zugang zu den Gepäckräumen erfolgt durch Klappen im Frachtraumboden, sowie durch Luken in der Steuerbordseite der Flugzeugzelle.
Im Frachtraum befinden sich zehn runde Fenster auf der linken und acht Fenster auf der rechten Seite. Die Fenster haben einen Durchmesser von 38,4 cm. Es gibt im Frachtraum drei Notausstiegsluken, sowie eine Außentür an der linken Rumpfseite. Beiderseits des Rumpfes, im Bereich der Spanten 22 und 38, befinden sich die aerodynamischen Verkleidungen des Hauptfahrwerks. Das Hauptfahrwerk wird seitlich in den Rumpf eingefahren. Neben dem Fahrwerk befinden sich noch Teile der elektrischen Ausrüstung und des Hydrauliksystems in den Verkleidungen. Wie schon das Vorgängermodell An-8 besitzt auch die An-12 in den Verkleidungen des Hauptfahrwerks Aufhängepunkte für Bomben. Vor dem Hauptfahrwerk können Bomben bis zum Kaliber von 100 kg mitgeführt werden. Hinter dem Hauptfahrwerk kann man 10 kg Bomben installieren[29].

Diese An-12 der sowjetischen Luftstreitkräfte beim Landeanflug auf den Flugplatz Wittstock im Osten Deutschlands. (Foto: Hendrik van Broekhuizen)

[28] Die Größe des Frachtraums entspricht in etwa den Abmessungen des Frachtraums der C-130 Hercules. Der Frachtraum der An-12 ist etwas länger und breiter, dafür aber nicht ganz so hoch.
[29] In der Regel kommen Markierungs- und Leuchtbomben zum Einsatz, um Landezonen abzugrenzen. Das Bombenwurfvisier befindet sich in der »Bombernase« und wird vom Navigator bedient.

An-12PPS, ein elektronisches Kampfflugzeug. (Foto: Hendrik van Broekhuizen)

Der zentrale Bereich des Frachtraums, zwischen den Spanten 25 und 30 ist als kraftaufnehmendes Bauteil gestaltet. Hier setzen die Tragflächen an den Rumpf an.

Der Frachtraum ist mit einem Förderband zur Erleichterung der Beladung mit sperrigen Gütern ausgestattet. Dieses wird auch verwendet um Lasten im Flug abzusetzen[30]. Zur Verladung von Lasten befindet sich an der Decke des Frachtraums eine Laufkatze.

Der Frachtraum ist an der Seite mit klappbaren Sitzen ausgestattet. Um weitere Passagiere mitnehmen zu können ist es möglich weitere Sitzreihen auf dem Boden des Frachtraumes zu installieren.

An den Frachtraum schließt sich die Hecksektion an. Sie ist zwischen den Spanten 41 und 65 angesiedelt. Hauptmerkmal der Hecksektion ist die Heckluke. Sie wird aus drei Hauptelementen gebildet und besteht aus zwei Seitenteilen und einer Hauptklappe. Die Hauptklappe wird im Inneren nach oben gezogen, während die äußeren Lukenteile nach innen geschwenkt werden. Die Lukenteile sind mit einer Titanaußenhaut beschichtet. So soll eine Beschädigung der Außenhaut durch die herumwirbelnden Enden von Fallschirmreißleinen verhindert werden.

Eine befahrbare Heckrampe gibt es bei der An-12 nicht. Der Zugang über das Heck erfolgt mit Hilfe von Leitern oder in ihrer Länge verstellbare Spurbahnen, die an Bord des Flugzeugs mitgeführt werden. Diese Lösung wird im Allgemeinen als suboptimal betrachtet.

An der Heckklappe befinden sich Stufen, die den Zugang zur hinteren Toilette ermöglichen. Sie führen auch zum Heckstand.

Der Heckstand ist der vierte Teil des Rumpfes einer An-12. Er ist wie die Bugsektion hermetisiert und gepanzert. Der Heckpanzer besteht aus Stahl und ist 20 mm stark. Die hintere Glasscheibe ist laminiert und zwischen 11 und 13,5 cm stark. Die Seitenscheiben sind dagegen nur 14 mm dick. Im Heckstand ist die Abwehrbewaffnung der An-12 konzentriert. Sie besteht aus zwei parallel angeordneten NR-23 Maschinenkanonen[31]. Die Kanonenlafette wird vom Heckschützen fernbedient. Als Zielhilfen besitzt der Bordschütze ein Reflexvisier und einen Funkentfernungsmesser.

Im Kabinenboden des Heckstandes, der sich über die Spanten 65 bis 68 erstreckt, befindet sich eine Notluke, aus der der Bordschütze im Notfall mit dem Fallschirm abspringen kann.

Beiderseits des Rumpfes setzen die Tragflächen in Schulterdeckeranordnung am Rumpf an.

Die Tragflächen der An-12 haben eine gestreckte Trapezform. Ihre tragenden Elemente sind zwei Längsholme und Rippen. Die Außenhaut besteht aus Aluminium. Die Tragflächen gliedern sich in drei Teile. Der innere Flügelabschnitt stellt den Übergang zum Rumpf her. In seinem Inneren befinden sich zwei starre Treibstofftanks. Die mittlere Tragfläche beherbergt neun flexible Treibstofftanks. Die Treibstofftanks der An-12 beinhalten insgesamt 14.270 Liter. Sie sind miteinander über eine Treibstoffringleitung verbunden. Die flexiblen Tanks besitzen eine Gummischicht, die im Falle einer Beschädigung des Tanks aufquillt und das Loch verschließt oder zumindest seine Größe reduziert. Zur Explosionsunterdrückung sind die Tanks mit dem System des neutralen Gases[32] ausgestattet. Zusätzlich gibt es Feuerlöscheinrichtungen.

An der Vorderkante des mittleren Tragflächenabschnitts befin-

[30] Der Abwurf von Bomben der Kaliber 100 bis 500 kg per Förderband über die Heckluke war ebenfalls möglich und wurde von den Indern im Krieg gegen Pakistan auch praktiziert. Es sollen sich zusätzlich auch noch vertikal eingebaute Bombenschächte für sechs Bomben im Heck einiger An-12 Versionen befunden haben. Sie sollen zwischen den Spanten 62 und 64 angeordnet gewesen sein.

[31] Andere Quellen sprechen von Kanonen des Typs AM-23. Der Kampfsatz beträgt 350 Schuss pro Waffe. Die Kadenz liegt bei 1.300 Schuss pro Minute.

[32] Beim System des neutralen Gases wird ein nichtbrennbares Gas, wie Stickstoff oder Kohlendioxid, in die Tanks gepresst. So wird die Bildung eines explosionsfähigen Luft-Gas-Gemisches unterbunden oder erschwert.

den sich die Triebwerke. Die Triebwerke des Typs AI-20 haben eine Leistung von jeweils 4.000 PS. Jedes Triebwerk treibt einen Vierblattverstellpropeller an. Dieser hat einen Durchmesser von 4,50 m.

An der Hinterkante des Mittelflügels befinden sich die Landeklappen. Beim Start werden die Klappen auf 25° gefahren, beim Landeanflug stellt man sie auf einen Winkel von 45° ein. Sie werden mit Hilfe eines hydraulischen Systems ein- und ausgefahren.

Der äußere Tragflächenabschnitt beherbergt an seiner Hinterkante das Querruder. Es ist trimmbar ausgelegt und mit Kraftverstärkern bestückt. Die Bedienung des Querruders erfolgt, wie bei allen Steuerflächen der An-12, mittels Seilzügen und Gestängen.

Das Seitenleitwerk der An-12 ist mit einem Vorkiel ausgestattet. Es ist in Seitenflosse und Seitenruder geteilt. Unterhalb des Seitenruders sind die beiden Höhenleitwerke am Rumpf der An-12 befestigt. Das Höhenleitwerk besteht aus Höhenflosse und Höhenruder. Das Höhenruder ist zur Erleichterung der Steuerung mit Kraftverstärkern ausgerüstet.

Das Fahrwerk der An-12 besteht aus einem doppelt bereiften Bugfahrwerk und einem aus vier Rädern bestehenden Hauptfahrwerk in Wagenform. Beide Fahrwerke sind mit großdimensionierten Niederdruckreifen bestück. Das Flugzeug ist deshalb in der Lage auch von unbefestigten Landestreifen aus zu operieren. Zur Not reicht eine trockene Wiese oder eine Schotterpiste aus.

Das Bugfahrwerk kann vom Piloten in einem Winkel von +/- 35° gesteuert werden. Es wird nach hinten in den Rumpf eingezogen. Eine Bremse hat das Bugfahrwerk nicht. Das Hauptfahrwerk besitzt Bremsen. Es wird nach innen in die Fahrwerksverkleidungen eingezogen

Die An-12 hat in ihrer langen Dienstzeit bewiesen, dass sie ein robustes, zuverlässiges und solides Transportflugzeug ist. In Größe und Auslegung ist sie der amerikanischen C-130 Hercules sehr ähnlich. Beide Flugzeuge haben ihre Vor- und Nachteile. Sie sind aber in etwa leistungsgleich. Ihre Nutzlast ist fast identisch. Ihr Ladevolumen sehr ähnlich. Beide können auf unbefestigten Landepisten operieren.

Der größte Unterschied liegt in der höheren Fluggeschwindigkeit der An-12, die durch die aerodynamisch günstigere Form bedingt ist. Der größte Vorteil der C-130 ist sicherlich in ihrer als Laderampe geformten Heckklappe zu sehen, die eine schnellere Be- und Entladung des Flugzeugs ermöglicht.

Einige Versionen der An-12:

An-12	militärische Basisvariante
An-12	Zivilvariante ohne Bewaffnung
An-12P	Basisvariante, Gepäckraum im Rumpf durch Tanks ersetzt. Zusätzlich 9.850 l
An-12A	Triebwerk AI-20A mit 4.000 PS, vier zusätzliche flexible Tanks, Treibstoff: 16.600 l, Nutzlast 20 t
An-12AP	Gepäckraum im Rumpf durch Tanks ersetzt. Zusätzlich 9.850 l
An-12B	zusätzliche Tanks in der Tragfläche, Treibstoff 19.500 l
An-12BK	Triebwerk AI-20M mit 4.250 PS
An-12BK-IS	Elektronisches Kampfflugzeug
An-12BKK	Kommandeursflugzeug
An-12BK-PPS	Elektronisches Kampfflugzeug
An-12BKT	Tankflugzeug zur parallelen Betankung von zwei Kampfflugzeugen am Boden
An-12BKT	Zyklon Wetterbeobachtungsflugzeug
An-12BKSch	Trainingsflugzeug zur Ausbildung von Gruppen von Navigatoren
An-12BP	Gepäckraum im Rumpf durch Tanks ersetzt. Zusätzlich 9.850 l
An-12BPK	Fliegender Kommandoposten
An-12BKW	Bomber und Minenleger
An-12BSM	Zivilvariante zum Containertransport
An-12BSch	Trainingsflugzeug zur Ausbildung von Gruppen von Navigatoren
An-12M	Triebwerk AI-20M mit 5.180 PS und AW-68DM Propeller, 4,70 m Durchmesser
An-12PL	Polarversion mit Skifahrwerk
An-12PS	SAR-Version
An-12RKR	Messflugzeug zur Aufklärung radioaktiver Verseuchung
An-12T	Treibstofftransporter mit großen Tanks im Frachtraum
An-12UD	verlängerte Reichweite durch drei Tanks mit je 4000 l im Frachtraum

An-14 Bienchen (Nato-Code: Clod)

Der An-14-Prototyp unternahm eine Reise quer durch die Sowjetunion. Dabei stellte man einige Details fest, die überarbeitet werden mussten. Dazu zählten die kurze Nase, die Form der Tragfläche und die Endscheiben des Seitenleitwerks. (Foto: Antonow Archiv)

Die An-14 wurde als Stabsreiseflugzeug in der NVA verwendet. (Foto: Greppmaier via Flugplatzmuseum Cottbus)

Technische Daten der An-14	
Bezeichnung NATO	Clod
Abmessungen	
Spannweite	21,99 m
Länge	11,36 m
Höhe	4,63 m
Flügelfläche	39,72 m^2
Massen	
Leermasse	2.600 kg
Startmasse	3.270 kg
Max. Startmasse	3.750 kg
Treibstoffmenge	385 l (545 l ab 1977)
Antrieb	2 x AI-14RF (ab 1977 M-14P)
Startleistung	2 x 221 kW / 300 PS ab 1977 2 x 268 kW / 360 PS
Flugleistungen	
Höchstgeschwindigkeit	220 km/h in 1.000 m
Marschgeschwindigkeit	180 km/h
Landegeschwindigkeit	80 km/h
Reichweite	470 - 680 km
Gipfelhöhe	4.500 m
Steiggeschwindigkeit	5,1 m/s
Bewaffnung	keine
Nutzlast	720 kg Fracht 6 - 7 Passagiere
Besatzung	1 – 2

Die An-2 hatte sich bewährt. Sie war ein unverwüstliches Flugzeug, das auch mit den rauesten Bedingungen zurechtkam, das einfach zu fliegen und einfach zu warten war. Sie war ein Unikum, doch für die Bedingungen der Nachkriegszeit war sie einfach perfekt.

Dennoch hatte sie ein Problem. Sie war ein Doppeldecker und Doppeldecker galten bereits in den frühen 40er-Jahren als veraltet. Heute würde man sie vielleicht als »uncool« bezeichnen. Hinzu kam, dass aus westlicher Richtung mit Häme auf die An-2 herabgeschaut wurde und auch viele sowjetische Flugzeugbauer beim Anblick der An-2 eher die Nase rümpften.

Die An-2 war alles andere als modern. Oleg Antonow wollte das ändern. Er wollte ein modernes kleines Transport- und Passagierflugzeug schaffen, das die An-2 ablösen konnte. Die neue Maschine sollte formschön sein und leistungsfähig. Sie sollte wie die An-2 auf einfachen Wiesen landen und von ihnen starten können. Sie sollte so einfach zu steuern sein, »dass jeder Traktorist mit ihr fliegen könne«. Sie sollte absolut sicher sein und jeden Steuerfehler des Piloten verzeihen.

Oleg Antonow wollte ein Flugzeug entwerfen, das einfach und kostengünstig zu bauen war, das unter allen klimatischen Bedingungen eingesetzt werden konnte und das keine aufwändige Infrastruktur für Wartung und Pflege brauchte. Außerdem sollte das neue Flugzeug mit extrem kurzen Start- und Landebahnen zurechtkommen.

Der Chefkonstrukteur des OKB Antonow wollte also ein leichtes, hübsches, leistungsfähiges Arbeitsflugzeug konstruieren.

Nach der Wende wurde das Flugzeug ins Flugplatzmuseum Cottbus abgegeben. (Foto: Normann)

Liebevoll nannte er das Projekt »Pscholka«[33], was ins Deutsche übersetzt »kleine Biene« oder »Bienchen« bedeutet.
»Pscholka« war Oleg Antonows Lieblingsprojekt. Doch anders als bei der An-2 konnte er sich nicht auf Chruschtschows Rückendeckung verlassen. Staats- und Parteichef Chruschtschow hatte kein kleines, leichtes Transportflugzeug im Sinn. Er wollte große, mächtige Maschinen, die auf jeder besseren Wiese starten und landen konnten. Deshalb forcierte er die Entwicklung der zweimotorigen An-8 und deren viermotorigen Weiterentwicklung An-12, die in Form und Leistungsfähigkeit als Gegenstück zur amerikanischen C-130 Hercules gesehen werden können. Chruschtschow wollte außerdem einen Riesentransporter, der sich im Laufe der Zeit zur An-22 Antäus mauserte. Zusätzlich verlangte Chruschtschow eine zivile Abwandlung der An-12 für den Passagierverkehr. Dieser Forderung wurde mit der An-10 Genüge getan.
Oleg Antonow hatte so viel zu tun, dass für seine »Pscholka« kaum Zeit und Kapazität blieb. Das galt vor allem als Probleme mit der An-10 auftraten, die durch Konstruktionsfehler und massive Überbeanspruchung bedingt von einer tödlichen Unfallserie geplagt wurde.
Doch Mitte der 50er-Jahre erfüllte sich Antonows Traum. Die Aeroflot, die sowjetische Fluggesellschaft, wollte ein Nachfolgemodell für die An-2 und beauftragte das OKB Antonow mit der Entwicklung. Daraufhin konstruierte das OKB Antonow ein formschönes Flugzeug, das im Juli 1957 als Maket[34] präsentiert werden konnte. Ein Dreivierteljahr später, am 15. März 1958, erhob sich die »Pscholka« zu ihrem Jungfernflug. Im Großen und Ganzen war der Prototyp der »Pscholka« eine gelungene Konstruktion. »Pscholka« zeigte aber auch ein paar Kinderkrankheiten. Das betraf unter anderen den Antrieb. Die zwei Siebenzylindersternmotoren wurden ungleichmäßig mit Kühlluft umströmt. Das lag an der Tragflächenform und führte dazu, dass einige Zylinder dazu neigten sich zu überhitzen. Die Gefahr von Kolbenklemmern und Triebwerksausfall war permanent. Es dauerte ewig dieses Problem wenigstens halbwegs zu lösen.
Zudem gab es Probleme wegen starker Nickneigungen des Flugzeugs beim Rollen auf unebenem Terrain. Diese konnten durch ein neudimensioniertes Bugrad reduziert werden. Diese Nacharbeiten dauerten bis zum Ende des Sommers.
Noch während die Werkserprobung lief sollte die »Pscholka« auf einer Ausstellung[35] in Kiew gezeigt werden. Das Flugzeug wurde daraufhin vom Werksflugplatz zum Ausstellungsgelände überführt und avancierte vor Ort zum Zuschauermagnet.
Als aber das OKB nach einiger Zeit das Flugzeug zurückhaben wollte, um die Erprobung fortzusetzen, teilte ihm die Verwaltung der Ausstellung mit, dass die »Pscholka« nun ein ständiges Exponat wäre und sogar schon eine Inventarnummer erhalten hätte. Wenn das OKB eine »Pscholka« benötigen würde, dann sollte es sich gefälligst eine neue bauen lassen. Zum Glück für das OKB Antonow stand die Luftparade in Tuschino bevor und Chruschtschow wollte die »Pscholka« unbedingt fliegen sehen.

[33] Die korrekte Übertragung ins lateinische Alphabet wäre »Ptscholka«. Ich verwende stattdessen das nicht ganz korrekte »Pscholka«, weil es sich für, der russischen Sprache nicht mächtige, deutsche Zungen einfacher aussprechen lässt.
[34] Maket, ... Attrappe in 1:1 Format, in der englischen Sprache auch als »mock-up« bezeichnet.
[35] Solche Ausstellungen waren in der Sowjetunion Leistungsschauen, bei denen der Bevölkerungen die »Errungenschaften von Wissenschaft und Technik« präsentiert werden sollten. Man kann sie in etwa mit der »Expo« vergleichen.

Eine zeitlang experimentierten die Entwickler mit einem Luftkissenfahrwerk. Die Version nannte man An-14Scha. (Foto: Sammlung Normann)

Also »entführten« die Testpiloten des OKB Antonow die »Pscholka« mit Hilfe der Miliz[36] und flogen sie anschließend nach Moskau-Ramenskoje. Nach der Luftparade und einem langen Erprobungsflug quer durch die Union[37] war es offensichtlich, dass einige Änderungen an der Maschine vorgenommen werden mussten.

Eine Änderung betraf die Tragflächen. Sie wurden vergrößert und man wandelte ihre bisher rechteckige Form zu einem trapezförmigen Flügel mit großer Streckung um. Auch das Leitwerk wurde überarbeitet.

Da es bei der »Pscholka« immer noch zu deutlichen Nickbewegungen beim Rollen auf unebenem Boden kam wurde der Rumpfbug verlängert. Er bekam eine gefälligere, aerodynamisch bessere Form. Das war aber nur ein Nebeneffekt, denn durch die Verlängerung der Nase sollte eigentlich nur das Bugfahrwerk weiter nach vorn gesetzt werden. Der Radstand vergrößerte sich und das Nicken ging merklich zurück.

Als Hauptproblem der »Pscholka« wurde der zu schwache Antrieb ausgemacht. Deshalb erhielt der Triebwerkskonstrukteur den Auftrag die Leistung des Motors von bisher 240 auf 300 PS zu steigern. Aus dem Siebenzylindersternmotor wurde in der Folgezeit eine Neunzylindervariante abgeleitet, die den geforderten PS-Zuwachs erbrachte. Die zusätzlichen Pferdestärken sorgten für bessere Flugleistungen. Vor allem die Steigrate und die Kurzstartfähigkeit verbesserten sich. Die Triebwerke blieben trotzdem ein Schwachpunkt der Konstruktion, weshalb im OKB Antonow darüber nachgedacht wurde sie im Laufe der Serienproduktion durch Propellerturbinentriebwerke zu ersetzen. Dieser Gedanke führte später über den Zwischenschritt An-14M zur An-28.

Die Nacharbeiten an der »Pscholka« dauerten lange. Das hatte zwei Gründe. Zum einen war das OKB Antonow mit seinen anderen Projekten mehr als ausgelastet, so dass die Arbeiten an der »Pscholka« nur auf Sparflamme laufen konnten. Zum anderen hatte sich die Aeroflot mit der An-2 abgefunden, zumal in der Zwischenzeit verbesserte Versionen dieses Riesendoppeldeckers verfügbar waren. Deshalb war das Interesse der Fluglinie an der »Pscholka« nicht mehr so vordringlich.

Nach Beendigung der Flugerprobung wurde die »Pscholka« unter der Bezeichnung An-14 in Dienst gestellt. Der Beiname »Pscholka« blieb erhalten. Die Serienfertigung lief 1965 an. Es wurden aber für sowjetische Verhältnisse nur wenige Exemplare gebaut. Insgesamt liefen gerade einmal 385 Maschinen vom Band. 14 wurden exportiert. Davon erhielt die NVA vier Stück.

Die An-14 war ein zweimotoriges Transportflugzeug mit feststehendem Fahrwerk und Doppelseitenleitwerk.

Der Rumpf des Flugzeugs wurde aus Ganzmetallhalbschalen gefertigt. Das Cockpit, das sich an den aerodynamisch wohlgeformten Bug anschloss, war einfach ausgestattet. Für den links im Cockpit sitzenden Piloten gab es einen vollständigen Satz Bedienelemente und Fluganzeigen. Der Copilot musste mit einem reduzierten Satz auskommen. In etlichen An-14 war der Copilotenplatz lediglich für den Einbau der Bedienelemente vorbereitet. Das Cockpit der An-14 war großflächig verglast. Die Frontscheiben waren plan, alle anderen Scheiben waren konkav. Das Cockpit war vom Frachtraum durch eine Trennwand mit integrierter Durchgangstür separiert. Der Frachtraum konnte mit sechs Passagiersitzen ausgestattet werden. Für jeden Passagier gab es ein rechteckiges Fenster mit konkaven, d.h. leicht nach außen gewölbten Scheiben. Im hinteren Teil des Frachtraums war ein Regal zur Gepäckablage eingebaut. Das Regal konnte ausgebaut und durch einen zusätzlichen Passagierplatz ersetzt werden. Der Zugang zum Flugzeug erfolgte durch eine Heckluke. Sie war zweiteilig. Die Lukenteile öffneten nach außen. Für den leichteren Einstieg gab es eine ausklappbare Leiter.

Die Tragflächen der An-14 waren in Schulterdeckeranordnung oberhalb des Frachtraums mit dem Rumpf des Flugzeugs

[36] Miliz war der sowjetische Begriff für die Polizei.

[37] Im sowjetischen Sprachgebrauch verwendete man sehr häufig das Wort »Sojus«, d.h. »Union« wenn man von der Sowjetunion sprach. Der Terminus »Sowjetski Sojus« war für den täglichen Gebrauch einfach zu lang.

Eine andere Variante eines Versuchsflugzeugs mit Luftkissenfahrwerk war die An-714. (Foto: Sammlung Normann)

Eine An-14 der NVA ist vor einer IL-18 der polnischen Fluglinie LOT geparkt. (Foto: Sammlung Normann)

verbunden. Sie waren mit automatisch fahrenden Vorflügeln, zweiteiligen Landeklappen, großdimensionierten Querrudern und einer Enteisungsanlage ausgestattet. Die Tragflächen beinhalteten auch die Treibstofftanks. Die beiden Flächentanks waren außerhalb der ebenfalls in der Tragfläche befestigten Triebwerke untergebracht. Die Triebwerke waren kleine Sternmotoren des Typs AI-14RF. Die Neunzylindermotoren, mit jeweils 300 PS Startleistung, trieben verstellbare Dreiblattluftschrauben mit einem Durchmesser von 2,90 m an.

Die Tragflächen der An-14 waren aus Festigkeitsgründen abgestrebt. Die Stützstreben waren an kleinen Stummelflügeln befestigt, die ihrerseits in Tiefdeckeranordnung am Rumpf angebracht waren. Die Stummelflügel dienten auch als Befestigungspunkt für das nichteinziehbare Hauptfahrwerk. Das Hauptfahrwerk hatte eine große Spurbreite, die in Zusammenarbeit mit den großen Niedrigdruckreifen eine gute Standfestigkeit des Flugzeugs auf unvorbereiteten Start- und Landebahnen sorgte. Das Bugfahrwerk war direkt unter der Nasenspitze der An-14 montiert. Es war durch den Piloten steuerbar und besaß genauso große Reifen wie das Hauptfahrwerk. Die Druckluftbremsen des Fahrwerks erwiesen sich im Dienstalltag als verschmutzungsanfällig.

Hinter dem Frachtraum verjüngte sich der Rumpf der An-14 zu einem Leitwerksträger. Das Leitwerk war als Doppelseitenleitwerk ausgelegt. Die Seitenleitwerke waren am Ende der Höhenleitwerke montiert. Es gab Höhen- und Seitenruder, die über Seilzüge gesteuert wurden.

Mit der An-14 gelang es dem OKB Antonow ein robustes

Die An-14 im Größenvergleich mit der An-22. (Foto: Sammlung Normann)

und sehr sicheres Flugzeug zu entwickeln, das sehr einfach zu steuern war und unter widrigsten Bedingungen eingesetzt werden konnte. Die An-14 flog sehr stabil und hatte hervorragende Langsamflugeigenschaften.

Ein großer Erfolg war ihr dennoch nicht beschieden. Das lag sicher daran, dass die An-14 nicht so flexibel einsetzbar war wie die An-2. Man konnte mit ihr keine Fallschirmspringer absetzen. In der Passagiervariante konnte sie weniger Passagiere transportieren als die An-2 und als Transportflugzeug trug sie nur die Hälfte der Fracht einer »Anna«. Negativ war auch der schmale Einstieg ins Flugzeug. Er war maximal 85 cm breit. Während eine An-2 Frachtstücke mit 1,50 m Kantenlänge transportieren konnte blieb die An-14 auf kleinteilige Fracht beschränkt. In Sachen Robustheit konnte es die An-14 mit der An-2 aufnehmen.

Die »Pscholka« war für ihre phänomenal kurze Startstrecke bekannt. Eine leere An-14 kam mit einer Startbahn von knapp 60 m aus, eine vollbeladene Maschine benötigte maximal 100 m Anlauf, um in die Luft zu kommen. Für eine sichere Landung war eine 110 m lange Wiese völlig ausreichend. Bei vollausgestellten Landeklappen konnte man mit einer An-14 das Kunststück des »Sprungs in die Luft« veranstalten. Bei diesem Manöver schaffte es die An-14 unter günstige Bedingungen schon nach 35 bis 40 m in der Luft sein.

Exkurs – Die An-14 in deutschen Diensten:

1966 erwarb die DDR vier Maschinen der Version An-14A für die NVA und stellte sie in der Verbindungsfliegerstaffel 25 (VS-25) in Dienst. Dort wurde vor allem zur Beförderung von Führungskräften der Luftstreitkräfte genutzt. Für diesen Zweck war sie mit sechs Sitzen für Passagiere oder mit vier Sitzen und zwei Tischen ausgerüstet.

Ab 1977 erhielten die Maschinen einen zusätzlichen 160 Liter Tank um die unbefriedigende Reichweite der An-14 zu vergrößern. Zwei Maschinen wurden auf das stärkere Triebwerk M-14P mit 365 PS bzw. 268 kW umgerüstet. Das neue Triebwerk war aber genau wie sein Vorgängermodell nicht ganz unproblematisch.

Als ab 1980 die aus tschechoslowakischer Produktion stammende L-410 verfügbar war, wurde die An-14 außer Dienst gestellt. 1981 endete die Dienstzeit des »Bienchens« in der NVA endgültig. Heute ist eine An-14A im Flugplatzmuseum Cottbus ausgestellt.

Versionen:

An-14	Prototyp
An-14A	Serienflugzeug, zwischen 1965 und 1970 produziert
An-14B	Projekt, bessere Aerodynamik durch Einziehfahrwerk und fehlende Verstrebung der Tragflächen
An-14W	Projekt, neue Triebwerke GTD-350 mit 350 PS, Vierblattpropeller mit 1,90 m Durchmesser
An-14L	Projekt, französische Triebwerke
An-14M	Prototyp der An-28, siehe da.
An-14Scha	Variante der An-14A. Fliegendes Labor zur Erforschung von Luftkissenfahrzeugen.
An-30	Projekt mit GTD-350 Triebwerk und Platz für 15 Passagiere. (Bezeichnung später für anderes Flugzeug wiederverwendet.)
An-714	Labor zur Erforschung von Luftkissenfahrzeugen.

An-22 Antäus (Nato-Code: Cock)

Der Roll Out der An-22 wurde mit einem großen Betriebsfest gefeiert. (Foto: Antonow Archiv)

Mit der An-12 erhielten die sowjetischen Transportfliegerkräfte ein leistungsstarkes und zuverlässiges Transportflugzeug. Es vermochte zunächst 16, später 20 t Nutzlast zu tragen. Doch das war dem Militär nicht genug. Das Militär wollte ein Transportflugzeug, mit dem sich auch Panzer transportieren ließen. Und zwar keine Luftlandepanzer oder andere leichtgewichtige Gefechtsfahrzeuge, sondern ausgewachsene mittlere Panzer, oder Standardkampfpanzer, wie man heute sagen würde. Damals, in den späten 1950er-Jahren, wog ein sowjetischer mittlerer Panzer 36 bis 37 Tonnen. Auch der damals in Entwicklung befindliche zukünftige Standardpanzer[38] sollte laut Vorgabe nicht schwerer als 36 Tonnen werden.

Für diese Panzer musste ein neues Transportflugzeug geschaffen werden. Im OKB Antonow wurde deshalb im Juni 1958 das Projekt An-20 aufgelegt.

Die An-20 war als Vergrößerung der An-12 gedacht. Sie sollte in der Lage sein 40 Tonnen Nutzlast über eine Distanz von 3.500 km zu transportieren. Zusätzlich sollte sie Frachtstücke bis zu einem Gewicht von 16 t abwerfen können, oder 143 Fallschirmjäger oder 170 vollausgerüstete Soldaten transportieren. Das Absetzen der Fallschirmjäger sollte in vier Kolonnen erfolgen. Zwei Kolonnen sollten aus Seitentüren abgesetzt werden, während die anderen beiden Kolonnen aus der Heckluke abspringen würden.

Die An-20 sollte einen nichthermetisierten Frachtraum erhalten. Zusätzlich war aber noch eine Druckkabine mit Platz für 27 Personen im Rumpf vorgesehen.

Als Antrieb der An-20 waren zwei gewaltige NK-12M Triebwerke auserkoren. Es waren die gleichen Turbinen, wie sie auch beim strategischen Bomber Tu-95 zum Einsatz kamen. Die mit gegenläufigen Doppelpropellern ausgestatteten Turboproptriebwerke sollten die An-20 auf über 750 km/h beschleunigen.

Das Fahrwerk sollte so gestaltet werden, dass Starts und Landungen auf unvorbereiteten Pisten möglich waren.

Das Projekt An-20 wurde ausgearbeitet und präsentiert. Das Militär war aber nicht zufrieden. Es wollte eine Maschine, die mindestens 50 t in die Luft heben konnte.

Deshalb wurde die An-20 zu den Akten gelegt und das Projekt WT-22 ins Leben gerufen.

Um 50 t transportieren zu können und die Vorgaben bezüglich Fluggeschwindigkeit, Flughöhe und Reichweite erzielen zu können, wurde beschlossen WT-22 mit vier Triebwerken des Typs NK-12MW auszustatten. Jedes Triebwerk leistete 15.000 PS, was damals eine Menge war und nebenher bemerkt auch heute noch ist.

Das Projekt WT-22 wies einige interessante Merkmale auf. So

[38] Objekt 430 wurde in Charkow entwickelt, später zum Objekt 432 weiterentwickelt und als T-64 in Serie gebaut.

Der Generalkonstrukteur Oleg Antonow hinter dem Modell einer An-22. (Foto: Antonow Archiv.)

Technische Daten der An-22	
Bezeichnung NATO	Cock
Abmessungen	
Spannweite	64,40 m
Länge	57,92 m
Höhe	12,53 m
Flügelfläche	345,0 m²
Rotorkreisfläche	355,81 m²
Massen	
Leermasse	114.000 kg
Startmasse	225.000 kg
Max. Startmasse	250.000 kg
Treibstoffmenge	127.619 l
Antrieb	4 x NK-12MA
Startleistung	4 x 11.040 kW / 15.000 PS
Flugleistungen	
Höchstgeschwindigkeit	760 km/h
Marschgeschwindigkeit	560 km/h
Landegeschwindigkeit	… km/h
Reichweite (maximal)	10.950 km
Reichweite (normal)	5.250 km
Gipfelhöhe	7.500 m
Bewaffnung	keine
Nutzlast	60 bis 80 t Fracht 27 Passagiere 290 vollausgerüstete Soldaten 150 Fallschirmjäger 720 Passagiere bei Evakuierungen
Besatzung	5 – 6

besaß es vier Hauptfahrwerke. Zwei Hauptfahrwerke ähnelten in ihrem Aufbau dem An-12-Hauptfahrwerk und fuhren, wie dieses, in aerodynamische Verkleidungen entlang des Rumpfes ein. Die anderen beiden Hauptfahrwerke befanden sich unterhalb der inneren Triebwerke und sollten in den Triebwerksgondeln untergebracht werden.

Die Tragflächen der WT-22 hatten einen charakteristischen Knick. Im russischen sprach man vom »Tschaika Krylo«, vom Möwenflügel. Der Knick des Flügels befand sich auf Höhe des inneren Triebwerks.

Der Rumpf der WT-22 wurde immens vergrößert, so dass jegliche Militärtechnik, vom Lastkraftwagen, bis zur Raketenstartrampe untergebracht werden konnte. Weil WT-22 auch zivil genutzt werden sollte, wurden die Abmessungen des Frachtraums auch danach bemessen, wie groß die damals in der Sowjetunion übliche Ingenieursausrüstung, wie Bagger, Kräne oder Dumper waren.

Der technische Vorschlag WT-22 wurde 1960 fertiggestellt und präsentiert. Sowohl die Vertreter des Militärs, als auch die von Staat und Partei waren zufrieden, so dass WT-22 in die nächste Entwicklungsphase gehen konnte.

Am 13. Oktober 1960 beschlossen das Zentralkomitee der KPdSU und der Ministerrat der UdSSR WT-22 bis zum Attrappenstadium weiterentwickeln zu lassen.

Damit begannen die Arbeiten im OKB Antonow erst richtig. Aus WT-22 wurde »Isdelije 100« oder kurz »Sotka«[39].

Im Laufe der Arbeiten an der »Sotka« wandelte sich das Aus-

[39] Sotka … russ. Hunderter, interessanterweise wurde der Begriff Isdelije 100 später vom OKB Suchoi für einen überschallschnellen Bomber wiederverwendet.

Die An-22 der Antonov Airlines war 2016 auf dem Flugplatz Leipzig-Halle zu sehen. (Foto: Normann)

In den 1980er-Jahren wurden An-22PS-Transportflugzeuge dazu genutzt große Bauteile, wie Tragflächen, zwischen dem Herstellungsort Taschkent und dem Endmontagewerk in Kiew zu befördern. (Foto: Sammlung Normann)

sehen des Flugzeugs. Der Möwenflügel verschwand. Aus vier Hauptfahrwerken wurden zwei, die allesamt in den aerodynamischen Verkleidungen entlang des Rumpfes untergebracht werden mussten.

Der »Abnehmer«, wie das Militär in der russischsprachigen Literatur umschrieben wird, verlangte nachträglich die Tragkraft auf 60 Tonnen zu erhöhen. Zukünftig sollten auch Lasten bis zu einem Gewicht von 20 Tonnen abgeworfen werden können. Deshalb wurde der Rumpf noch größer gemacht.

Sorge bereitete den Ingenieuren das Seitenleitwerk, welches wie bei der An-12 in Normalform ausgeführt war. Sie befürchteten, dass die Kräfte, die beim Flug mit geöffneter Heckklappe auftreten würden, die Festigkeit der Heckkonstruktion überschreiten könnten. Deshalb gaben sie der »Sotka« eine stark verbreiterte Heckpartie, die unterschwellig als »Biberschwanz« bezeichnet wurde. Außerdem verpassten sie dem Flugzeug ein Doppelseitenleitwerk. So sollten die auftretenden Kräfte absorbiert werden.

Auf dem Weg zur »Sotka« musste viel Neuland betreten werden. Man musste herausfinden, wie man eine 20 t schwere Last im Flug abwerfen konnte, ohne dass sich die Verlagerung des Masseschwerpunkts negativ auf das Flugverhalten der »Sotka« auswirken würde.

Es mussten neue Lösungen für das gewaltige Hauptfahrwerk gefunden werden. Es sollte ja nicht nur auf betonierten Landebahnen funktionieren, sondern auch auf irgendwelchen holprigen Graspisten in der Steppe.

Auch der Antrieb war Grund zur Besorgnis. Die Turbinen wur-

Oben: Detailaufnahme des Bugs der An-22 von der Seite gesehen.
Mitte: Blick auf die Verkleidung des Hauptfahrwerks und die Triebwerke.
Unten: Die Hecksektion mit dem Doppelseitenleitwerk.
(alle Fotos: Normann)

den, samt Propellersystem, vom Bomber Tu-95 übernommen. Dort sorgten sie für eine hohe Marschgeschwindigkeit. Darauf war das System optimiert. Bei der »Sotka« ging es aber um hohe Tragkraft und hohen Auftrieb. 45% der Flügelfläche wurden vom Luftstrom der Triebwerke umströmt, was natürlich Auswirkungen auf den Auftrieb hatte. Und der war nicht optimal. Man brauchte einen neuen Propeller.

Allerdings sahen weder die Vertreter von Staat und Partei, noch die der Industrie die Notwendigkeit solcher Propeller ein. Die Industrie befürchtete, dass die speziell für die »Sotka« zu bauenden Propeller den Gesamtausstoß reduzieren würden und deshalb die Planziele nicht erfüllt werden könnten. Und Planziele waren in der Sowjetunion heilig[40].

Antonow holte sich Unterstützung von den Forschern des ZAGI und den Triebwerksentwicklern. Der geballten Expertise der Fachleute gaben die Verantwortlichen letztendlich nach, so dass für die »Sotka« ein neuer Doppelpropeller mit 6,20 m Durchmesser entwickelt wurde. Die Triebwerksentwickler des OKB Kusnetzow passten das Triebwerk entsprechend an und gaben der neuen Version die Bezeichnung NK-12MA.

Während der Entwicklung stellte sich auch die Frage, wie man die Leermasse des Flugzeugs möglichst klein halten könne. Mit der herkömmlichen Produktionstechnik, so glaubte man, würde man schwerlich die geforderten Werte einhalten können. Deshalb entwickelte man große Bauelemente, für die spezielle Riesenpressen angefertigt wurden. Durch die Verwendung weniger, großer Bauelemente, anstatt vieler kleiner, konnte die Leermasse des Flugzeugs um 5 t verringert werden.

1961 wurde das Maket der »Sotka« gebaut. Das war eine Holzattrappe in Lebensgröße.

Im August 1961 besichtigte die Attrappenkommision, bestehend aus Vertretern von Militär, Staat und Partei, das Maket. Antonow hatte sich für diesen Tag eine große Show einfallen lassen. Er hatte sich von der Sowjetarmee ein Fahrzeug jedes im Einsatz stehenden Typs ausgeliehen und ließ die Fahrzeuge in den Laderaum der Attrappe ein- und ausfahren. Dass Panzer über eine abklappbare Laderampe selbständig in das Flugzeug fahren konnten, beeindruckte die Mitglieder der Kommission sichtlich. Nachdem 112 unterschiedliche Militärfahrzeuge den Frachtraum befahren hatten, stellte ein schwer beeindrucktes Kommissionsmitglied die Frage: »Wird das Ding mit

[40] Man hatte in der Stalinzeit ungute Erfahrungen mit der Nichterfüllung von Planzielen gemacht. Wer den Plan nicht erfüllte, wurde schnell als Saboteur und Volksfeind gebrandmarkt. Und es bestand für ihn die Gefahr gemaßregelt zu werden, bis hin zur Einlieferung in ein Gulag genanntes Strafarbeitslager.

solch einem dicken Rumpf und solch schwerer Ladung überhaupt fliegen können?« Antonow konnte seine Bedenken zerstreuen.

Die Attrappenkommision gab grünes Licht. Die nächste Phase der Entwicklung begann. Im Dezember 1961 nahm man im OKB Antonow die Detailentwicklung in Angriff und bald begann man auch mit dem Bau des ersten Prototyps.

Der Rumpf des Prototyps 01-01 sollte 1963 pünktlich zum Geburtstag des Revolutionsführers Lenin fertiggestellt werden[41]. Das gelang auch. Im Januar 1964 wurde der Rumpf des zweiten Prototyps fertiggestellt. Er sollte später die Belastungstests absolvieren.

Im Sommer 1964 war Prototyp 01-01 soweit fortgeschritten, dass das Roll-out bevorstand. Es gab nur ein kleines Problem, das darin bestand, dass das Flugzeug etwas größer war, als das Hangartor. Die Spitzen der Seitenleitwerke waren zu hoch. Deshalb bockte man die 01-01 am Bugfahrwerk etwas auf, damit sich das Heck senken konnte. In dieser Position wurde das Flugzeug aus dem Hangar gezogen[42].

Fortan sprach man nicht mehr von der »Sotka«, sondern der An-22 »Antei«. Im internationalen Sprachgebrauch wird anstelle von »Antei« der Name »Antäus« verwendet.

Der Name Antäus stammt aus der griechischen Sagenwelt. Antäus ist dort ein Sohn der Erdgöttin Gaia. Er gewinnt seine außerordentlichen Kräfte durch die bloße Berührung des Erdbodens. Die Erde gibt ihm also die Kraft. Oleg Antonow begründete seine Namenswahl damit, dass seine An-22 ebenso stark sei wie ein mythologischer Riese und sie ihre Kraft ebenfalls aus der Erde beziehen würde, und zwar in Form des aus der Erde stammenden Erdöls, das in Flugbenzin umgewandelt wurde. So zumindest die Trevia des OKB Antonow.

Noch im Augst 1964 begann die Bodenerprobung der An-22. Erste Roll- und Bremstests wurden ausgeführt. Und dabei zeigten sich einige Kinderkrankheiten. Das Fahrwerk machte nicht das was es sollte. Bauteile versagten und mussten ersetzt, die Hydraulik überarbeitet werden. Das alles kostete Zeit und Nerven.

Die Bodenerprobung kam nicht so gut voran, wie gewünscht. Erst im Februar 1965 war man soweit, dass man den Jungfernflug wagen konnte. Als Termin wurde der 20. Februar angesetzt, doch dann erkrankte der Testpilot, so dass man den Termin noch einmal um eine Woche nach hinten schob.

Am 27. Februar 1965 war es dann soweit. Allerdings hatte der Wettergott etwas dagegen. Es war Winter, alles war tief gefroren. An sich war das kein Grund, um den Jungfernflug des neuen Flugzeugs zu verschieben. Doch es gab ein Problem. Der Werksflugplatz hatte nur eine recht kurze Start- und Landebahn. Sie war laut Buch 1.800 m lang. Der Testpilot hatte sie selbst vermessen und kam auf 1.750 m. Das war völlig

Das freundliche »Gesicht« der An-22. (Foto: Normann)

Detailaufnahme: Blick von vorn auf die Fahrwerke der An-22. (Foto: Normann)

[41] In der Sowjetunion war es üblich bestimmte Feiertage oder Jubiläen mit besonderen Arbeitsleistungen zu würdigen. Dabei ging es in der Regel um die Erfüllung quantitativer Ziel, wobei auf die Qualität der Produkte oftmals keine Rücksicht genommen wurde.

[42] Außerdem waren die Hangartore um 30 m zu schmal. Deshalb wurden die äußeren Tragflächenteile erst abmontiert und später im Freien wieder angebaut.

ausreichend, um mit der An-22 starten und landen zu können. Allerdings nur wenn alles glatt ging. Sollte es zu einem Bremsversagen kommen, würde das Flugzeug über die Landebahn hinausschießen. Hinter der Landebahn gab es, wie bei jedem sowjetischen Flugplatz, ein Sand- oder Kiesbett, das das Flugzeug im Notfall zum Stehen bringen sollte. Weil aber an jenem 27.02.1965 heftiger Frost herrschte, war das Sandbett tiefgefroren, so dass es seine Bremsfunktion nicht würde ausüben können.

Deshalb entschloss man sich den Flug nicht auf dem Werksflugplatz enden zu lassen und stattdessen auf einem nahegelegenen Militärflugplatz zu landen.

Am 27. Februar 1965 erhob sich die 165 t schwere An-22 nach 1.200 m Anlauf zu ihrem Erstflug. Er dauerte eine Stunde und zehn Minuten und verlief, nach Aussagen der Testpiloten, sehr ruhig.

Einen Monat später begannen weitere Erprobungsflüge, von denen die meisten die Erforschung des Start- und Landeverhaltens der An-22 zum Inhalt hatten. Im Mai 1965 wurde die Antäus zum Flugplatz Gostomel überführt, von wo aus die weitere Flugerprobung erfolgen sollte.

Im Juni 1965 wurde die Flugerprobung unterbrochen und zwar deshalb, weil der starke Mann im Staate Sowjetunion befohlen hatte, die An-22 an der Internationalen Luftfahrtausstellung in Paris Le Bourget teilnehmen zu lassen. Und das obwohl bisher gerade einmal sechs Testflüge absolviert worden waren! Mit anderen Worten: es ging Nikita Chruschtschow um nichts anderes, als anzugeben. Und im Gegensatz zu seinen vielen anderen Prahlereien, wie gut und fortschrittlich und überlegen die sowjetische Technik denn sei, hatte er mit der An-22 wirklich etwas anzubieten, nämlich das größte und stärkste Flugzeug der Welt.

Im Westen hatte man die Großmannssucht des Kremlherrschers inzwischen wohl durchschaut und war mehr als skeptisch, als die Sowjetunion das Erscheinen der An-22 in Paris ankündigte. Deshalb war es eine große Überraschung, als den großen Worten auch wirklich große Taten folgten und ein durchaus elegant zu nennendes Kraftpaket in Le Bourget landete. Es war eine Sensation. Die französische Zeitung »Le Figaro«, schrieb zu dem Ereignis: *»Die Sowjetunion zeigt, dass sie bei der Entwicklung leistungsstarker Transportflugzeuge jedermann weit voraus ist.«*

Eine russische An-22 im typischen Antonow Landeanflug, mit der Nase nach unten. (Foto: Mil.ru)

Die Teilnahme an der Pariser Luftfahrtausstellung war ein voller Erfolg.

Nach der Rückkehr in die Heimat wurden die Erprobungsflüge wieder aufgenommen. Bevor das aber geschehen konnte wurde ein Triebwerk gewechselt. Und zwar deshalb, weil die An-22 bis zu diesem Zeitpunkt mit den »Bombertriebwerken« unterwegs gewesen war. Der Grund hierfür war, dass die neuen Propeller ihre Erprobungsphase noch nicht abgeschlossen hatten. Doch nun waren der neue Propeller AW-90 und das an ihn angepasste Triebwerk NK-12MA einsatzbereit und deshalb ersetzte man zu Testzwecken ein Triebwerk der An-22. Und als sich das neue Triebwerk bewährte, wurden auch die anderen drei Triebwerke auf den zukünftigen Serienstatus umgerüstet.

Die Flugerprobung der An-22 machte schnell Fortschritte. Es zeigten sich aber auch einige Probleme. Diese traten vor allem beim Hauptfahrwerk auf. So verlor der An-22 Prototyp z.B. beim Start zu einem Probeflug die Aufhängungen von zwei der drei Hauptfahrwerksbeine der rechten Seite, weil Fahrwerkskomponenten gebrochen waren. In Auswertung dieses Unfalls wurden weitreichende Änderungen am Fahrwerk notwendig.

Im Herbst 1965 wurde die An-22 nach Taschkent verlegt, um die Flugerprobung, die in Kiew wegen anhaltend schlechten Wetters beeinträchtigt war, fortzusetzen.

Charakteristisch für die An-22 sind der breite Rumpf, die großen Verkleidungen für das Hauptfahrwerk, die vier Doppelpropellertriebwerke und das Doppelseitenleitwerk. (Foto: Normann)

Taschkent war ausgewählt worden, weil das dortige Flugzeugwerk für die Serienproduktion der An-22 auserkoren war und bereits am 10. Juni 1965 den Befehl bekommen hatte, die Serienproduktion des Flugzeugs aufzunehmen. Das heißt, noch bevor die Werkserprobung der An-22 abgeschlossen war, wurde das Flugzeug bereits in Serie gebaut.

Die erste in Taschkent gefertigte An-22 hatte ihren Erstflug am 27. Januar 1966. Da war die Flugerprobung der An-22 noch lange nicht abgeschlossen, weshalb die in Taschkent gefertigten Flugzeuge an den weiteren Testflügen teilnahmen.

Weil im Westen bezweifelt wurde, dass die An-22 die in Paris angegebene Nutzlast auch wirklich tragen konnte, beschloss Oleg Antonow den Nachweis zu erbringen, indem er Weltrekordflüge unternehmen ließ.

Am 27. Oktober 1966 wurde die dritte An-22, Baunummer 01-03, mit 88.103 kg Fracht beladen und hievte diese Last problemlos auf 6.600 m. Das waren schlappe 34,6 t mehr, als der bisherige Weltrekord. Der Flug brachte insgesamt 12 Weltrekorde zustande.

Ein Jahr später trug dasselbe Flugzeug 100.445 kg bis auf 7.848 m Höhe. Für diesen Weltrekordflug, der am 17. Oktober 1967 stattfand, hatte man extra Masseblöcke angefertigt, die perfekt in den Frachtraum der An-22 passten.

Im Oktober 1967 begann die zweite Phase der Flugerprobung, die staatliche Flugerprobung. Sie wurde von Militärpiloten durchgeführt und verlief zufriedenstellend.

Ab Januar 1969, d.h. noch vor Abschluss der staatlichen Erprobungsphase, wurde die An-22 sukzessive in die Truppe eingeführt. Sie wurde aber nicht nur für militärische Zwecke eingesetzt, sondern bekam auch zivile Aufgaben übertragen. So transportierten die An-22 der Transportfliegerkräfte für die Zivilwirtschaft sperrige Ausrüstungsteile in die unwegsamen Gegenden Sibiriens und des Fernen Ostens. Sie kamen aber auch international zum Einsatz. Einer dieser Einsätze betraf 1970 ein Erdbebengebiet in Peru, in das Hilfsgüter geflogen wurden. Bei einem dieser Flüge verschwand eine An-22 aus ungeklärten Ursachen südlich von Island im Atlantik. Rettungskräfte fanden nur noch im Meer treibende Wrackteile und leere Rettungsflöße. Der Grund für den Unfall konnte nicht ermittelt werden.

Im Dezember 1970 stürzte eine zweite An-22 bei einem Hilfsflug in Indien ab. Diesmal konnte die Absturzursache ermittelt werden. Es war ein Fertigungsfehler bei der Herstellung der Propeller, der zu Ermüdungsrissen und somit zum Abbruch eines Propellerblattes führte. Bei einer Überprüfung der Propeller der restlichen An-22 fand man vielerorts besagte Risse, so

Eine An-22 im Flug von unten gesehen. Nicht nur dieser Anblick ist beeindruckend, sondern auch der einzigartige, unverwechselbare Klang der gewaltigen Triebwerke. (Foto: Mil.ru)

dass die Flotte Flugverbot erhielt. Die Produktionstechnologie der Propeller wurde umgestellt. Im Zeitraum Januar bis Februar 1971 rüstete man alle Flugzeuge mit den neuen Propellern aus.

Erst am 3. Januar 1974 wurde die An-22 offiziell, d.h. per Ministerratsbeschluss, in den Truppendienst übernommen. Zu diesem Zeitpunkt wurde das Flugzeug bereits seit fünf Jahren, in drei Fliegerregimentern intensiv genutzt.

Insgesamt wurden 68 An-22 gebaut[43]. Zwei Maschinen stammten aus Kiew, der Rest wurde in Taschkent hergestellt.

Die An-22 wurde in sieben Baureihen gefertigt. Die erste Baureihe umfasste 10 Flugzeuge, die in den Jahren 1965 bis 1969 gebaut wurden. Von 1969 bis 1973 lieferte das Herstellerwerk drei weitere Baureihen von jeweils 10 Maschinen aus. 1973 kam es zur Umstellung auf die verbesserte Version An-22A. Von dieser Version, die in drei Baureihen hergestellt wurde, wurden 28 Maschinen gefertigt.

Die Serienproduktion lief 1975 aus[44], obwohl die An-22 zu diesem Zeitpunkt unübertroffen in ihrer Tragkraft war und eigentlich noch Bedarf an weiteren Maschinen bestand. Der Grund für die Einstellung der Serienfertigung bestand darin, dass die sowjetische Führung der Meinung war, dass die Zeit der Propellermaschinen endgültig vorbei sei und es besser wäre ein Transportflugzeug nach dem neuesten Stand von Forschung und Wissenschaft zu bauen. Und dieses Flugzeug war die IL-76. Deshalb wurde das Flugzeugwerk Taschkent angewiesen die Serienfertigung der An-22 einzustellen und die der IL-76 aufzunehmen.

Jahre später zeigte sich, dass die Iljuschin nicht in der Lage war die Aufgaben der An-22 vollständig zu übernehmen. Deshalb wurde überlegt die Serienfertigung der An-22 wieder aufzunehmen. Dieser Plan scheiterte aber an den begrenzten Kapazitäten des Taschkenter Flugzeugwerks. Der Versuch die An-22 zu modernisieren und sie unter der Bezeichnung An-122 in Serie zu bauen verlief ebenso im Sand. Als Nachfolgemodell war zu diesem Zeitpunkt bereits die An-124 im Gespräch.

Um die Lebensdauer der An-22 zu verlängern wurde begon-

43 Andere Quellen sagen aus, dass 69 An-22 aller Versionen gebaut wurden.
44 Andere Quellen sprechen von einer Serienproduktion bis Januar 1976.

Beim Rückzug der russischen Truppen aus Deutschland spielte die An-22 eine wichtige Rolle. Das Foto wurde 1993 auf dem Flugplatz Falkenberg aufgenommen. (Foto: Hendrik van Broekhuizen)

nen einzelne Flugzeuge aus dem Verkehr zu nehmen und sie einer grundlegenden Überholung zu unterziehen.
Von den 68 gefertigten An-22 verblieben vier beim OKB Antonow, die anderen wurden von den Transportfliegerkräften des sowjetischen Militärs in drei Fliegerregimentern genutzt.
Sie blieben bis zum Ende der Sowjetunion im Dienst. Danach wurden die am besten erhaltenen Maschinen von den Transportfliegerkräften der Russischen Föderation weiter betrieben. Sie kamen u.a. beim Abzug der russischen Truppen aus Deutschland ausgiebig zum Einsatz.
Die beim OKB Antonow verbliebenen An-22 wurden zunächst als Erprobungsträger verwendet, die dazu gedacht waren neue An-22 Versionen zu entwickeln. Als die Fertigung der An-22 eingestellt wurde, begann für sie ein neues Leben. Sie wurden genutzt um zivile Schwerlasten in der Sowjetunion zu transportieren. In den 1980er-Jahren wurden sie umgerüstet und dienten fortan dazu große Bauelemente für die Produktion von Großraumtransportern der Typen An-124 und An-225 von Taschkent nach Kiew zu fliegen. Die Fracht wurde dabei auf dem Rumpfrücken der An-22 transportiert.
Nach dem Zusammenbruch der Sowjetunion flogen die nun ukrainischen An-22 für die Frachtflugsparte des Antonow Nachfolgeunternehmens. Dabei hat sich herausgestellt, dass die Transportkosten der An-22 nur etwa halb so groß sind wie der des Nachfolgemusters An-124.
Die An-22 ist ein viermotoriges Schwerlasttransportflugzeug mit breitem Rumpf, hochangesetzten Tragflächen, Doppelpropellern und einem Doppelseitenleitwerk.
Der Rumpf der An-22 besteht aus vier Teilen. Er hat einen kreisrunden Querschnitt von 6,00 m Durchmesser und ist weitestgehend aus Aluminiumverbindungen hergestellt. Einige Baugruppen bestehen aber auch aus Stahl, Magnesium oder Titan.
Die Nasensektion der An-22 erstreckt sich über die Spanten 1 bis 14. In ihr ist das Cockpit untergebracht. Das Cockpit ist in zwei Ebenen aufgeteilt. Im unteren Geschoss befindet sich der Arbeitsplatz des Navigators[45]. Die Sicht nach vorn und unten wird durch

[45] Im sowjetischen Sprachgebrauch als Steuermann der Besatzung bezeichnet.

eine »Bombernase« gewährleistet. Zur Aufgabe des Navigators gehört es auch im Bedarfsfall als Bombenschütze zu agieren. Für diesen Zweck gibt es in der Glasnase ein Bombenwurfvisier.
Hinter dem Navigatorenarbeitsplatz befinden sich zwei Räume, in denen Passagiere mitgenommen werden können.
In der oberen Etage der Bugsektion befindet sich der Arbeitsplatz der Piloten. Pilot und Copilot sitzen nebeneinander und haben beide einen vollständigen Satz Bordinstrumente vor sich. Gesteuert wird die An-22 mit Hilfe eines Steuerhorns. Hinter den Piloten sind die Arbeitsplätze des Bordfunkers und des Bordingenieurs angeordnet. Zur Besatzung gehören noch der Bordtechniker und der Lademeister, für die ebenfalls Sitzplätze im Cockpit vorhanden sind. Hinter dem Cockpit befindet sich ein weiterer Raum, der zur Mitnahme von Passagieren vorgesehen ist. Insgesamt können in den drei Passagierräumen bis zu 27 Personen transportiert werden.
Im Notfall kann die Besatzung das Cockpit, über einen Fluchttunnel in der linken Cockpitseite, verlassen.
Die Cockpitsektion der An-22 ist vollhermetisiert. Sie ist vom Frachtraum durch eine Wand getrennt und kann durch eine Tür betreten werden.
Der Frachtraum umfasst den gesamten Bereich des Flugzeugmittelstücks und Teile des Flugzeughecks. Er ist 32,4 m lang, 4,4 m breit und 4,4 m hoch. Der Boden des Frachtraums besteht aus Titan, ein Metall, das stärker und zugleich leichter ist als Stahl.
Das Flugzeugmittelstück erstreckt sich über die Spanten 14 bis 59. Der zentrale Teil dieser Sektion ist als kraftaufnehmendes Element ausgelegt und zwischen den Spanten 39 und 49 angesiedelt. Hier setzen im oberen Bereich die Tragflächen am Rumpf an. An den Spanten 39, 44 und 49 sind im unteren Bereich die Befestigungspunkte für die Hauptfahrwerksbeine.
Der Heckbereich der An-22 erstreckt sich über die Spanten 59 bis 100. Bis zum Spant 95 ist der Rumpf als Druckkörper ausgelegt. Das abschließende Schott besitzt eine Tür, durch die man in den nichthermetisierten Bereich des Rumpfes betreten kann.
Das charakteristische Bauteil der Hecksektion ist die große, zweigeteilte Heckklappe. Sie setzt am Spant 63 an und ist im unteren Bereich als Heckrampe ausgelegt. Sie ist so massive, dass sie problemlos von Panzern befahren werden kann. Die Heckrampe kann in verschiedenen Winkeln abgesenkt werden, um sich an die lokalen Gegebenheiten anpassen zu können. Der obere Teil der Heckklappe setzt am Spant 95 an und wird beim Öffnen nach oben gefahren. Im Bereich der Spanten 95 bis 100 setzen am oberen Teil des Rumpfes die Stabilisatoren des Doppelseitenleitwerks an.
Der vierte Bauabschnitt des Rumpfes der An-22 erstreckt sich über die Spanten 100 bis 108. Er bildet quasi die aerodynamische Verkleidung des Rumpfhecks. Dieser Abschnitt ist nicht hermetisiert. Über eine Zugangsluke kann er betreten werden.
Über ihn ist es möglich zu den Seitenleitwerken zu gelangen.
Die Tragflächen der An-22 haben einen trapezförmigen Zuschnitt. Sie bestehen aus jeweils sieben Sektionen, einer Hauptsektion, vier Mittelsektionen und zwei abnehmbaren äußeren Teilen. Die Hauptsektion ist der eigentliche kraftaufnehmende Teil. Der tragende Teil der Tragfläche besteht aus drei Holmen und etlichen Rippen. Seine Außenhaut wird von Aluminiumblechen geformt. Die mittleren Tragflächensektionen haben ebenfalls drei Holme, während der äußere Teil nur über zwei Holme verfügt.
Die Tragfläche hat bis zur Rippe Nr.26 einen V-Winkel von 0°. Der äußere Teil der Tragfläche hat einen negativen V-Winkel von 3°, hängt also leicht nach unten.
An der Hinterkante der Mittelsektion befinden sich die großdimensionierten Doppelspaltklappen. Sie werden beim Start auf einen Winkel von 25° gefahren und bei der Landung auf 35° eingestellt. Die Querruder befinden sich an der Hinterkante des äußeren Tragflächenabschnitts. Sie sind mit Kraftverstärkern ausgestattet und werden über Seilzüge gesteuert.
An der Vorderkante der Tragfläche befinden sich die Triebwerke des Typs NK-12MA. Jedes Triebwerk leistet 15.000 PS, sprich 11.040 kW. Sie treiben Doppelpropeller des Typs AW-90 an. Jeder Propellerkreis des Doppelpropellers hat vier Propellerblätter. Ein Propellerkranz dreht sich nach links, während der andere nach rechts rotiert. Durch diesen Kniff wird das bei Propellertriebwerken stets auftretende Drehmoment aufgehoben. Wegen der automatischen Einstellung des Anstellwinkels der Propellerblätter ist es möglich die Drehzahl des Propellers bei 8.325 Umdrehungen pro Minuten[46] konstant zu halten. Jedes Triebwerk verfügt über einen Ölvorrat von 198 Litern. Die Flugzeuge der Baureihen 5 bis 7 besitzen Triebwerksstarter, die in der Lage sind ein Triebwerk auch in der Luft anzulassen. Bei den vorherigen Bauserien war ein Triebwerksstart nur am Boden möglich. Das Triebwerk hat ein eigenes Enteisungssystem, bei dem Abluft aus der Turbine abgezweigt wird. Die Vorderkanten der Propellerblätter, sowie die Spinner werden elektrisch enteist.
In den Tragflächen befinden sich 14 flexible Treibstofftanks. Sie sind gegen Beschuss mit einer Gummischicht ausgestattet, die beim Kontakt mit Treibstoff aufquillt und so das Einschussloch verschließt. Weitere Tanks befinden sich in der aerodynamischen Verkleidung des Fahrwerks. Das Tankvolumen der An-22 beträgt 127.619 Liter.
Am Heck der An-22 befindet sich das Leitwerk. Es ist ein Doppelseitenleitwerk. Die Endscheiben bestehen aus Seitenflosse und Ruder, die Stabilisatoren bilden das Höhenleitwerk und die Höhenflossen. Alle Steuerflächen besitzen Kraftverstärker und werden über Seilzüge gesteuert. Die tragende Struktur des Seitenleitwerks bilden zwei Holme und mehrere Rippen. Die Außenhaut ist aus Aluminium.

[46] Toleranzbereich +/- 25 Umdrehungen.

Beiderseits des Rumpfes befinden sich, im Bereich der Spanten 26 bis 70, die voluminösen aerodynamischen Verkleidungen des Hauptfahrwerks. Sie beherbergen das Hauptfahrwerk, das aus drei einzelnen, hintereinander angeordneten Hauptfahrwerksbeinen mit Doppelreifen besteht. Die Reifen sind vergleichsweise groß[47] und arbeiten mit einem geringen Luftdruck. Sie sind deshalb für die Landung auf unvorbereiteten Pisten geeignet. Dass Hauptfahrwerk besitzt eine Bremsanlage.

In den aerodynamischen Verkleidungen finden jeweils drei flexible Treibstofftanks ihren Platz. Es gibt Zugangstüren, die direkt in den Frachtraum des Flugzeugs führen. Außerdem befinden sich in den Verkleidungen Bombenaufhängungen. Sie können Abwurfwaffen bis zum Kaliber von 500 kg aufnehmen. Dazu zählen neben konventionellen Freifallbomben, Leuchtbomben zur Markierung und Ausleuchtung von Landeflächen bei Nacht, sowie Störmittelbehälter zum Abwurf von Düppelstreifen.

In die aerodynamischen Verkleidungen können anstelle der Abwurfwaffen auch Luftbildkameras eingebaut werden.

Das Bugfahrwerk befindet sich unterhalb der Nasensektion der An-22. Es ist doppelt bereift[48].

Am Boden kann es vom Piloten beim Rollen im Bereich von +/-35° gesteuert werden. Bei Start und Landung ist die Bewegungsfreiheit auf +/-10° eingeschränkt. Das Bugfahrwerk ist nicht gebremst.

Die An-22 wurde sowohl zivil, als auch militärisch ausgiebig genutzt und konnte ihren Wert oftmals unter Beweis stellen. Sie wurde dazu eingesetzt große Maschinen oder Bauteile vom westlichen Teil der Sowjetunion in die unwirtlichen und nahezu unzugänglichen Weiten Sibiriens und des Fernen Ostens zu transportieren. Sie beförderte auch Hilfsgüter in Katastrophengebiete weltweit.

An-22 waren, während des Oktoberkriegs 1973, an der Luftbrücke in die arabischen Staaten beteiligt. Sie lieferten auf dem Hinflug Waffen und Munition und evakuierten auf dem Rückflug die Familien der sowjetischen Militärberater und Botschaftsangehörige. Dabei sollen bei einzelnen Flügen bis zu 720 Passagiere an Bord einer einzelnen An-22 untergebracht worden sein.

Während der Anfangsphase des sowjetischen Afghanistanfeldzugs wurde die An-22 intensiv genutzt. Als die Duschmanen von den Amerikanern mit tragbaren Luftabwehrraketen ausgerüstet wurden, bekamen die für Afghanistan vorgesehenen An-22 Störkörperwerfer und Infrarotstörsender. Teilweise wurden auch Maschinengewehre in die aerodynamischen Verkleidungen der Fahrwerke eingebaut. Ab 1984 wurde der Einsatz über Afghanistan als zu riskant eingestuft und signifikant reduziert. Erst als der Abzug der sowjetischen Truppen aus Afghanistan begann wurde die An-22 wieder verstärkt eingesetzt. In der späteren Phase ihres Afghanistaneinsatzes bekamen die dort verwendeten An-22 eine Tarnbemalung.

Die An-22 war ebenfalls ein Haupttransportmittel, als es 1993 daran ging die russischen Truppen aus Deutschland abzuziehen.

In russischen Diensten sind noch drei An-22A im Einsatz und zwei eingelagert.

In ukrainischen Diensten ist noch eine An-22A im Einsatz und eine weitere eingelagert.

Weitere An-22 sind in verschiedenen Museen ausgestellt.

Versionen:

An-22	Basisversion, vier Baureihen mit 40 Maschinen.
An-22A	Serienvariante mit Detailverbesserungen und größerer Traglast. Drei Baureihen mit 28 Maschinen.
An-22PS[49]	Umbau zum Transport von Lasten auf dem Rumpfrücken. Später mit Seitenleitwerk der An-26 nachgerüstet. Drei Maschinen umgerüstet. Eigenname: »перевозчик«, »Perewos-tschik«, »Träger«

Projekte:

An-22PLO	Projekt eines atomar angetriebenen U-Boot-Abwehrflugzeugs mit einer Reichweite von 25.000 km. Prototyp gebaut und erprobt. Start- und Landung erfolgten mit den normalen Propellerturbinen.
An-22Sch[50]	Projekt mit um 9,60 m verlängertem Rumpf
An-22PS[51]	Projekt eines Such- und Rettungsflugzeugs
An-22R	Projekt einer fliegenden Raketenstartplattform. Start der Raketen sollte vertikal, aus dem Rumpf heraus, erfolgen.
An-22 Amfibia[52]	Projekt eines Riesenflugbootes, bei dem der untere Rumpfteil des Flugzeugs eine Bootsform erhalten hat. In den frühen 1960er-Jahren entwickelt. Modelle im Maßstab 1:20 hergestellt und in Wind- und Wasserkanälen des ZAGI getestet. Danach wurde das Projekt eingestellt.
An-122	Projekt für Weiterentwicklung mit 120 t Tragkraft, Pfeilflügeln und vier Strahltriebwerken. Reichweite 2.500 km. Passagiervariante mit um 15,00 m gestreckten Rumpf und Unterbringung von 724 Passagieren auf zwei Ebenen angedacht.

47 1.750x730 mm
48 Reifengröße 1.450x580 mm
49 In kyrillischen Buchstaben: Ан-22ПЗ «перевозчик»
50 In kyrillischen Buchstaben: Ан-22Ш
51 In kyrillischen Buchstaben: Ан-22ПС
52 In kyrillischen Buchstaben: Ан-22 «амфибия»

An-26 (Nato-Code: Curl)

Eine An-26 der NVA, in der Bemalung als ziviles Flugzeug der Fluglinie INTERFLUG, bei einem Auslandseinsatz in Mosambik. (Foto: Kobert)

Technische Daten der An-26T	
Bezeichnung NATO	Curl
Abmessungen	
Spannweite	29,20 m
Länge	23,80 m
Höhe	8,57 m
Flügelfläche	74,98 m²
Massen	
Leermasse	15.400 kg
Startmasse	23.000 kg
Max. Startmasse	24.000 kg
Treibstoffmenge	7.000 l
Antrieb	2 x AI-24WT + 1 x RU-19A-300
Startleistung	2 x 2074 kW + 7,85 kN / 2.820 PS + 800 kp
Flugleistungen	
Höchstgeschwindigkeit	540 km/h in 5.000 m
Marschgeschwindigkeit	430 km/h
Landegeschwindigkeit	195 km/h
Reichweite	2.350 km
Gipfelhöhe	8.100 m
Steiggeschwindigkeit	7,2 m/s
Bewaffnung	4 x 500 kg Abwurfwaffen
Nutzlast	5.500 kg Fracht normal 6.300 kg Fracht maximal 39 Passagiere 30 Fallschirmjäger 24 Verwundete
Besatzung	4

Die Jahre der Chruschtschow-Ära waren für das OKB Antonow eine hochproduktive Zeit. Der aus der Ukraine stammende Partei- und Staatschef bevorzugte seine Heimatrepublik mit allen Mitteln und nicht immer zum Vorteil der Sowjetunion[53]. So war es nicht verwunderlich, dass das in Kiew ansässige OKB Antonow von Chruschtschow protegiert wurde, schließlich wollte er das Zentrum der Ukraine von einer weitestgehend ländlich geprägten Agrarregion zu einer Industriemacht umgestalten.

Für Chruschtschow hatte die Ausweitung des Luftverkehrs einen hohen Stellenwert. Es gab aber viele Probleme. Die Kriegsfolgen waren auch noch Mitte der 50er-Jahre sichtbar, die Infrastruktur ließ vielerorts immer noch zu wünschen übrig. Befestigte Start- und Landebahnen waren nicht überall verfügbar. Deshalb propagierte Chruschtschow den Bau von Flugzeugen, die auch von einfachen Rasenpisten aus eingesetzt werden konnten. Das betraf nicht nur militärische Transportflugzeuge, sondern auch zivile Fracht- und Passagierflugzeuge. Für den Mittelstreckenbetrieb entwickelte das OKB Antonow deshalb die, der An-12 sehr ähnliche, An-10 »Ukraina«. Für kürzere Strecken mit geringerem Passagieraufkommen sollte die An-24 gebaut werden.

Die Projektarbeiten an der An-24 liefen ab Mitte der 1950er-Jahre. Die »24er« sollte 44 Passagiere über eine Distanz von mindestens 1.000 km transportieren. Sie sollte von einfachen Rasenpisten aus operieren können, weshalb sie als zweimotoriger Schulterdecker mit robustem Fahrwerk geplant war. Der Triebwerkskonstrukteur Iwtschenko wurde beauftragt, speziell für die An-24, das Propellerturbinentriebwerk AI-24 zu entwickeln.

[53] Man denke nur an den unproduktiven Wettstreit zwischen dem in der Ukraine ansässigen OKB Tschelomej und dem in der RSFSR beheimateten OKB Koroljew während des »Wettlaufs zum Mond«, der nicht unerheblich dazu beitrug, dass es der Sowjetunion nicht gelang eine bemannte Mondlandung zustande zu bringen. Ein anders Beispiel ist Chruschtschows Bevorzugung der Panzerentwicklungen aus dem ukrainischen Charkow gegenüber denen aus dem Ural oder Leningrad. Eine Bevorzugung die man auch als Sabotage der Panzerentwicklungen aus der Russischen Föderation bezeichnet kann. Auch gehen die heutigen Spannungen um die Halbinsel Krim auf ein eigenmächtiges, verfassungswidriges und selbstsüchtiges Handeln Chruschtschows zu Gunsten der Ukraine zurück.

Die An-24T war das Ausgangsmuster für die Entwicklung sowohl des Fotoflugzeuges An-30, als auch der An-26, aus der später die An-32 entstand. Die Gemeinsamkeiten all dieser Flugzeugtypen war so groß, dass es möglich war viele Bauelemente untereinander auszutauschen. (Foto: Hendrik van Broekhuizen)

Am 18. Dezember 1957 befahl der Ministerrat der Sowjetunion die Entwicklung des Passagierflugzeugs An-24. Aus dieser Maschine war die Transportvariante An-24T abzuleiten.
Das Passagierflugzeug An-24 absolvierte im Oktober 1959 seinen Jungfernflug. Der dritte Prototyp der An-24 wurde im Laufe des Jahres 1961 zum An-24T Prototyp umgebaut. Die An-24T sollte vier Tonnen Fracht oder 37 Soldaten oder 33 Fallschirmspringer transportieren können und eine maximale Reichweite von 2.000 km erreichen.
Die An-24T absolvierte am 4. September 1961 ihren Jungfernflug. Die Werkserprobung zog sich bis in den Sommer 1962, wobei 58 Flüge durchgeführt wurden. Die staatliche Erprobung begann im September 1962 und ging bis in den Juli 1963. Die staatliche Kommission war mit der An-24T zufrieden und schlug vor das Flugzeug in die Serienproduktion zu überführen.
Das Militär sah das aber etwas anders. Es bemängelte die Traglast, die zu geringe Reichweite, die Größe der Frachtluke und eine übermäßige Abnutzung des Bodens des Frachtraums[54]. Außerdem war es mit der An-24T nicht möglich Fracht oder Luftlandetechnik abzuwerfen. Das Absetzen von Fallschirmjägern dauerte zu lange.

Die AN-26 mit der taktischen Kennung 373 war ein Elektronikaufklärer. Elektronikaufklärer waren an der konkaven Fensterverglasung im Frachtraum erkennbar. (Foto: Flugplatzmuseum Cottbus)

[54] Das Problem, dass sich der Boden eines Frachtraums zu schnell durchscheuerte gab es also nicht erst beim Eurocopter NH-90.

Die 376 besaß einen braun-grünen Tarnanstrich. (Foto: Kobert)

In der rechten Triebwerksgondel waren nicht nur das Propellerturbinentriebwerk und das Hauptfahrwerk untergebracht, sondern auch ein kleines Strahltriebwerk. (Foto: Normann)

Die An-26 transportierte in der NVA Fracht, Versorgungsgüter und Personal. Sie wurde auch als Absetzflugzeug für Fallschirmjäger verwendet. Das Bild zeigt die Verladung eines Triebwerks in Berlin-Schönefeld. (Foto: Kobert)

Antonow schlug daraufhin vor das Projekt abzuändern. Er wollte die Nutzlast um eine Tonne steigern, größere Tanks für eine größere Reichweite einbauen und die Frachtluke deutlich erweitern.

So umgebaut durchlief die An-24T die Erprobung zwischen Dezember 1965 und November 1966 erneut. Bereits im Januar 1966, also noch während die Erprobung im vollen Gange war, begann der Serienbau.

Die An-24T war ein recht brauchbares Frachtflugzeug. Doch als militärisches Transportflugzeug eignete es sich nur bedingt. Der Hautmangel bestand darin, dass das Be- und Entladen viel zu lange dauerte. Weil die Frachtluke vom Boden aus nicht erreicht werden konnte, musste zum Umladen ein LKW genutzt werden. Man fuhr mit der Ladepritsche des LKWs genau vor die Frachtluke des Flugzeugs und nutze den LKW quasi als fahrbare Arbeitsbühne. Die Fracht musste deshalb zweimal angefasst werden. Das war mehr als ineffizient.

Ein weiterer Mangel war die zu geringe Größe der Frachtluke, so dass die Größe der Frachtstücke arg limitiert war[55].

Dieser Umstand hatte im OKB Antonow bereits 1964 für Diskussionen gesorgt. Dabei wurde die Idee geboren das Flugzeug mit einer Heckladerampe auszustatten. Die Idee konnte aber damals noch nicht umgesetzt werden. Sie wurde jedoch nicht vergessen.

Als die Serienproduktion der An-24T anlief, holte man die Idee der Heckladerampe wieder aus der Ablage und begann sie zu realisieren. Das Projekt lief nun unter der Bezeichnung An-26.

Die An-26 wurde ohne staatlichen Auftrag, d.h. auf eigene Kosten und eigenes Risiko des OKB Antonow entwickelt. Der Hauptschwerpunkt der Arbeiten lag dabei auf der Heckladerampe. Hier wurde eine originelle Lösung gefunden, die sich das OKB Antonow später in acht Ländern, inklusive den USA, Frankreich und Großbritannien patentieren ließ[56].

Ende 1967 führte Oleg Antonow, im Beisein des Direktors des Kiewer Flugzeugwerks, dem Minister für Flugzeugbau ein Modell der neuen Laderampe vor und präsentierte das Projekt An-26. Der Minister war begeistert. Er erkannte den unbestreitbaren Nutzen eines solchen Systems auf Anhieb und versprach alle Genehmigungen für die offizielle Entwicklung der An-26 zu erteilen. Am 12. März 1968 war es dann soweit. Ministerrat und Luftstreitkräfte gaben für die An-26 grünes Licht. Das Flugzeug sollte bei einer Startmasse von 24 Tonnen mindestens sechs Tonnen Fracht transportieren können.

[55] Eine interessante Abart der An-24 war das Fotoflugzeug An-30. Bei diesem Flugzeug wurde der Bugbereich komplett umgebaut und stark verglast. Fünf Luftbildkameras wurden im Bug installiert. Von der An-30 wurden etwa 120 bis 130 Maschinen hergestellt.

[56] Die Heckladerampe wurde so konstruiert, dass sie im Flug, wenn Fallschirmspringer abgesetzt oder Fracht abgeworfen werden sollte, platzsparend unter den Rumpf geschoben werden konnte. Zum be- und entladen am Boden konnte man sie abgesenkt als Fahrbahn nutzen, um Fahrzeuge mit eigener Kraft in den Frachtraum fahren zu lassen.

Die An-26 mit der Nummer 384 hatte eine zivile graue Bemalung. Das Flugzeug wurde nach der Wende als 52+12 von der Bundesluftwaffe genutzt. (Foto: Kobert)

Dazu mussten die Tragflächen verstärkt und leistungsfähigere Triebwerke des Typs AI-24WT, mit jeweils 2.820 PS, eingebaut werden. Der wichtigste Punkt war aber die Heckladerampe.

Für eine gewisse Zeit favorisierte man die Idee die An-26, wie alle anderen Transportflugzeuge des OKB Antonow, mit einer Bombernase auszurüsten. So sollte der Navigator eine perfekte Sicht nach vorn und nach unten erhalten. Das war notwendig, wenn er seine Aufgabe als Bombenschütze erfüllen sollte. Aus fertigungstechnologischen Gründen entschied man sich jedoch gegen diese Lösung. Stattdessen bekam der Navigator eine große, blasenförmige Kuppel in der linken Rumpfseite spendiert.

Am 20. Dezember 1968 war der erste Prototyp der An-26 fertiggestellt. Er startete am 21. Mai 1969 zum Jungfernflug. Die Flugerprobung dauerte bis zum September 1970.

Zu den geforderten Fähigkeiten der An-26 gehörten das Absetzen von Fallschirmspringern und der Abwurf von Lasten und Fahrzeugen über die Heckrampe. Den Technikern war das Öffnen der Heckrampe während des Fluges zunächst nicht ganz geheuer. Sie sicherten die Rampe von innen mit einer Vielzahl von Seilen, um gegen ein unkontrolliertes Aufklappen gewappnet zu sein. Während des Erprobungsfluges zeigte aber sich, dass die Mechanik der Heckklappe perfekt arbeitete.

Beim Absetzen von Fallschirmspringern gab es jedoch zunächst Probleme. Der Luftzug wirbelte die Reißleinen der abgesetzten Springer in der Lukenöffnung herum, so dass die Enden der Reißleinen auf die nachfolgenden Springer einschlugen und außerdem die Seitenwände des Rumpfes beschädigten. Daraufhin wurde ein Windkanalmodell des Frachtraums gebaut und eine Lösung gefunden, die später als Reißleinenfänger in den Serienflugzeugen zur Anwendung kam.

Die Erprobung der An-26 verlief recht glatt. Nur bei der Höhenerprobung in Armenien kam es zu einem Zwischenfall. Das Flugzeug sollte von einem hochgelegenen Platz aus mit nur einem Triebwerk starten, um einen Triebwerksausfall beim Start zu simulieren. Wegen hoher Temperaturen und dünner Luft kam die An-26 aber nur schwer in die Höhe und es wurde offensichtlich, dass das Flugzeug einen Bergrücken nicht würde überfliegen können. Um eine Katastrophe abzuwenden ließen die Testpiloten das zweite Triebwerk in der Luft an. Es gelang ihnen gerade noch rechtzeitig vor der Bergwand abzudrehen und der Katstrophe zu entkommen. Sie machten jedoch während dieses Ausweichmanövers einen kleinen Abstecher über die türkische Grenze. Die Türken reagierten nicht gerade amüsiert auf diesen Vorfall.

Großen Wert legte man bei der Flugerprobung der An-26 auf die Untersuchung der Lademöglichkeiten, sowie die Fähigkeit

Bei Auslandseinsätzen flogen die An-26 der NVA sowohl militärisch getarnt, als auch mit ziviler Bemalung. Diese An-26 steht auf dem Flugplatz Asmara in Äthiopien, heute Eritrea. (Foto: Gerd Göhler via Kobert)

Eine An-26 rollt zum Start. (Foto: Karl-Heinz Zipfel)

Luftlandetechnik absetzen zu können. Es wurde praktisch mit jedem Fahrzeug oder Waffensystem, das durch die Ladeluke passte, erprobt. Das ging bis zu leichten Luftlandepanzern des Typs ASU-57 und standardisierten Abwurfbehältern.

Weiter wurde erforscht, wie sich die An-26 mit angehängter Waffenlast verhielt. Dabei wurden 40 unterschiedliche Waffenkonfigurationen ausprobiert und festgestellt, dass sich das Handling des Flugzeugs praktisch nicht veränderte, mit der Ausnahme, dass durch den zusätzlichen Luftwiderstand die Fluggeschwindigkeit sank.

Die staatliche Erprobung war am 21. September 1970 nach 259 Flügen und 433 Flugstunden beendet. Das Fazit lautete: *»Die Transportmöglichkeiten der An-26 sind, im Vergleich zur An-24T mit einer Startmasse von 21 t, erweitert. Namentlich ermöglicht sie den Transport von Kampftechnik wie ASU-57, SD-85, GAS-69, 120 mm Granatwerfern usw. Die Reichweite beim Transport von Personen und Technik stieg um das Anderthalbfache. Ebenso der Einsatzradius beim Absetzen aus der Luft. Die Steuerung der Maschine beim Abwerfen einzelner Lasten und beim Gruppenabwurf, in einer Gesamtmasse von 4.650 kg, macht keinerlei Probleme. Mit ihren Flugeigenschaften kann die An-26 von Piloten mit mittlerem Ausbildungsstand geflogen werden.«*

In Vorbereitung des Flugdienstes entfernen Techniker die Abdeckplanen einer An-26. (Foto: Kobert)

Die Serienfertigung begann im August 1969, die Massenproduktion wurde 1970 aufgenommen.

Insgesamt verließen 1.398 An-26 aller Varianten das Kiewer Flugzeugwerk. Davon gingen 564 an die sowjetischen Streitkräfte. 420 An-26 wurden exportiert. Viele An-26 sind noch heute im Einsatz.

Die An-26 ist ein zweimotoriger Schulterdecker mit freitragendem Normalleitwerk und Heckladerampe. Sie ist in ihrer Bauausführung zu etwa 80 % mit dem Vorgängermodell An-24RT identisch. Tragflächen, Seiten- und Höhenleitwerk, sowie das Fahrwerk konnten zwischen Flugzeugen der Typen An-24, AN-26 und An-30 ausgetauscht werden.

Unter der aerodynamisch geformten Flugzeugnase befinden sich Teile der Bordelektronik. Dazu gehört ein Bordradar[57] des Typs »Groza«. Für Groza gibt es zwei Sichtgeräte. Das erste ist beim Piloten angeordnet, das zweite am Platz des Navigators vorhanden[58]. Die Besatzung wird durch einen Bordmechaniker vervollständigt. Für den Steuermann gibt es eine verglaste Kuppel an der linken Bordseite[59].

Zur elektronischen Ausrüstung der An-26 gehören zwei UKW- und eine KW-Funkstation, ein Flugdatenschreiber, ein Bordtonbandgerät zur Aufzeichnung des Sprechfunkverkehrs, ein

[57] In der NVA als »Bordfunkmeßstation« bezeichnet.

[58] In der NVA wurde, nach sowjetischem Vorbild, der Pilot als Kommandant oder 1. Flugzeugführer, der Copilot als 2. Flugzeugführer und der Navigator als »Steuermann der Besatzung« oder kurz Steuermann bezeichnet.

An-26 und An-2 der NVA stehen gemeinsam auf dem Flugplatz Dresden. (Foto: Kobert)

Nahnavigationssystem, sowie ein barometrischer und ein Funkhöhenmesser.
Hinter dem abgeteilten Cockpit befindet sich die Bordtoilette.
Der hermetisierbare Rumpf der An-26 hat einen ovalen Querschnitt. Er kann durch eine Eingangstür auf der rechten Rumpfseite betreten werden. Der Haupteingang ist aber die großdimensionierte Heckluke. Sie hat eine Abmessung von 2,34 x 3,30 m. Ihre Unterkante befindet sich gerade einmal 1,54 m über dem Erdboden. Zum leichten Beladen des Flugzeugs ist die Heckluke mit einer Laderampe versehen. Diese kann herabgesenkt werden und dient als Zufahrt für leichte Fahrzeuge. Die Heckrampe läßt sich auch hydraulisch absenken und vollständig unter den Rumpf schieben. So können größere Fahrzeuge rückwärts nah an das Flugzeug heranfahren, was das Be- oder Entladen vereinfacht und beschleunigt. Erfahrungen zeigten, dass man für eine An-26 nur die Hälfte der Be- oder Entladungszeit einer IL-14 oder An-24T benötigte.
Ein großer Pluspunkt der An-26 ist, dass Fahrzeuge bis zur Größe eines PKWs transportiert werden können. Die PKWs können über die Heckrampe direkt ins Flugzeug gefahren werden. Größere Frachtstücke, bis zu einer Masse von etwa 1,5 t, können mit einem bordeigenen Ladekran (Laufkatze) an ihren Lagerplatz transportiert werden. Im Boden des Frachtraumes befindet sich auch ein Transportband. Dieses wird genutzt um Fracht zu bewegen.
Mit Hilfe des Transportbandes ist es möglich Frachtpaletten oder Fahrzeuge im Flug abzuwerfen. Das Absetzen kann mit Hilfe von Fallschirmen aus größeren Höhen geschehen oder wird ohne Fallschirme im extremen Tiefstflug mit Flughöhen zwischen drei und fünf Metern ausgeführt.
Die An-26 wird auch zum Transport vom Menschen eingesetzt. Dazu gibt es an den Seitenwänden klappbare Sitze. Insgesamt können 39 Soldaten oder 30 Fallschirmjäger befördert werden. Das Absetzen der Fallschirmjäger erfolgt in der Regel über die im Flug geöffnete Heckrampe. Dabei können die Fallschirmjäger einzeln oder im Verband das Flugzeug verlassen. Erfolgte das Absetzen im Verband stellten sich die Fallschirmjäger in Dreierreihen auf und fingen auf Kommando an im Gleichschritt zu trampeln. Beim Aufleuchten des Absetzsignals brüllten sie: »Hopp! Hopp!! Hopp!!! Und los!!!!«, stürmten im Gleichschritt vor und sprangen aus dem Flugzeug. Unerfahrene oder gar ängstliche Springer wurden dabei in die Mitte der Gruppe ge-

Die Laderampe der An-26 konnte unter den Rumpf gefahren werden. (Foto: www.luroko.de Kobert)

[59] Für diese Kanzel gab es eine Enteisungsanlage, zu der ein gut zugänglicher 2,6 Liter Tank gehörte. Dieser Tank wurde zur Freude der Besatzung und der Techniker mit einer 40%igen Alkoholmischung befüllt. Vor allem in jener Zeit als Gorbatschow seinem Land ein Wodkaverbot auferlegte, wurde die Enteisungsmixtur gern anderweitigen Verwendungen zugeführt. Der Autor dieser Zeilen, aber auch andere DDR-Bürger, die die Sowjetunion damals bereisten, dort studierten oder eine Ausbildung erhielten, könnten da die eine oder andere Geschichte von der sprichwörtlichen russischen Gastfreundschaft und dem dabei obligatorischen Genuss alkoholischer Getränke, sowie der zweckfremden Nutzung von Enteisungsalkohol erzählen.

Die An-26 mit der Nummer 375 steht auf der sogenannten Abstellplatte des Flugplatzes Dresden-Klotzsche. (Foto: Kobert)

So sah die Innenausstattung der An-26S Bordnummer 384, in der Variante zum Transport von FDJ-Jugendbrigaden, aus. (Foto: www.luroko.de Kobert)

Blick ins Cockpit. (Foto: Kobert)

Blick ins Cockpit der neuen 373 beim Überführungsflug von Kiew nach Dresden. (Foto: www.luroko.de Kobert)

nommen und im Fall eines Zögerns gleich mit aus dem Flugzeug geschoben. Fallschirmjäger berichteten, dass sich das Absetzen aus der Heckluke einer An-26 so anfühle, als ob man »gegen eine Mauer springen würde.«

Für den Transport von Schwerverletzten wurden im Rumpf auf drei Etagen Liegen eingebaut. So konfiguriert konnte eine An-26 bis zu 24 liegebedürftige Patienten und zusätzlich medizinisches Personal befördern.

Die Tragflächen der An-26 sind in Schulterdeckeranordnung am Rumpf befestigt. Die inneren Tragflächenhälften haben eine rechteckige Form, die äußeren Tragflächenhälften sind trapezförmig gestaltet. Die Tragflächen sind mit automatisch fahrenden Vorflügeln und Landeklappen ausgestattet. Sie besitzen großdimensionierte Querruder. Die Tragflächen enthalten auch die Treibstofftanks der An-26. Das maximale Tankvolumen beträgt 7.000 Liter. Bei voller Betankung kann die An-26 eine Flugstrecke von 2.000 km bewältigen.

Etwa am Ende des ersten Viertels der Tragflächen befinden sich die Triebwerke der An-26. Sie sind in Triebwerksgondeln unterhalb der Tragflächen positioniert. Als Triebwerke kommen Propellerturbinen des Typs Iwtschenko AI-24WT mit 2.075 kW, sprich 2.820 PS zum Einsatz. Die Vortriebserzeugung erfolgt mit Verstellpropellern. Die vier Luftschraubenblätter des Propellers lassen sich bei der Landung in einen negativen Einstellwinkel bringen[60]. Damit wird die Wirkungsrichtung der Luftschraube umgekehrt, sie bremste nun, anstatt zu schieben. So kann die Landerollstrecke des Flugzeugs verkürzt werden.

[60] Das Bedienelement für die Blattverstellung war in der Nähe des Fahrwerkshebels eingebaut. Es kam im Dienstbetrieb gelegentlich zu Verwechslungen, die dazu führten, dass das Flugzeug noch auf der Startbahn das Fahrwerk einfuhr und auf dem Bauch zum Liegen kam. Dank der äußerst robusten Konstruktion der An-26 ging das meist ohne größere Schäden ab. Es gab in der Regel nur ein paar Kratzer im Lack und im Ego der Besatzung. Einer NVA An-26 passierte dieses Missgeschick bei einem Auslandseinsatz in Mosambik.

An-26 im Auslandseinsatz in Mosamik. Flugplatz Maputo am 01.10.1989. Hier bei der technischen Kontrolle. Zivile Kennzeichnung DDR-SBK. Man beachte das mosambikanische Nummernschild am PKW Wartburg. (Foto: Kobert)

Die An-26 wird in der Regel als zweimotoriges Flugzeug beschrieben. Das ist nicht ganz richtig, denn in der rechten Triebwerksgondel befindet sich ein kleines Strahltriebwerk. Das RU-19A-300 aus dem OKB Tumanski, hat eine Leistung von 7,85 kN. Es wird genutzt, um beim Start mit maximaler Nutzlast zusätzlichen Schub zu generieren und die notwendige Steiggeschwindigkeit sicherzustellen. Das ist vor allem bei heißem Wetter und bei hochgelegenen Flugplätzen hilfreich. Beim Erreichen der Reiseflughöhe wird das Zusatztriebwerk abgeschaltet. Der Einsatz des Strahltriebwerks ist vorgeschrieben wenn sich eine An-26 mit maximaler Nutzlast im Landeanflug befindet. Hier soll das Triebwerk zusätzlichen Schub für den Fall liefern, dass das Flugzeug durchstarten muss. Das Triebwerk kann außerdem als Energielieferant genutzt werden, wenn es auf den Flugplätzen keine Außenstromversorgung gibt. So ist die An-26 in der Lage unter Feldbedingungen Strom zur Eigenversorgung zu erzeugen.

In den Triebwerksgondeln ist auch das Hauptfahrwerk untergebracht. Das sehr robust ausgelegte Fahrwerk ist doppelt bereift und wird mit Hilfe von Scheibenbremsen gebremst. Das Bugfahrwerk ist ebenfalls doppelt bereift. Es ist ungebremst und kann vom Piloten am Boden gesteuert werden.

Das Seitenleitwerk ist konventionell gestaltet und mit einem Seitenruder versehen. Das Höhenleitwerk hat einen negativen V-Winkel von 9°. Es ist in Höhenflosse und Höhenruder unterteilt.

Exkurs – Die An-26 in deutschen Diensten:

Die An-26 war für die NVA zunächst nicht das Flugzeug ihrer Wahl. Sie war ein Notbehelf, ein Provisorium, das sich jedoch letztendlich sehr gut bewährte und ihre Aufgaben zur vollen Zufriedenheit der Luftstreitkräfte versah.

Zur Beschaffung der An-26 kam es, weil sich die NVA Ende der 1970er-Jahre mit dem Problem konfrontiert sah, dass sich die bisher als Standardtransportflugzeug dienende Il-14 sehr schnell ihrer Altersgrenze näherte. Man sah sich deshalb gezwungen sich nach einem neuen Transportflugzeug umzuschauen. Die Auswahl war allerdings sehr begrenzt.

Zunächst orientierte man sich auf die Il-76, nur um dann festzustellen, dass diese Maschine, für die Bedürfnisse der NVA, wohl mehr als eine Nummer zu groß war. Danach fasste man die An-72 ins Auge.

Die An-72 war in ihrer Größe und Transportfähigkeit wie maßgeschneidert für die NVA. Allerdings befand sie sich erst in der Flugerprobung. Es war zu befürchten, dass der Hersteller zunächst die sowjetischen Streitkräfte ausrüsten würde und deshalb die von der NVA benötigte Anzahl von Flugzeugen nicht in absehbarer Zeit würde liefern können.

Um die Zwischenzeit bis zur Verfügbarkeit der An-72 überbrücken zu können, wählte man als Provisorium die bewährte An-26, die bereits in anderen Luftstreitkräften der Warschauer Vertragsstaaten zuverlässig ihren Dienst verrichtete.

Ab 1980 wurde die neue Transportmaschine in die LSK eingeführt und intern als An-26T bezeichnet.

Die An-26T erwies sich im Truppenalltag als ein sehr robustes und zuverlässiges Flugzeug, das alle gestellten Aufgaben mit Bravour meisterte. Sie diente in der NVA als Transport- und Sanitätsflugzeug, meisterte SAR[61] und Überwachungs-

Auf diesem Bild, einer ungarischen An-26, ist die Glaskuppel für den Navigator gut zu erkennen. (Foto: Giorgio Varisco)

[61] SAR … NVA: »Suchen, Auffinden, Retten«, Bundeswehr: »Search and Rescue«

aufgaben, setzte zuverlässig Fallschirmjäger und Lasten ab. Im Rahmen internationaler Hilfsflüge, zur Bekämpfung von Hungerkatastrophen in Äthiopien, erwies sich die An-26T unter schwierigsten Bedingungen als hocheffizientes Transportflugzeug. Sie vermochte von nahezu unvorbereiteten Pisten zu operieren, konnte auf Landestreifen starten und landen, die bei Betreibern westlicher Transportflugzeuge als nicht nutzbar galten. Die NVA-Flieger landeten dort, wo es westliche Piloten für unmöglich hielten. Mit reiner Muskelkraft der lokalen Bevölkerung wurden die An-26 entladen. So vermied man bei den Lebensmittellieferungen größere Verluste, wie sie etwa beim von den westlichen Piloten favorisierten Lastenabwurf naturgemäß entstehen.
In Äthiopien trafen NVA-Transportflieger zum ersten Mal auf Transportflieger der Bundesluftwaffe. Man erlaubte sich gegenseitig die Flugzeuge der anderen Seite zu besichtigen. Die Bundeswehrpiloten waren von der Robustheit der An-26T beeindruckt. Die NVA-Piloten staunten, dass es an Bord der C-160 Transall eine Kaffeemaschine gab.
Die An-26 der NVA wurden nicht nur in Äthiopien eingesetzt, sie flogen auch bei Hilfseinsätzen in Mosambik.
Bei den Auslandseinsätzen trugen die An-26 zum Teil ihre NVA-Tarnung und Hoheitszeichen, andere Maschinen erhielten einen grauen Anstrich, zivile Kennungen und die Aufschrift INTERFLUG.
Nach der Wende wurde die An-26T von der Bundesluftwaffe übernommen und bis 1992 im Dienst gehalten.
In deutschen Diensten gab es aber nicht nur die Version An-26T, sondern auch die An-26S. Und das kam so: Die NVA hatte über lange Jahre die IL-14 als Standardtransportflugzeug genutzt. Die Iljuschins flogen dabei aber nicht nur Fracht, sondern wurden auch dafür genutzt um Personal zu befördern oder als Stabsreiseflugzeuge zu fungieren. Deshalb waren einige IL-14 als »Salonmaschinen« konfiguriert. Sie hatten komfortable Sitze und Bänke, sowie Tische an Bord. Außerdem gab es einen Flugbegleiter, bzw. eine Flugbegleiterin[62].
Als die IL-14 langsam aber sicher an ihre Altersgrenze herankam und sich die durch Abnutzung und Verschleiß bedingten Nutzungsausfälle mehrten, wurde beschlossen ein neues Transportflugzeug zu beschaffen. Die zunächst ins Auge gefasste IL-76 war eindeutig zu groß und zu teuer im Unterhalt, die danach favorisierte An-72 war noch nicht verfügbar.
Deshalb fiel die Wahl auf die An-26. Diese musste ab 1980 die Nachfolge der IL-14 antreten und diese sowohl als Transportflugzeug, aber auch in der Rolle als Passagiermaschine ersetzen. Deshalb kaufte man sich in Kiew ein paar Exemplare einer Variante der An-26, die schnell von der Transport- in die Passagierrolle umgerüstet werden konnte. Diese Variante wurde NVA intern als An-26S bezeichnet, wobei das S für »Salon« stand.
Bei der An-26S war der vordere Teil der Frachtkabine durch eine Trennwand abgeteilt und mit zwölf Passagiersitzen und zusätzlichen Tischen oder einer Couch ausgestattet. Die Inneneinrichtung war relativ schnell demontierbar, so dass die Flugzeuge auch wieder in die Transportkonfiguration zurückgerüstet werden konnten. Deshalb wurden diese Flugzeuge intern mitunter auch als An-26ST bezeichnet[63].
Ein DDR-Projekt war die Umrüstung einiger An-26S zu »reinen« Passagierflugzeugen. Das war notwendig, weil die Transportfliegerstaffel TS-24 den Auftrag erhalten hatte, eine Flugverbindung zwischen der Heimat und den in der Sowjetunion, an der Druschba-Trasse oder der Erdgasleitung von Urengoi nach Uschgorod[64], arbeitenden FDJ-Jugendbrigaden[65] sicherzustellen. Für diese Aufgabe erhielten die NVA-Maschinen eine zivile Zulassung und trugen zum Teil die irreführende Aufschrift »INTERFLUG«.
Zur Erfüllung dieser Aufgabe war die Transportkapazität der An-26S in ihrer Salonvariante jedoch zu gering. Mit der militärischen Transportvariante An-26T wollte man die »Jungs und Mädels von der Trasse« aber auch nicht fliegen lassen, denn stundenlang auf den harten Metallsitzen entlang der Bordwände hocken zu müssen entbehrte jeglichen Komforts.
Deshalb setzte man sich mit Mitarbeitern der Interflug zusammen und erarbeitete ein Projekt, bei dem eine improvisierte Passagiereinrichtung für den hinteren Teil der Frachtkabine entwickelt wurde. Diese Konfiguration wurde probeweise in eine An-26 eingebaut. Sie bewährte sich und wurde zum Vorbild für den Umbau weiterer Maschinen nach diesem Muster[66].
Andere An-26 waren mit Sonderaufgaben betraut. So diente die »369« als Vermessungsflugzeug. Sie wurde zur Kalibrierung von

Die russischen Streitkräfte fliegen die An-26 bis zum heutigen Tag. (Foto: Минобороны России)

[62] Der Begriff Steward oder Stewardess wurde in Zusammenhang mit NVA-Maschinen nicht verwendet.

Eine sowjetische An-26 beim Start in Ribnitz-Damgarten. (Foto: Hendrik van Broekhuizen)

Bodennavigationsanlagen und Flugsicherungstechnik genutzt. Einige An-26 wurden als elektronische Aufklärer verwendet. Da die An-26 vom Werk aus für diese Aufgabe nicht vorbereitet war, entwickelte man in der DDR spezielle Arbeitsplätze mit der entsprechenden Funkaufklärungstechnik. Die Arbeitsplätze waren leicht und schnell in jede standardmäßige An-26 einzubauen. Insgesamt fünf dieser Arbeitsstationen fanden in den An-26 Platz. Intern verwendete man die Bezeichnungen An-26M oder An-26SM für diese Maschinen.

Die Aufklärungsflüge der An-26SM wurden ab 1984 auf standardisierten Flugrouten entlang der Grenze zur Bundesrepublik und im Ostseeraum durchgeführt. Die damals streng geheimen Flüge liefen unter der Bezeichnung »Operation Diskant«. Sie hatten die Aufgabe den Funkverkehr, sowie die Radarüberwachung der NATO zu beobachten.

1985 beschaffte die NVA eine An-26M, die vom Werk aus für den FEK[67] vorbereitet war. Sie hatte zusätzliche Antennen und ein paar in ihrer Form abgewandelte Fenster im hinteren Rumpfbereich. Die Fenster waren konkav und schützen die dahinter befindlichen Funkantennen. Die taktische Nummer

Eine An-26 der Luftfahrtgesellschaft Aeroflot lässt auf dem Flugplatz Schukowski ihre Triebwerke warmlaufen. (Foto: Hendrik van Broekhuizen)

63 An-26ST, Salon, Transport. Diese Versionsbezeichnung war NVA intern und gilt nicht als offizielle Bezeichnung des OKB Antonow.

64 Diese Pipelines gibt es heute noch. Sie dienten bis zum Ausbruch des Ukrainisch-Russischen Krieges im Februar 2022 zuverlässig der Versorgung Westeuropas mit russischem Öl und Erdgas.

65 FDJ, Freie Deutsche Jugend. Jugendorganisation in der DDR, der fast jeder Jugendliche angehörte. In Jugendbrigaden wurden junge Facharbeiter zusammengefasst, um sie bei Schwerpunktprojekten zum Einsatz zu bringen. Die Teilnahme an diesen Jugendbrigaden war in der Regel freiwillig. Sie wurde sehr gut bezahlt.

66 Ein solch improvisiertes Vorgehen wäre heute unter den bürokratischen und juristischen Bedingungen der Bundesrepublik unvorstellbar.

67 FEK … Funkelektronischer Kampf. Heute im NATO-Deutsch als ELOKA bezeichnet.

Eine An-26 rollt zum Start. (Foto: Hendrik van Broekhuizen)

dieser Maschine war 373. Sie wurde auch vom Militärischen Nachrichtendienst der NVA[68] genutzt.

Die An-26 war ein sehr gutes, äußerst zuverlässiges Transportflugzeug. Es wurde von seinen Piloten gern geflogen und auch von den Technikern wegen ihrer schieren Unverwüstlichkeit geschätzt. Die An-26 hatte keinen offiziellen Beinahmen. Doch wurde zuweilen der Kosename »Anna« auch für die An-26 verwendet. Um sie von der An-2 »Anna« zu unterscheiden sprach man bei der An-26 mitunter von der »große Anna«[69].

Versionen:

An-26	Basisvariante.
An-26A	Variante die nur zur Luftlandung bestimmt ist. 1971 wurde eine Maschine umgebaut, aber nicht in Serie produziert.
An-26B	Zivilversion. 116 gebaut.
An-26B-100	Passagierversion basierend auf der An-26B. 1999 entwickelt.
An-26B Циклон	Flugzeug zur Wetterbeeinflussung. Es verfügt über eine Ausrüstung zum Auswurf von Silberjodid und Kohlendioxidgranulat. Das Abwurfmaterial lässt Wolken abregnen. 1987 wurde ein Flugzeug in Kiew umgerüstet.
An-26BRL	Eisaufklärungsflugzeug.
An-26W-100	Passagierversion mit 43 Sitzplätzen. Durch Umrüstung entstanden.
An-26D	Mit zwei Zusatztanks unter den Tragflächen. Im Auftrag der russischen Luftstreitkräfte entwickelt. Ein Flugzeug wurde 1996 gebaut.
An-26K	Erprobung der Zielstation Kaira für den Jagdbomber MiG-27K.
An-26LL Standard	(«Калибровщик»), auch An-26KPA oder An-26ALK; Fliegendes Labor zum Kalibrieren von Flugsicherheitstechnik und Funkfeuern. Sie unterscheiden sich in der verbauten Ausstattung. Seit 1986 wurden 20 Serienmaschinen zu Laboren umgebaut.
An-26M Спасатель	Medizinische Variante, zwei Flugzeuge 1977 umgebaut.
An-26MSB	Die ukrainische Version der An-26-Modernisierung mit dem Einbau neuer TW3-117WMA-SBM1-Motoren, hergestellt von der Firma Motor Sitsch.
An-26P Прожектор	Erprobung von der Laser-Zielbeleuchtungsstation für hochpräzise Raketen und Bomben. Ein Flugzeug wurde 1973 hergestellt.
An-26P	Feuerlöschflugzeug. Fünf Flugzeuge wurden umgebaut, 1995 wurden sie zu Transportflugzeugen zurückgerüstet.
An-26RKR	Aufklärungsflugzeug zur Detektion nuklearer Strahlung (entsprechende Ausrüstung ist auf der rechten Seite des Rumpfes installiert).
An-26RT	Fliegende Relaisstation.
An-26RTR	Elektronisches Aufklärungsflugzeug. 42 Flugzeuge gebaut.
An-26RÄP (РЭП)	Erprobung von aktiven Störsendern SPS-151 und SPS-153 »Siren« und Infrarot-Störgerät ASO-2I-E7R. Ein Exemplar im Jahr 1974 gebaut.
An-26S	Salonvariante.
An-26Sch	Trainingsflugzeug für die Grundausbildung von Navigatoren. 36 Stück wurden gebaut.
An-26 Vita	Sanitätstransport. Im Jahr 2001 wurde ein Flugzeug für die ukrainischen Luftstreitkräfte zur Vita umgebaut.
An-26 Нельмо	Eisaufklärungsflugzeug. 1990 gebaut.
An-26 Рятівник	Ukrainische Transport- und Sanitätsvariante.
An-26 Сфера	Flugzeuge zur Untersuchung der physikalischen Eigenschaften der Atmosphäre. 1991 wurde ein Flugzeug für die Akademie der Wissenschaften der Ukraine umgebaut.
Y-7H	Chinesische Version der An-26.
Y-7H-500	Chinesische Weiterentwicklung. 1992 entwickelt. Hergestellt in der Flugzeugfabrik Xi'an.

NVA-Versionsbezeichnungen:

An-26M	Variante für den Funk-, elektronischen Kampf (FEK).
An-26S	Salonvariante mit Passagierkabinenausstattung.
An-26ST	Salon-, Transportvariante. In kurzer Zeit von einer Variante zur anderen umrüstbar.
An-26SM	Salonvariante mit eingerüsteter Elektronik für den FEK.
An-26T	Transportvariante.

[68] Der Mil-ND war der zweite Nachrichtendienst, sprich Geheimdienst der DDR. Er unterstand dem Verteidigungsminister und betrieb ausschließlich Auslandsaufklärung. Damit stand er in direkter Konkurrenz zur Hauptverwaltung Aufklärung (HVA) des Ministeriums für Staatssicherheit (MfS).

[69] Offiziell gab es in der NVA keine Kosenamen für die einzelnen Flugzeugtypen. Das hielt aber niemanden davon ab die An-2 mit »Anna«, die An-26 mit »Anna« oder »große Anna« und die Su-22M4 mit »Susi« anzusprechen. Die gewaltige An-124 der sowjetischen Streitkräfte wurde unter der Hand etwas despektierlich als »dicke Anna« bezeichnet.

An-28 (Nato-Code: Cash)

Die An-28 gehört nur bedingt in den Umfang dieses Buches. Und zwar deshalb, weil sie zwar als Nachfolgemodell der An-2 geplant war, diese jedoch nicht ersetzen konnte. Wie die An-2 sollte auch die An-28 sowohl als Transport-, als auch als Passagierflugzeug gebaut werden. Über 20 Versionen waren im Gespräch, zivile und militärische. Doch gebaut wurden nur zwei und die militärische Variante An-28D erfüllte nicht die Anforderungen des Militärs, so dass das Flugzeug zu Sowjetzeiten nie als militärisches Transportflugzeug, sondern nur als ziviles Passagierflugzeug zum Einsatz kam.

Die An-28 war die direkte Weiterentwicklung der An-14. Die An-14 war eines der Lieblingsprojekte Oleg Antonows. Er nannte es liebevoll »Pscholka«[70], was so viel wie »kleine Biene oder »Bienchen« bedeutet. In die Entwicklung dieses Flugzeugs steckte er viel Herzblut, allerdings waren weder Partei, noch Staat, Militär oder die Zivilluftflotte vom Sinn der Pscholka überzeugt. Außerdem war das OKB Antonow mit anderen Projekten mehr als ausgelastet, so dass die Arbeiten an der An-14 nicht so gut vorankamen, wie es sich Oleg Antonow gewünscht hätte. Trotzdem gelang es ihm ein Flugzeug zu schaffen, das nicht nur formschön und robust war, sondern sich auch so leicht steuern ließ, dass praktisch jeder damit fliegen konnte.

Allerdings hatte die An-14 auch ein paar kleine Macken, die ihren Einsatzwert arg beeinträchtigten. Zum einen war das der sehr enge Zugang zur Passagier-, bzw. Frachtkabine, was den Transport von Frachtgut stark limitierte. Zum anderen war es der Antrieb, der, bedingt durch die Flügelform, zu Überhitzungen neigte. Zur Behebung des Problems wurde in Erwägung gezogen das Flugzeug mit Propellerturbinen, an Stelle der Kolbenmotoren auszurüsten. Im OKB erhielt das Projekt die hausinterne Bezeichnung »28«. Die »28« sollte die guten Flugeigenschaften der An-14 beibehalten. Zusätzlich sollten die Nutzlast vergrößert, die Passagierzahl erhöht und der Zugang zur Kabine verbessert werden. Die Änderungen waren so vielfältig, dass es auf eine Neukonstruktion hinauslief. Und dafür hatten die staatlichen Stellen kein Geld übrig[71].

Oleg Antonow musste also tricksen, um seine »28« zu retten. Er erklärte den Funktionären, dass die »28« gar kein neues Flugzeug sei, sondern nur eine etwas größere Version der Pscholka. Und um das zu bekräftigen gab er dem Flugzeug die Bezeichnung An-14M[72].

Nur gab es ein Problem: das Triebwerk. In der Sowjetunion gab es kein Propellerturbinentriebwerk, das wirklich zur An-14M passte. Man überlegte das GTD-350 zu verwenden. Dieses Triebwerk kam in Mils Hubschrauber Mi-2 zum Einsatz und leistete 400 PS. Das war nicht wesentlich mehr als bei den bisherigen Kolbenmotoren der Pscholka. Aber es reichte. Allerdings war das GTD-350 vorrangig für die Mi-2 vorgesehen und auch die Panzerhersteller hatten ein Auge auf diesen Antrieb[73]

Technische Daten der An-28	
Bezeichnung NATO	Cash
Abmessungen	
Spannweite	22,06 m
Länge	13,10 m
Höhe	4,60 m
Flügelfläche	39,72 m²
Massen	
Leermasse	3.500 kg
Startmasse	5.600 kg
Max. Startmasse	6.500 kg
Treibstoffmenge	1.960 l / 1.529 kg
Antrieb	2 x TWD-10B
Startleistung	2 x 707 kW / 960 PS
Flugleistungen	
Höchstgeschwindigkeit	350 km/h in 1.000 m
Marschgeschwindigkeit	335 km/h
Landegeschwindigkeit	80 km/h
Reichweite	560 bis 1.500 km
Gipfelhöhe	9.000 m
Nutzlast	2.000 kg Fracht 18 Passagiere
Besatzung	1 – 2

70 Die korrekte Übertragung ins lateinische Alphabet wäre »Ptscholka«. Ich verwende stattdessen das nicht ganz korrekte »Pscholka«, weil es sich für, der russischen Sprache nicht mächtige, deutsche Zungen einfacher aussprechen lässt.

71 Die Vertreter der Attrappenkommision bemerkten die großen Unterschiede zwischen der An-14 und der »28« und zeigten sich wenig erfreut darüber.

72 Ähnlich war Tupolew bei seinem Überschallbomber Tu-26 vorgegangen. Er erklärte ihn einfach zur Weiterentwicklung der Tu-22 und gab ihm die Bezeichnung Tu-22M3, obwohl dieses Flugzeug kaum etwas mit der ursprünglichen Tu-22 zu tun hatte.

73 Es gab Versuche Varianten des GTD-350 im Objekt 167T, einer Weiterentwicklung des T-62, und dem T-64T einzubauen. Sie scheiterten allerdings daran, dass das Triebwerk mit den Staubmengen, die ein Panzer im Gelände aufwirbelt, nicht zurechtkam. Noch heute kann man einen mit Gasturbinen angetriebenen Panzer, wie M1 Abrams oder T-80, leicht stoppen, indem man eine Rauchgranate auf den Lufteinlauf der Turbine wirft.

An-14M Prototyp. Man beachte das Logo des Komsomol, des kommunistischen Jugendverbandes der Sowjetunion, am Seitenleitwerk. (Foto: Sammlung Normann)

geworfen. Es war also absehbar, dass dieses Triebwerk für die An-14M nicht zur Verfügung stehen würde.
Als Oleg Antonow 1965 seine gigantische An-22 Antäus bei der Internationalen Luftfahrtausstellung in Paris Le Bourget präsentierte, ließ er sich nicht die Gelegenheit entgehen die Stände der anderen Aussteller zu besuchen. Insgeheim hoffte er ein brauchbares Triebwerk für die Pscholka zu finden. Und am Stand des französischen Triebwerksherstellers Turbomecca wurde er fündig. Die Franzosen hatten ein passendes Aggregat und waren auch bereit es an die Sowjetunion zu verkaufen. Erste Verhandlungen wurden angebahnt und man kam sogar überein die An-14M gemeinsam auf dem Weltmarkt zu vertreiben. Die Franzosen sollten den Verkauf in Westeuropa, sowie Mittel- und Südamerika übernehmen. Den Rest der Welt wollte die Sowjetunion abdecken.
Soweit, so gut. Doch in der Sowjetunion hatte das Militär ein entscheidendes Wörtchen mitzureden. Dort hatte man den Verdacht, dass man sich mit dem französischen Triebwerk angreifbar machen würde. Und zwar deshalb, weil entscheidende Bauteile des Triebwerks aus den USA stammten und die Amerikaner auch damals schon gern die Sanktionskeule schwangen. Deshalb verlangten die sowjetischen Militärs den Einbau eines sowjetischen Triebwerks und brachten das in Entwicklung befindliche GTD-550 aus dem Konstruktionsbüro Isotow ins Gespräch. Das GTD-550 war deutlich leistungsfähiger als das Vorgängermodell. Allerdings war es auch eine völlige Neukonstruktion und damit noch ziemlich »grün«. Das Hauptproblem des GTD-550 bestand darin, dass es im Leerlauf zu viel Leistung erzeugte und bei Gasänderungen ziemlich lange brauchte, um die gewünschte Drehzahl anzunehmen. Die sowjetischen Entwickler hatten zudem große Probleme mit der Triebwerkssteuerung. Deshalb entschloss sich Oleg Antonow ein Getriebesystem zu entwickeln, mit dem es möglich war, beim Ausfall eines Motors, beide Propeller mit dem verbliebenen Motor anzutreiben. Doch auch das funktionierte nicht immer zu 100%.
In der Zwischenzeit waren die Funktionäre unruhig geworden und sahen in der An-14M eine Ressourcenverschwendung. Man wies Oleg Antonow an das Projekt einzustellen. Doch Antonow wollte nicht.
Er suchte sich einen neuen Verbündeten und fand ihm im kommunistischen Jugendverband Komsomol. Er erklärte die Entwicklung der »28« zum »Komsomolobjekt« und setzte seine Jugendbrigaden darauf an. Die Förderung der Jugend wurde bekanntlich von der Kommunistischen Partei groß geschrieben, weshalb die befohlene Einstellung der Arbeiten an der An-14M zu einem Verstoß der Parteilinie mutierte. Die Funktionäre gaben klein bei und der Bau des ersten An-14M Prototyps begann. Die »28« war gerettet. Vorerst. Es wurde nur ein Prototyp gebaut. Die staatliche Fluglinie Aeroflot schaute sich die Maschine an und verlangte Änderungen. Die Nutzlast sollte auf über 1.000 kg gesteigert werden, die Zahl der Passagiere sollte sich auf 10 oder 11 erhöhen. Dann zeigte auch das Militär ein gewisses Interesse an der An-14M und wollte sie so umgebaut haben, dass leichte Fracht bis zur Größe des UAZ Jeeps mitgeführt werden konnte. Außerdem sollte das Flugzeug in der Lage sein Fallschirmjäger abzusetzen.
Das führte dazu, dass der Frachtraum komplett überarbei-

An-28 der Aeroflot im Flug. (Foto: Sammlung Normann)

tet werden musste. Man machte ihn größer und länger. Die Tragflächenform wurde verändert und auch das Doppelseitenleitwerk bekam eine neue Form. Das Fahrwerk war nun nicht mehr starr, sondern konnte halb eingezogen werden.
Von nun an sprach man hausintern nicht mehr von der An-14M, sondern nur noch von der »28«. Nach Außen hielt man aber weiterhin an der Illusion fest, dass die »28« eine simple Weiterentwicklung der An-14 sei und betitelte das Flugzeug immer noch als An-14M.
1969 stand der Prototyp zum Erstflug bereit. Am 30. April 1969 startete die Maschine zu ihrem Jungfernflug und der hatte es in sich. Der Flug an sich verlief völlig normal. Das Flugzeug erhob sich nach gewohnt kurzer Anlaufstrecke in die Lüfte und zeigte ein angenehmes Flugverhalten. Doch das Landen wurde schwierig. Die Triebwerke gaben auch im Leerlauf viel zu viel Schub ab, so dass das Flugzeug einfach nicht landen wollte. Die Testpiloten lösten das Problem dann auf eine simple Art und Weise, indem sie beim nächsten Landeanflug einfach ein Triebwerk abschalteten. So gelang die Landung, doch für den Linienbetrieb war das keine brauchbare Lösung.
Das Triebwerk sollte auch in Zukunft ein großes Problem darstellen. Darüber hinaus gab es noch weitere Problemfelder. Die Seitenscheiben des Doppelseitenleitwerks mussten überarbeitet werden. Das halbeinziehbare Fahrwerk machte Probleme. Und, und, und.
Dann erreichte Oleg Antonow eine Hiobsbotschaft. Das ursprünglich für den Serienbau der »28« vorgesehene Flugzeugwerk in Arsenijew, im Fernen Osten des Landes, wurde auf Ministerbefehl zum Bau des Kampfhubschraubers Mi-24A auserkoren. Damit war die »28« in schwerem Fahrwasser, denn ohne Herstellerwerk würde es auch keine Serienfertigung geben. Hinzu kam, dass das Konstruktionsbüro Berijew mit den Flugzeugen Be-30 und Be-32 ein Konkurrenzprodukt entwickelte, dass bei der Politbürokratie besser anzukommen schien.
Im Januar 1970 befahl das Ministerium für Flugzeugbau dem OKB Antonow erneut die Arbeiten an der »28« einzustellen und die bereits im Flugzeugwerk Arsenijew befindlichen Materialien zum Bau des Flugzeugs abzuschreiben.
Oleg Antonow dachte gar nicht daran. Er überredete den Direktor des Flugzeugwerks Arsenijew die Übergangsperiode bis zum Bau der ersten Mi-24A zu nutzen, um wenigstens ein weiteres Exemplar des Flugzeugs zu bauen. Der Rest des Materials wurde klammheimlich abtransportiert und nach Kiew gebracht. Die Werkserprobung wurde still und heimlich weitergeführt.
Im Januar 1971 war die Werkserprobung der An-14M beendet. Allerdings musste man feststellen, dass das Triebwerk GTD-550 für den Serienbau ungeeignet war. In Kiew wurde ein dritter Prototyp gebaut. Für ihn war das Triebwerk GTD-850 im Gespräch. Auch das war eine Neuentwicklung.
Im Oktober 1971 wurde der An-14M, alias An-28, neues Leben eingehaucht. Polnische Spezialisten besuchten das Kiewer Flugzeugwerk und machten dabei eine Stippvisite im OKB Antonow. In Polen wurde zu dieser Zeit die An-2 in Lizenz gefertigt und man suchte nach einem Nachfolgemuster.
Antonow zeigte den Polen mit der »28« eine Maschine, die es offiziell gar nicht gab, und die Polen waren begeistert. Sie waren gern bereit die »28« in Serie zu fertigen.
Die Planungen wurden umgestellt und die besagten nun, dass die »28« im Laufe des Jahres 1972 mit dem neuen Triebwerk GTD-850 auszurüsten sei. Der Erstflug war für den Herbst des Jahres terminiert.
Der Termin konnte nicht gehalten werden, weil die erforderli-

Der Zugang zur An-28 erfolgte über die Hecktür. (Foto: Sammlung Normann)

Eine An-28 im Anflug. Gut zu sehen sind die abgestrebten Tragflächen. (Foto: Dimitri Mottl)

chen Triebwerke zu spät geliefert wurden. Erst am 29. Januar 1973 konnte die »28« zum Jungfernflug starten.
Doch das neue Triebwerk stellte sich ebenfalls als nicht ideal heraus. Es hatte, genau wie das Vorgängermodell, eine viel zu hohe Leistungsabgabe im Leerlauf. Oleg Antonow war von dieser Turbine nicht wirklich begeistert und bezeichnete sie, wegen ihrer schlanken Bauweise, etwas abfällig als »Karandasch«, zu gut Deutsch »Bleistift«.
Im September 1973 kam vom Ministerium für Flugzeugbau der erneute Befehl die Arbeiten an der »28« einzustellen und die bereits gefertigten Flugzeuge abzuschreiben. Aber Oleg Antonow weigerte sich erneut diesen Befehl umzusetzen.
Im November 1973 besuchte der jugoslawische Präsident Tito die Sowjetunion und gemeinsam mit Staats- und Parteichef Breschnew führte er eine Visite im Flugzeugwerk Kiew durch. Oleg Antonow nutzte die Gelegenheit, um mit Breschnew über die »28« zu sprechen und dieser versprach das Problem aus der Welt zu schaffen. Und das hatte Erfolg.
Im Februar 1974 wurde dem Minister für Zivilluftfahrt eine An-28 vorgeführt und dieser entschied, dass die sowjetische Zivilluftfahrt ein solches Flugzeug benötigen würde. Damit war die An-28 dem Verderben wieder einmal von der Schippe gesprungen. Was blieb waren die leidigen Triebwerksprobleme. Doch dafür bahnte sich eine Lösung an. In Omsk, einer Stadt in Sibirien, war eine neue Turbine entwickelt worden. Man nannte sie TWD-10B. Sie war weniger elegant als die bisher verwendeten Triebwerke, dafür passte sie aber wie angegossen zu einem Flugzeug, wie der An-28.
Am 23. April 1975 flog die erste An-28 mit dem Triebwerk TWD-10B. Drei Tage nach dem Jungfernflug übergab man die An-28 den staatlichen Stellen zur Durchführung der staatlichen Flugerprobung. Doch nun kam die nächste Hürde. In der Sowjetunion hatte man mit der An-28 und dem kleinen Passagierflugzeug Be-32 zwei sehr ähnliche Flugzeuge entwickelt. Nur eins davon konnte in Serie gefertigt werden. Deshalb wurde für den Zeitraum August bis Oktober 1976 ein Vergleichsfliegen angesetzt. Dabei kristallisierte sich aber kein eindeutiger Gewinner heraus. Deshalb kam die Kommission zum salomonischen Urteil, dass beide Flugzeuge zur Serienfertigung freizugeben seien.
Für die Be-32 bedeutete das das Todesurteil, denn anders als Antonow, der das polnische Flugzeugwerk Mielec als Produktionsstandort vorweisen konnte, stand Berijew ohne Werk da. Damit schien die An-28 gewonnen zu haben. Doch hatte Antonow die Rechnung ohne den Wirt gemacht. Die Gegner der An-28 vermochten es sich auf anderem Wege durchzusetzen. Sie favorisierten das tschechoslowakische Flugzeug L-410 Turbolet und sorgten dafür, dass die Turbolet in sehr großer Zahl für die sowjetische Zivilfluglinie Aeroflot angekauft wurde. Der An-28 brach der Markt weg.
Trotzdem wurde die staatliche Flugerprobung fortgesetzt und erkannte Mängel behoben. Noch vor dem Ende der Flugerprobung legte man am 7. Juli 1978 fest, dass die An-28 im polnischen Werk Mielec in Serie zu fertigen sei. Die Triebwerksproduktion des TWD-10B wurde an die polnischen Werke Rzeszow und Kalisz vergeben[74]. In Polen ging die An-28 in Serie, allerdings gab es zu den sowjetischen Prototypen doch einige Veränderungen[75].
Im Oktober 1978 erhielt die An-28 von der sowjetischen Aufsichtsbehörde für die Zivilluftfahrt das Luftfahrtszulassungszeugnis. Nachdem die Serienfertigung endlich angelaufen war forderten die sowjetischen Luftstreitkräfte nun eine eigene Version zum Transport kleiner Lasten und zum Absetzen von Fallschirmspringern. Die An-28D entstand.
1983 war die Werkserprobung beendet, 1984 die staatliche Erprobung. Das Militär war aber nicht zufrieden. Es bemängelte, dass beim Absprung der Fallschirmspringer die Gefahr bestand, dass diese oder ihre Fallschirmausrüstung mit Teilen des Flugzeugs kollidierten. Änderungen wurden angemahnt und ausgeführt.
Obwohl die An-28D für den Einsatz in der Truppe zugelassen wurde, kam eine Serienproduktion jedoch nicht zustande. Deshalb ist die An-28 in der Sowjetunion nur in der Passagiervariante geflogen worden.
Das änderte sich nach dem Zusammenbruch der Sowjetunion. Etliche An-28, die von den Fluglinien ausgemustert wurden, wurden von lokalen Fliegerklubs angekauft und in Springerflugzeuge umgewandelt. Die An-28 wurde auf diesem Wege im postsowjetischen Raum bei Fallschirmspringern populär.
Die An-28 ist ein zweimotoriges leichtes Transport- und Passagierflugzeug. Die Tragflächen sind in Hochdeckeranordnung angebracht, sein Leitwerk als Doppelseitenleitwerk ausgelegt. Das Fahrwerk ist nicht einziehbar.
Der größte Teil der An-28 besteht aus Aluminiumlegierun-

[74] Damit wurde die An-28 zum ersten und einzigen Flugzeug, dass in der Sowjetunion entwickelt, dort aber nicht in Serie gefertigt wurde und stattdessen im Ausland produziert wurde.
[75] Polnische Bezeichnung M-28.

Ukrainische An-28. (Foto: AeroprintsDotCom)

gen, kraftaufnehmende Bauteile sind aus Stahl. Einige wenig beanspruchte Baugruppen wurden aus Kompositmaterialien gefertigt. Der Rumpf der An-28 besteht aus drei Teilen, der Nasensektion, dem Mittelstück und dem Heck. Er wird in Halbschalenbauweise hergestellt. Das Cockpit hat zwei beheizbare Frontscheiben und zwei Seitenscheiben. Die rechte Seitenscheibe ist herausnehmbar. Ihre Fensteröffnung dient als Notausstieg für die Besatzung. Die Piloten sitzen nebeneinander. Gesteuert wird die An-28 mit einem Steuerhorn.

Das Mittelstück des Rumpfes wird durch die Passagierkabine, den Gepäckraum und die Bordtoilette belegt. Die Passagierkabine ist 5,26 m lang, 1,74 m breit und 1,60 m hoch. Auf der linken Rumpfseite sind sechs Einzelsitze angebracht. Auf der rechten Rumpfseite gibt es sechs Doppelsitze. Die Sitze sind klappbar. Notausstiege sind in den Rumpfseiten, in Nähe von Spant Nr.19, vorhanden. Die Passagierkabine ist vom Cockpit durch eine Trennwand separiert. Der Zugang zum Cockpit erfolgt durch eine Tür in der Trennwand.

In der Hecksektion der An-28 befindet sich die Heckluke. Sie ist 2,40 m lang und 1,40 m breit. Die Luke öffnet sich mit zwei Lukenteilen jeweils nach außen. Für den Einstieg von Passagieren wird in der Regel nur die linke Lukentür geöffnet. Der Zugang erfolgt über eine eingehängte Leiter. Bei der Aufnahme von Fracht werden beide Lukentüren geöffnet.

Beiderseits des Rumpfes setzen die Tragflächen an. Sie sind aus Festigkeitsgründen mit dem Rumpf verstrebt. Die Tragflächen haben ein rechteckiges Mittelstück und trapezförmige Außenflügel. Im Inneren des Mittelstücks befinden sich zwei Treibstofftanks. Der Gesamttreibstoffvorrat beträgt 1.960 Liter[76]. An der Hinterkante der Tragflächen sind die Doppelschlitzlandeklappen angebracht. Sie werden beim Start auf 15° und bei der Landung auf 40° eingestellt. An der Vorderkante befindet sich ein automatisch ausfahrender Vorflügel. An den Außenflügeln finden sich die Querruder, die einen Ausschlag von +/- 14° haben.

An den Tragflächen sind die Triebwerke befestigt. Es kommen Propellerturbinen des Typs TWD-10B zum Einsatz. Jede Turbine wiegt leer 230 kg und hat eine Leistungsabgabe von 960 PS. Die Propellerturbinen treiben Dreiblattverstellpropeller des Typs AW-24AN an. Der Propellerdurchmesser beträgt 2,80 m. Zum Start der Turbinen wird ein elektrisches Startersystem verwendet. Das Leitwerk der An-28 ist ein Doppelseitenleitwerk. Die horizontale Fläche ist 8,85 m^2 groß. Die Spannweite beträgt 5,14 m.

Das Fahrwerk der An-28 ist nicht einziehbar. Es ist mit Niederdruckreifen ausgestattet, so dass Einsätze von Rasenpisten möglich sind. Das Bugfahrwerk besitzt keine Bremse. Es ist von den Piloten durch Ruderbetätigung im Bereich von +/- 15° steuerbar. Wird die An-28 durch Betätigung der Hauptbremsen gesteuert, kann das Bugfahrwerk im Bereich +/- 50° frei schwingen. Das Bugrad hat eine Größe von 595 x 185 mm. Das Hauptfahrwerk besitzt Scheibenbremsen und ein Antiblockiersystem. Die Reifengröße beträgt 720 x 320 mm.

Die Steuerflächen der An-28 werden durch Kabel bedient. Landeklappen, Spoiler und Fahrwerk werden durch das Hydrauliksystem gefahren.

Versionen:

An-28	Basisvariante zum Passagiertransport
An-28D	militärische Transport- und Fallschirmsprungvariante, nur ein Exemplar gebaut
An-38	Weiterentwicklung mit längerem Rumpf
M-28 Skytruck	Polnische Bezeichnung für die Lizenzvariante der An-28

[76] Die Triebwerke beziehen ihren Treibstoff jeweils aus den Tanks, die in »ihren« Tragflächen verbaut sind.

An-30 (Nato-Code: Clank)

Seit der Mensch das Fliegen lernte, war er fasziniert von der neuen, ungewohnten Perspektive, die der Blick von oben auf die Welt bot. Es dauerte auch gar nicht lange bis erste Versuche gemacht wurden die Welt aus der Vogelperspektive festzuhalten. Das geschah mit Hilfe der Fotografie. Zunächst nutzte man Ballons für diese Aufgabe, dann Luftschiffe und später dann auch Flugzeuge.

Das Militär verstand recht schnell, dass das Luftbild ein probates Mittel der Aufklärung war. Mit Hilfe der aus der Luft gemachten Bilder konnte man den Gegner finden, seine Zahl feststellen, seine Versorgungslage einschätzen, Befestigungen auskundschaften, die Waffenwirkung kontrollieren und noch vieles anderes mehr. Während des Ersten Weltkriegs wurde die Luftbildaufklärung ein fester Bestandteil des Militärwesens. Bald erkannte auch der zivile Sektor die Möglichkeiten des Luftbilds. So konnte man anhand von Luftbildern viel schneller als gewohnt Landkarten erstellen. Man konnte das Land aus der Luft vermessen. Beim Vergleich von verschieden alten Luftbildern konnte man erkennen, wie schnell sich die Landschaft änderte. Das war z.B. im Bergbau hilfreich, wenn der Abbaufortschritt großer Tagebaue dokumentiert werden sollte. Man konnte das Ausmaß von Waldbränden viel besser erkennen, als es vom Boden aus möglich war. Und vor allem konnte man unerforschte und schwer zugängliche Regionen kartographieren. Und, und, und.

In der Sowjetunion wurden nach dem Zweiten Weltkrieg vor allem umgerüstete Flugzeuge der Typen Li-2 und IL-14 verwendet, um im zivilen Sektor Luftbildaufnahmen zu machen. Hier kam bald der Begriff der Erdfernerkundung auf, weil man festgestellt hatte, dass man aus der Luft auch Lagerstätten von Bodenschätzen auffinden konnte. Um die gewaltigen Bodenschatzvorkommen Sibiriens zu lokalisieren wurde intensiv auf das Luftbild gesetzt.

Anfang der 1960er Jahre waren die eingesetzten Flugzeuge aber langsam in die Jahre gekommen, weshalb Ersatz beschafft werden musste. Und wenn möglich, dann sollte der Ersatz möglichst modern ausgestattet sein.

Weil das OKB Antonow mit anderen Projekten vollkommen ausgelastet war, erhielt das in Taganrog beheimatete OKB Berijew den Auftrag aus dem Passagierflugzeug An-24 ein Fotoflugzeug abzuleiten. Dabei sollten die Umbauten am Flugzeug möglichst sparsam vorgenommen werden. So wollte man sowohl die Produktionskosten, als auch die Betriebskosten des neuen Flugzeugs möglichst gering halten.

Im OKB wurden Ideen gesammelt und in ersten Entwürfen festgehalten. Am 6. Juli 1964 erließ der Ministerrat der Sowjetunion den Befehl ein Fotoflugzeug auf Basis der An-24 zu entwickeln, welches die älteren Maschinen der Typen Li-2FK, IL-14FK und FKM ersetzen sollte. Laut Ministerrat war das Flugzeug in zwei Versionen herzustellen. In der Version A sollte es zivilen Zwecken dienen, mit der Version B war eine Militärvariante zu schaffen.

Als Typenbezeichnung wurde An-24FK vorgesehen, als Tarnbezeichnung wurde »idselije FK« auserkoren. Bis zum Jahresende waren die Grundformen von »isdelije FK« soweit festgelegt, dass man damit beginnen konnte ein Maket, also eine lebensgroße Attrappe des Flugzeugs, zu bauen. Im Juli 1965 wurde das Maket der zuständigen Kommission vorgeführt. Die Begutachtung dauerte eine ganze Woche, dann gaben die

Technische Daten der An-30	
Bezeichnung NATO	Clank
Abmessungen	
Spannweite	29,20 m
Länge	24,26 m
Höhe	8,32 m
Flügelfläche	72,46 m²
Massen	
Leermasse	15.590 kg
Startmasse	20.300 kg
Max. Startmasse	23.000 kg
Treibstoffmenge	4.820 kg
Antrieb	2 x AI-24WT + 1 x RU-19A-300
Startleistung	2 x 2074 kW + 7,85 kN / 2.820 PS + 800 kp
Flugleistungen	
Höchstgeschwindigkeit	540 km/h in 5.000 m
Marschgeschwindigkeit	476 km/h
Landegeschwindigkeit	195 km/h
Reichweite	2.600 km
Gipfelhöhe	8.000 m
Steiggeschwindigkeit	7,2 m/s
Nutzlast	4 Fotokameras (An-30A) 5 Fotokameras (An-30B) 1.040 kg Trockeneis (An-30M)
Besatzung	7

Das Fotoflugzeug An-30 war wie die An-26 eine Ableitung aus der An-24. (Foto: Giorgio Varisco)

Vertreter von Militär, Zivilluftfahrt und Partei grünes Licht für die Weiterentwicklung der »FK«.

Daraufhin begann die Umsetzung der Pläne in die Realität. Man nahm eine An-24 aus der Serienfertigung und baute sie entsprechend um. Dazu wurde die Bugsektion bis zum Spant 11 komplett neu gestaltet. Die Nase wurde leergeräumt, aufgedickt und mit einer Vielzahl von Fenstern versehen. Das Pilotencockpit wanderte in die obere Etage. Die gesamte Passagierausstattung des Flugzeugs, wie Sitze und Ablagefächer, wurde entfernt.

Im Rumpf wurde eine Eingangstür verschlossen und hermetisch versiegelt. Dasselbe geschah mit den Frachtluken. Im Rumpfunterteil wurden fünf Luken eingebaut, durch die zukünftig die Luftbildkameras spähen sollten. Die Luken versah man mit Abdeckungen, so dass bei Start und Landung aufgewirbelter Schmutz nicht in der Lage war Wirksamkeit der Optiken zu beeinträchtigen.

Im Heck des Flugzeugs wurde eine damals hochmoderne Navigationsanlage eingebaut. Sie arbeitete mit einem Dopplerradar und einem Trägheitssystem.

Weitere Änderungen betrafen den Einbau zusätzlicher Treibstofftanks, um die Reichweite des Flugzeugs zu erhöhen, den Austausch des Bordradars gegen ein moderneres Modell und die Verwendung modernerer Kommunikationsmittel. Hinzu kam eine Dunkelkammer für Fotoarbeiten.

Die Besatzungszahl der FK stieg auf sieben Mann. Dazu zählten der Pilot, der Copilot, der Bordfunker, der Navigator, der gleichzeitig der Cheffotograf war, ein Bordtechniker, sowie zwei Spezialisten für Fototechnik, die die Aufgabe hatten die Fototechnik am Laufen zu halten.

Im Sommer 1967 waren die Arbeiten beendet. Am 21. August 1967 startete die An-24FK zu ihrem Jungfernflug. Dem schloss sich die Phase der Werkserprobung an. Dabei wurde von den Flugplätzen Gostomel nahe Kiew, Taganrog am Asowschen Meer und einem weiteren Flugplatz in Mittelasien aus operiert. Zwischen Dezember 1968 und September 1969 durchlief die An-24FK die erste Stufe der staatlichen Zulassungstests. Zunächst wurde das Flugzeug in der zivilen Variante »A« erprobt. Dazu dienten 32 Flüge. Dann rüstete man das Flugzeug auf die Variante »B« um und flog weitere 13 Einsätze.

Im Februar 1970 wurde die inzwischen wieder auf den »A«-Standard umgerüstete An-24FK dem zuständigen Institut für Zivilluftfahrt übergeben, damit dort die zweite Phase der staatlichen Erprobung stattfinden konnte. Die Erprobung dauerte von Anfang April bis Mitte Juni 1970 und endete mit einem positiven Befund.

Positiv bewertet wurde, dass die An-24FK schneller fliegen konnte als ihre Vorgängerinnen und damit Fotoaufgaben in kürzerer Zeit zu bewältigen waren. Die größere Gipfelhöhe machte es möglich mit der An-24FK auch im Gebirgsland, ja selbst im Hochgebirge aktiv zu werden. Die Verbesserung der Arbeitsbedingungen für die Besatzung wurde ebenfalls gelobt. Die An-24FK hatte eine Druckkabine, die beheizbar und gut gelüftet war.

Das moderne Navigationssystem wurde lobend erwähnt, konnte man doch nun viel genauer die Position bestimmen, was für die Exaktheit kartographischer Einsätze von immenser Bedeutung war. Allerding gab es auch einiges zu bemängeln. So schien den Testern der Treibstoffvorrat zu gering, weshalb größere Tanks eingebaut werden mussten. Auch störten sich die Tester daran, dass die Lüftung in der Dunkelkammer nicht wie gewünscht funktionierte und dass es für den Navigator keinen Aschenbecher gab. Weitere Mängel wurden an der Foto- und Spezialausrüstung festgestellt. Diese waren aber

Die An-30 wird in den russischen Streitkräften immer noch eingesetzt. (Foto: Igor Dwurekow)

den Flugzeugbauern nicht anzukreiden, weil die Mehrzahl der in der An-24FK verbauten neuen Geräte ihre Erprobung parallel zur Flugzeugerprobung durchlief.

Aber alles in allem wurde die An-24FK als eine gelungene Konstruktion eingeschätzt und empfohlen sie in die Serienfertigung zu überführen. Weil das Flugzeug sich nun aber deutlich von der An-24 unterschied entschloss man sich zu einer neuen Typenbezeichnung. Aus der An-24FK wurde die An-30. Die zivile Version hieß An-30A, die fürs Militär wurde An-30B genannt.

Ab 1971 lief die An-30 im Kiewer Flugzeugwerk vom Band. Im Zeitraum bis 1980 wurden insgesamt 115 Maschinen gebaut. Davon gingen 66 an die Zivilluftflotte, 26 An-30B wurden für das sowjetische Militär gebaut und 23 An-30A wurden exportiert. Zu den Exportkunden zählten Afghanistan, Bulgarien, China, Kuba, die Mongolei, Rumänien, die Tschechoslowakei und Vietnam.

Die baulichen Unterschiede zwischen den Versionen waren gering. Die An-30B hatte bessere Kameras mit optimiertem Stabilisierungssystem, militärische Funkgeräte und einen anderen Funkhöhenmesser.

Im Laufe der Jahre wurde das Bordradar gegen das in der An-26 verwendete Radar ausgetauscht. An-30B, die in Kriegsgebieten eingesetzt wurden, bekamen Störkörperwerfen.

Beide An-30 Versionen wurden intensiv genutzt. Die zivilen An-30A fotografierten innerhalb von fünf Jahren 28 Millionen km² des Staatsgebietes der Sowjetunion. Später, als die Raumfahrt in der Lage war Aufnahmen mit hoher Auflösung zur Verfügung zu stellen, nahm die Zahl der Flüge der An-30A ab.

Die militärischen An-30B wurden an zwei Standorten konzentriert. Einer befand sich im Westen des Landes und der andere in Sibirien.

Die An-30 machte sowohl als ziviles, als auch als militärisches Fotoflugzeug eine gute Figur. 1975 wurde eine An-30A auf dem Internationalen Luftfahrtsalon in Le Bourget der Weltöffentlichkeit vorgestellt.

Anfang der 1980er Jahre wurden etliche An-30A umgebaut. Ihre neue Aufgabe bestand darin das Wetter zu beeinflussen. Dazu wurde die Fotoausrüstung entfernt und durch Kanister für Trockeneis ersetzt. Insgesamt gab es acht Kanister, mit einem Fassungsvermögen von 130 kg, an Bord. Die Aufgabe der nun An-30M genannten Flugzeuge bestand darin ihre Fracht über dichten Wolkenformationen zu verteilen. Das abgeworfene Trockeneis sorgte dafür, dass sich die Wolken abregneten. Auf diese Weise wollte man landwirtschaftliche Regionen vor Hagelschlag schützen. Hauptsächlich ging es aber darum, dass die großen Paraden[77] auf dem Roten Platz in Moskau, und in den anderen Hauptstädten der Sowjetrepubliken, bei prallem Sonnenschein durchgeführt werden konnten.

Im November 1981 begann für die An-30 die Zeit des Kriegseinsatzes. Drei Maschinen wurden nach Kabul verlegt, von wo aus sie das gesamte Land abflogen und fotografisch

[77] Derer gab es viele. So zum Kampf- und Feiertag der Werktätigen am 1. Mai, dem Tag des Sieges am 9. Mai, dem Tag der Oktoberrevolution oder wann auch immer den Führern von Staat und Partei danach war.

erfassten. Das war notwendig, weil es kaum verlässliches Kartenmaterial aus der Region gab.
Diese Aufgabe wurde im Zeitraum zwischen April und Juni 1982 abgeschlossen. Danach wurden die An-30B als Aufklärer eingesetzt. Sie suchten und beobachteten Feindgruppierungen, schossen Fotos vor und nach Gefechtseinsätzen der Luftstreitkräfte, so dass die Wirkung der Luftschläge bewertet werden konnte. Weiterhin hatten sie ein wachsames Auge auf Straßen und Wege, um Marschkolonnen vor Hinterhalten zu warnen. An-30B suchten Stellen an denen es möglich war mit Hubschraubern zu landen und waren an Such- und Rettungsoperationen beteiligt, wenn es darum ging die Piloten abgeschossener Flugzeuge oder Hubschrauber im afghanischen Gebirgsland zu finden.
In Afghanistan zeigte sich die An-30 von ihrer starken Seite. Sie hatte keinerlei Probleme mit der Höhenlage. Sie erwies sich als resistent gegenüber Staub und Beschädigung. Dank ihres geringen Kurvenradius konnte sie auch in engen Tälern operieren. Während des gesamten Afghanistankrieges ging nur eine An-30 verloren. Sie wurde am 11. März 1985 von einer Flugabwehrrakete am linken Triebwerk getroffen und schwer beschädigt. Der größte Teil der Besatzung konnte mit dem Fallschirm abspringen und wurde von den SAR-Kräften wohlbehalten geborgen. Pilot und Kopilot hingegen versuchten das angeschossene Flugzeug auf dem Flugplatz Bagram zu landen, was ihnen aber nicht gelang.
1986 und 87 wurde eine An-30B in Angola eingesetzt, um Regierungstruppen und Kubaner gegen die vom Westen unterstützten Verbände der UNITA und südafrikanisches Militär zu unterstützen.
Nach dem Zerfall der Sowjetunion gingen die An-30B in den Besitz Russlands und der Ukraine über. Beide Staaten nutzen die An-30B zu Inspektionsflügen im Rahmen des »Open Skies« Abkommens.
Russische An-30B wurden während der beiden Tschetschenienkriege eingesetzt, um aufständische Kräfte zu suchen und zu finden. Sie führten hier das fort, was sie bereits in Afghanistan getan hatten.
Ende der 1980er Jahre wurde an einer Version der An-30 gearbeitet, die zur Überwachung der 200-Seemeilen Zone auf dem Meer gedacht war. Diese Version bekam größere Tanks und ein verbessertes Navigationssystem. Sie erhielt die Typenbezeichnung An-30D Sibirjak.

Technische Beschreibung:
Die An-30 wurde direkt aus dem Passagierflugzeug An-24 abgeleitet. Viele Bauteile sind in beiden Flugzeugen baugleich und können untereinander ausgetauscht werden[78].
Die An-30 ist ein zweimotoriges Fotoflugzeug mit Propellerturbinentriebwerken, Tragflächen in Hochdeckeranordnung und einem Normalleitwerk.
Die Zelle der An-24 wurde in Halbschalenbauweise gefertigt. Sie besteht vollständig aus Metall, wobei Aluminiumverbindungen und an stark beanspruchten Stellen Stahl zum Einsatz kommen.
Die An-30 unterscheidet sich von der An-24 durch eine völlig

Nach dem Ender der UdSSR wurden die An-30 zwischen Russland und der Ukraine aufgeteilt. Das Bild zeigt eine An-30 der ukrainischen Streitkräfte. (Foto: Dima Sergienko)

[78] Das trifft auch auf die An-26 und An-32 zu.

Zivile An-30. Man erkennt am Bauch die geschlossene Verkleidung für Fotoapparatur. (Foto: Konstantin Nikoforow)

neugestaltete Bugsektion. Sie umfasst den Bereich der Spanten 1 bis 11. Im Vergleich zur An-24 ist der Bug um 73 Zentimeter verlängert worden. Er erhielt eine Vielzahl von Fenstern, so dass der im Bug arbeitende Navigator eine gute Sicht nach außen hat. Der Arbeitsplatz des Navigators ist quer zur Flugrichtung eingebaut.

Eine Etage höher ist das Cockpit der restlichen Crew untergebracht. Die Zelle wurde in diesem Bereich um 42 Zentimeter angehoben, was zum »buckligen« Aussehen der An-30 führt. Im Cockpit befinden sich die Arbeitsplätze des Piloten, des Copiloten, der Bordmechanikers und des Funkers. Diese Arbeitsplätze sind in ihrer Ausstattung mit denen der An-24 oder An-26 vergleichbar.

Zur Ausrüstung der An-30 gehören mehrere Funkgeräte, Autokompasse, ein Blindlandesystem, Funkhöhenmesser, das Navigationssystem DISS-FK und ein Autopilot. Der Autopilot AP-28L1F ist eine verbesserte Version des An-24-Autopilots. Er ist in der Lage das Flugzeug entlang einer vorgegebenen Strecke automatisch zu steuern und den Wegpunkten zu folgen. Diese Funktion wird vor allem während der Fotoarbeiten genutzt.

Der Rumpf der An-30 ist ab Spant 12 mit dem der An-24 fast identisch. Er unterscheidet sich nur dadurch, dass die vordere Einstiegstür nicht mehr existiert. Der Innenraum beherbergt bei der An-30 keine Passagiersitze, wie in der An-24, sondern ist in mehrere Sektionen untergliedert. Im Bereich der Spanten 18 bis 22 gibt es auf der rechten Seite eine Dunkelkammer, in der die Filmkassetten mit Filmmaterial nachgeladen werden können. Entlang der linken Rumpfseite, zwischen den Spanten 15 und 24, wurden zwei klappbare Liegen installiert, die bei längeren Einsätzen von Besatzungsmitgliedern als Schlafstätten genutzt werden können.

Die Fotokameras befinden sich im Bereich der Spanten 23 bis 30. Für sie gibt es in der Rumpfunterseite fünf verglaste Öffnungen. Diese Öffnungen werden mit Warmluft gegen Beschlagen oder Vereisen geschützt. Bei zivilen An-30 werden nur die vier vordersten Öffnungen genutzt, die militärischen An-30 nutzen alle Öffnungen.

Um die Öffnungen vor Verschmutzung zu schützen gibt es an der Rumpfunterseite eine Art Jalousie. Sie kann elektrisch oder per Hand geöffnet und wieder geschlossen werden.

Am Ende des unter Druck stehenden Teils des Flugzeugrumpfes befindet sich ein Stauraum, in dem belichtete Fotokas-

[79] Wenn im Fall eines Startabbruchs zusätzlicher Schub benötigt wird.

[80] Elektrischer Strom wird in der An-30 in drei Stromkreisen verwendet. Es gibt ein 27 Volt Netz, ein 115 Volt Netz und ein 36 Volt Netz.

setten gelagert werden. Dieser Raum erstreckt sich über die Spanten 34 bis 37. Ihm schließt sich der Teil des Rumpfes an, der nicht als Druckkörper ausgelegt ist. Hier sind die die Elemente das Dopplernavigationssystems DISS-FK untergebracht. DISS-FK ist eine Abwandlung der in sowjetischen Kampfhubschraubern und Kampfflugzeugen eingebauten Navigationsanlage DISS.

Die Tragflächen der An-30 entsprechen weitestgehend denen der An-24. Sie sind in Hochdeckeranordnung am Rumpf befestigt und ganz aus Metall gefertigt. An der Hinterkante der Tragflächen befinden sich Doppelschlitzlandeklappen und im Außenbereich die Querruder. Die Landeklappen werden hydraulisch betätigt, die Querruder durch Gestänge gesteuert. An der Tragflächenvorderkante gibt es selbständig arbeitende Vorflügel.

In den Tragflächen befinden sich die Treibstofftanks der An-30. Sie sind in zwei unabhängige Systeme unterteilt, wobei jedes Treibwerk von seinen eigenen Treibstofftanks versorgt wird. Beide Treibstofftanksysteme sind miteinander über eine Leitung verbunden, so dass im Notfall Treibstoff von einem ins andere System gepumpt werden kann. Getrennt werden beide Systeme durch ein Ventil.

Die Treibstofftanks der An-30 sind flexibel und befinden sich in den inneren und mittleren Tragflügelabschnitten. Die Gesamtmenge an Treibstoff beträgt 4.820 kg. Etwa am Ende des ersten Viertels der Tragflächen befinden sich die Triebwerke der An-30, die mit denen der An-24 und An-26 identisch sind. Sie sind in Triebwerksgondeln unterhalb der Tragflächen positioniert. Als Triebwerke kommen Propellerturbinen des Typs Iwtschenko AI-24WT mit 2.075 kW, sprich 2.820 PS zum Einsatz. Die Vortriebserzeugung erfolgt mit Verstellpropellern AW-72. Die vier Luftschraubenblätter des Propellers lassen sich bei der Landung in einen negativen Einstellwinkel bringen. Damit wird die Wirkungsrichtung der Luftschraube umgekehrt, sie bremste nun, anstatt zu schieben. So kann die Landerollstrecke des Flugzeugs verkürzt werden.

Wie bei der An-26 ist auch in der An-30 in der rechten Triebwerksgondel das Strahltriebwerk RU-19A-300 untergebracht. Es wird verwendet um bei Start und Landung[79] zusätzlichen Schub zu generieren. Das Triebwerk ist auch am Generator TG-16 befestigt, der am Boden zur Eigenversorgung mit Strom[80] genutzt wird.

Die Tragflächenvorderkanten der An-30, sowie die Propellerblätter, werden elektrisch enteist.

Das Leitwerk der An-30 ist ein Normalleitwerk, bestehend aus Seitenflosse und Seitenruder, sowie freitragenden Höhenflossen und Höhenrudern. Die Steuerflächen des Leitwerks werden durch Gestänge und Seile bedient. Unter dem Heck der An-30 befinden sich Kielflossen, wie sie bei der An-26 vorhanden sind.

Das solide Hauptfahrwerk der An-30 befindet sich unterhalb der Triebwerksgondeln. Es ist doppelt bereift, mit Scheibenbremsen ausgestattet und wird nach vorn in die Treibwerksgondeln eingezogen. Das Bugfahrwerk befindet sich unterhalb der Cockpitsektion. Es ist doppelt bereift, aber ungebremst. Es kann vom Piloten gesteuert werden. Nutzt der Pilot die Bremsen des Hauptfahrwerks zur Steuerung der An-30 am Boden, so kann das Bugfahrwerk frei nachschwingen.

Die An-30 hat sich in ihrer Rolle als Fotoflugzeug bewährt und leistet bis zum heutigen Tag zuverlässig ihren Dienst.

Versionen:

An-30A	ziviles Fotoflugzeug
An-30B	militärisches Fotoflugzeug
An-30D	Version mit größerer Reichweite
An-30M	Flugzeug zur Wetterbeeinflussung

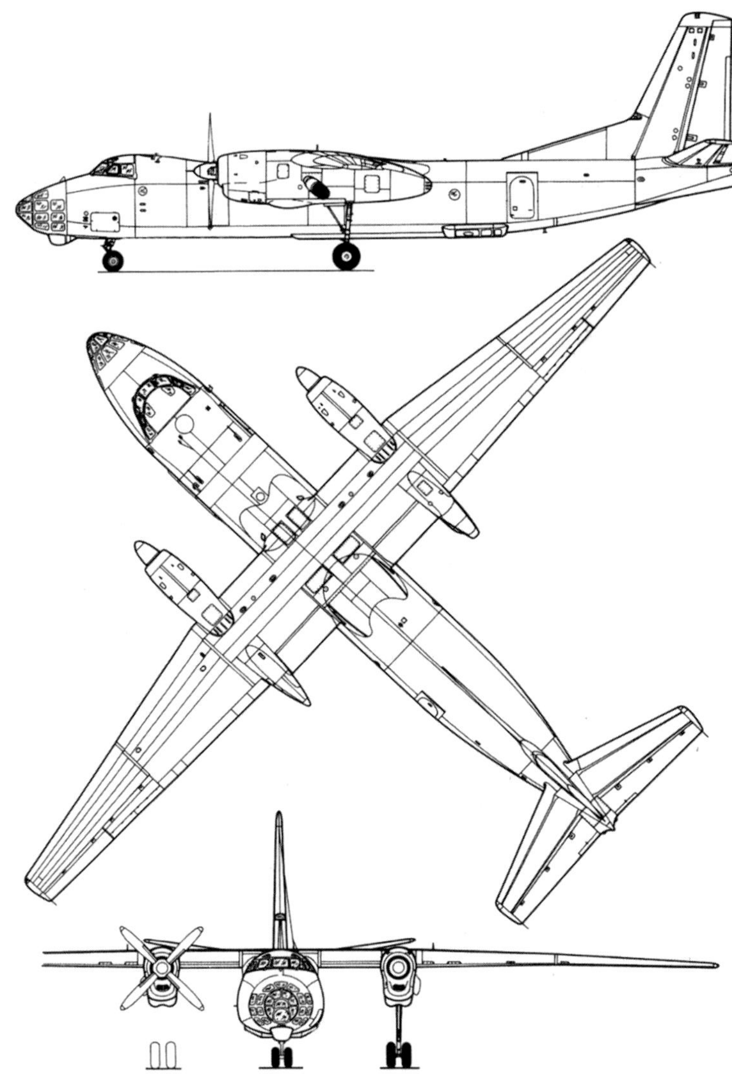

An-32 (Nato-Code: Cline)

Indische An-32 mit geöffneter Heckklappe im Flug. (Foto: Wg Cdr Chauham IAF)

Irakische An-32 während der Werkserprobung. Gut erkennbar sind die oberhalb der Tragflächen untergebrachten Triebwerke. (Foto: Oleg Beljakow)

Technische Daten der An-32W	
Bezeichnung NATO	Cline
Abmessungen	
Spannweite	29,20 m
Länge	23,68 m
Höhe	8,75 m
Flügelfläche	74,98 m²
Rotorkreisfläche	355,81 m²
Massen	
Leermasse	17.405 kg
Startmasse	23.000 kg
Max. Startmasse	27.000 kg
Treibstoffmenge	7.100 l
Antrieb	2 x AI-20D Serie 5
Startleistung	2 x 3.812 kW / 5.180 PS
Flugleistungen	
Höchstgeschwindigkeit	460 km/h in 5.000 m
Marschgeschwindigkeit	420 km/h
Reichweite	2.350 km
Gipfelhöhe	8.100 m
Bewaffnung	4 x 500 kg Abwurfwaffen
Nutzlast	5.500 kg Fracht normal 6.700 kg Fracht maximal 50 Passagiere 42 Fallschirmjäger 24 Verwundete
Besatzung	3 + 1

Die An-32 war eine Weiterentwicklung der An-26, gedacht für den Einsatz im Hochgebirge. Ungewöhnlich für den sowjetischen Flugzeugbau war der Umstand, dass das Flugzeug nicht auf Initiative von Militär, Staat und Partei oder der Eigeninitiative eines Konstruktionsbüros entstand, sondern nach einer Anfrage aus dem Ausland entwickelt wurde. Und der Auftraggeber war Indien.

Indien hat eine lange Grenze im Himalaja. Hier grenzt Indien an Pakistan und China und sichert seine Positionen durch festungsmäßig ausgebaute Stützpunkte, die sich zum Teil in extremen Höhenlagen befinden. Zur Versorgung dieser Stützpunkte suchten die Inder in den frühen 1970er-Jahren nach einem neuen Transportflugzeug, das die alten und abgeflogenen C-119 Transporter ersetzen konnte.

Zunächst versuchte man das Problem mit mittelschweren Transportflugzeugen, wie der C-130 Hercules oder sowjetischen An-12 zu lösen. Doch erwiesen sich beide Flugzeugtypen als zu groß, für die vorherrschenden Bedingungen.

Weil die Inder von der Robustheit der An-12 angetan waren, entschlossen sie sich beim OKB Antonow nachzufragen, ob

Die An-32 bewährte sich in den Bergen Afghanistans. (Foto: US Air Force, Staff Sgt Brian Ferguson)

Eine An-32B der mexikanischen Marineflieger beim Start. (Foto: Oleg Beljakow)

es denn möglich wäre ein Transportflugzeug zu erhalten, das speziell auf den Einsatz in den Hochgebirgsregionen des Himalajas zugeschnitten sei. Die sowjetische Seite war interessiert und trat damit in Konkurrenz zu den Anbietern Fiat und De Havilland Canada, die ihrerseits die G.222 bzw. die DHC-5 an die Inder verkaufen wollten.

Eine indische Delegation besuchte die Sowjetunion und bot an 150 Flugzeuge zu kaufen. Die sowjetischen Verantwortlichen waren nicht wirklich erpicht darauf einen neuen Flugzeugtyp zu entwickeln, wenn lediglich 150 Maschinen verkauft werden konnten, denn für ein solches Flugzeug gab es in der Sowjetunion selber keinen Bedarf, weder zivil, noch militärisch. Deshalb bot Oleg Antonow an, dass sich die Inder erst einmal die An-26 ansehen sollten. Die Inder fanden die An-26 ganz nett, bemängelten aber, dass das Flugzeug für den Einsatz in großer Höhenlage nicht wirklich geeignet sei. Die An-26 war, einfach ausgedrückt, für den Himalaja untermotorisiert. Also musste ein neuer Antrieb gefunden werden. Und das war nicht ganz einfach, denn die Auswahl an Motoren war in der Sowjetunion recht schmal.

Hinzu kam, dass die Inder ihre Anforderungen an das neue Flugzeug recht schwammig formulierten. Es gab weder Vorgaben über Fluggeschwindigkeiten oder Traglast, noch Angaben wie weit das Flugzeug fliegen sollte. Gefordert war nur ein Flugzeug, das auch die kleinsten Flugfelder im Himalaja bedienen konnte und das auch noch mit nur einem laufenden Motor. Die sowjetische Seite akzeptierte die Herausforderung. Am 16. Juni 1975 gab das Ministerium für Flugzeugbau dem OKB Antonow die Weisung ein Flugzeug zu bauen, dass den Anforderungen der Inder genügen sollte. Als Basis für die Neuentwicklung sollte die An-26 dienen, von der so viele Teile wie möglich zu übernehmen seien. Der Bau eines einzelnen Experimentalflugzeugs wurde befohlen.

Eine ukrainische An-32B liefert für die UNO Hilfsgüter nach Tansania. (Foto: US Air Force, TSgt David McLeod)

Die An-132D ist eine stark modernisierte Weiterentwicklung der An-32. (Foto: Wasiliy Koba)

Die An-32P ist die Feuerlöschvariante. (Foto: Oleg Beljakow)

Eine An-32RE der indischen Streitkräfte beim Start vom Antonow Flugplatz Gostomel. (Foto: Oleg Beljakow)

Diese Anordnung war für die Sowjetunion äußerst ungewöhnlich, denn normalerweise hatte das Militär bei jeder Flugzeugentwicklung ein gehöriges Wörtchen mitzureden. Doch diesmal winkte das Verteidigungsministerium ab. Ein höhentaugliches Transportflugzeug wurde nicht benötigt. Solch hochgelegene Flugplätze, wie im Himalaja, gab es in der Sowjetunion nicht. Von den Restriktionen des Militärs, unter anderen extremen Geheimhaltungsvorschriften, befreit konnten die Arbeiten an der An-32 beginnen. Klar war nur, dass die An-32 auf der An-26 basieren sollte und dass sie einen deutlich stärkeren Antrieb benötigte.

Zur Auswahl stand das Triebwerk der An-12, das AI-20M. Das AI-20M war deutlich größer und schwerer als das AI-24WT der An-26. Es brachte aber auch deutlich mehr Leistung. 4.250 PS anstatt 2.820 PS. Das war ein Leistungsanstieg auf 150%!

Nun stellte sich die Frage, wie man dieses gewaltige Triebwerk an den Tragflächen der An-26 befestigen könne. Das AI-20M trieb einen Vierblattpropeller mit einem Durchmesser von 4,50 m an. Wenn man dieses Aggregat auf die herkömmliche Weise an der An-26 befestigen würde, würden die Propellerspitzen sowohl am Erdboden kratzen, als auch den Flugzeugrumpf demolieren.

Die Lösung des Problems war einfach. Anstatt die Propellerturbinen unter die Tragfläche zu hängen, installierte man sie einfach auf der Tragfläche. So gewann man gleichzeitig eine genügend große Bodenfreiheit und einen ausreichend großen Abstand von der Propellerspitze zur Flugzeugzelle.

Ansonsten veränderte man am Flugzeug möglichst wenig. Man verbesserte lediglich das Bremssystem, um mit den größeren Kräften und Geschwindigkeiten klar kommen zu können und ersetzte das RU-19A-300 Strahlhilfstriebwerk gegen ein stärkeres Aggregat des Typs TG-16. Die Änderungen konnten bis zum Jahresende 1975 abgeschlossen werden. Das Flugzeug An-32 war nach erstaunlich kurzer Entwicklungszeit komplett. So schien es jedenfalls.

Am 9. Juli 1976 startete der Prototyp der An-32 zu seinem Jungfernflug. Er dauerte eine Stunde und fünfzehn Minuten und verlief ohne große Überraschungen. Weitere Testflüge zeigten aber, dass die An-32 die von den Indern geforderten Höhenleistungen nicht würde erbringen können. Sie war für den Himalaja immer noch untermotorisiert. Am 28. September 1976 entschied Oleg Antonow für die An-32 die Triebwerksanlage der An-8 zu verwenden. Die An-8 verfügte über das Triebwerk AI-20DM, welches eine Leistung von 5.180 PS abgab. Das waren 83% mehr als beim Ursprungstriebwerk der An-26. Allerdings gab es mit diesem Triebwerk, zwei, drei kleine Problemchen. Zum einen war der Propeller für die An-32 zu groß und musste deshalb um 40 cm im Durchmesser gekürzt werden. Und dann gab es da ein Problem mit der Lebensdauer. Die war mit 1.000 Betriebsstunden bis zur ersten Instandsetzung nicht gerade üppig. Außerdem war das Triebwerk fürchterlich laut.

Eine kroatische An-32B rollt zum Start. (Foto: dtom)

Für das AI-20DM Triebwerk wurden neue Triebwerksverkleidungen entworfen. Weitere Änderungen betrafen das Seiten- und das Höhenleitwerk, weil die deutlich größeren Luftmengen, die das neue Triebwerk produzierte, zu Stabilitätsproblemen führen konnten[81]. Außerdem vergrößerte man die Fläche der beiden Kielflossen. Die Änderungen konnten in kurzer Zeit durchgeführt werden.

Bis zum 27. Oktober 1976 wurde eine Reihe von Testflügen durchgeführt. Das Entwicklerkollektiv war sich sicher, dass die An-32 nun in einem Zustand war, indem man sie den Indern würde präsentieren können. Daraufhin schickte man den Prototyp der An-32 auf eine Indienreise. Sie fand im Zeitraum vom 6. November bis zum 13. Dezember 1976 statt. In Indien sollten gemischte sowjetisch-indische Besatzungen die An-32 unter realen Einsatzbedingungen erproben.

Gleich der erste Flug ging gehörig schief. Beim Flug mit geringen Geschwindigkeiten und beim Landeanflug verhielt sich das Flugzeug nicht so wie es sollte. Niemand konnte sich das Verhalten erklären, bis jemand auf die Idee kam im vorderen Gepäckraum unter dem Boden des Frachtraums nachzusehen. Er war mit sowjetischen Lebensmitteln vollgestopft[82]. Diese wogen insgesamt etwa eine halbe Tonne, was zu einer signifikanten Verschiebung des Masseschwerpunkts des Flugzeugs geführt hatte. Ohne diese Zusatzlast war das Verhalten der An-32 schon deutlich besser, allerdings immer noch nicht gut genug. Hinzukam, dass die An-32 unter den Höhenbedingungen des Himalaja mit einer höheren Geschwindigkeit landete, als gewohnt und das Bremssystem damit nicht wirklich zurechtkam.

Während der Flugerprobung in Indien zeigte sich die An-32 ansonsten von ihren guten Seiten. Es wurden aber auch Defizite aufgedeckt. Dazu zählten neben der zu hohen Landegeschwindigkeit, ein unbefriedigendes Flugverhalten bei ausgefahrenen Klappen, ein wenig leistungsfähiges Belüftungssystem, das im heißen Klima Indiens an seine Grenzen kam und ein zu geringer Luftdruck in der Kabine, so dass Flüge in großen Höhen ohne Sauerstoffmasken nicht möglich waren.

Die Inder waren mit der An-32 nicht wirklich zufrieden, aber auch nicht wirklich unzufrieden und ließen sich deshalb überreden dem Flugzeug eine zweite Chance zu geben. Das OKB Antonow konnte die An-32 also noch einmal überarbeiten.

Der »Ausflug« nach Indien hatte gezeigt, dass es nicht damit getan war sich eine An-26 zu nehmen, neue Triebwerke aufzusetzen und ansonsten den Rest gleich zu lassen. Das ganze Projekt musste noch einmal gründlich überarbeitet werden. Als wichtigster Punkt wurde die Erhöhung des Auftriebs bei Start, Landung und im Langsamflug angesehen. Deshalb wurde die Tragfläche überarbeitet. Zunächst folgte man der Idee die Flügelvorderkante mit festen Vorflügeln auszustatten. Doch dann kam man auf den Gedanken den größten Teil der Nasenkante unverändert zu lassen und stattdessen die Vorderkante der Außenflügel mit automatisch arbeitenden Vorflügeln zu versehen. Das war aber nicht ganz so einfach, wie erwartet, weil sich das Phänomen ergab, dass die Vorflügel nicht synchron arbeiteten. Es dauerte eine gefühlte Ewigkeit, bis dieses Problem gelöst werden konnte. Dann nahm man die Landeklappen in Angriff. Man ersetzte die Doppelspaltklappen am inneren Flügelabschnitt durch Dreifachspaltklappen und die einfachen Landeklappen im mittleren Flügelbereich durch Doppelspaltklappen. Der Auftrieb erhöhte sich deutlich.

Nach allen Änderungen hatte die An-32 exzellente Langsamflugeigenschaften und verhielt sich bei Starts und Landungen deutlich zivilisierter. Anschließend wurde noch die aerodynamische Form der Triebwerksverkleidung überarbeitet. Im Unterschied zum ersten Versuch war das Abgasrohr nun verlängert. Eine weitere Änderung betraf das Treibstoffsystem. Um dem großen

[81] Die Spannweite des Höhenleitwerks wurde um 22,5 cm erweitert, das Seitenleitwerk wuchs um 10 cm in die Höhe.
[82] Man wollte verhindern, dass die Besatzung wegen des ungewohnten indischen Essens Probleme bekommen würde.

Diese ehemalige An-32 der Aeroflot flog für die UNO. Man kann die verblaßte Fahne der Sowjetunion noch am Leitwerk erahnen. (Foto: Hendrik van Broekhuizen)

Durst der starken Treibwerke Genüge zu tun wurden Durchflussmenge und die Kapazität der Treibstofftanks vergrößert.
Obwohl die Änderungen an der An-32 noch nicht abgeschlossen waren, wurde das Flugzeug auf der Internationalen Luftfahrtaustellung in Le Bourget der Weltöffentlichkeit vorgeführt. Dort fanden sich erste Interessenten, außerhalb Indiens, für die 32. Aus Frankreich zurückgekehrt wurde das Innenleben des Frachtraums überarbeitet. Das Förderband im Boden des Frachtraums machte einem einfachen Rollensystem Platz. Die Klima- und Belüftungsanlage wurde umgestaltet. Nun konnten Frachtraum und Cockpit separat klimatisiert werden. Des Weiteren wurde die Bordausrüstung überarbeitet, so dass es gelang die Ausmaße des Frachtraums zu vergrößern. Damit stieg die Zahl der möglichen Passagiere von 39 auf 50 und die der Fallschirmjäger von 30 auf 42.
Die Höhe der Frachtkabine wurde im Bereich der Spanten 40 bis 45 vergrößert, so dass nun sperrigere Frachten transportiert werden konnten.
Die Änderungen am An-32 Prototyp wurden bis zum Februar 1980 abgeschlossen. Dann begann eine weitere Werkserprobung. Am 30. Dezember 1980 legalisierte der Ministerrat der Sowjetunion die Arbeiten an der An-32 formal. In seinem diesbezüglichen Befehl war von der An-32 als ein Flugzeug die Rede, dass speziell für den Export nach Indien gedacht sei.
Damit war der Weg zum Bau von Vorserienmodellen frei. Es war geplant drei Vorserienflugzeuge zu fertigen. Die erste Maschine sollte mit rein sowjetischer Technik ausgestattet werden. Die zweite Maschine sollte alle Ermüdungs- und Bruchtests über sich ergehen lassen[83]. Mit der dritten Vorserienmaschine wollte man dem zukünftigen Serienmodell so nah wie möglich kommen. In sie sollten indische Avionikkomponenten eingebaut werden.
Dabei gab es ein paar Probleme, die daher rührten, dass die indischen Bauteile kleiner waren, als man es in der sowjetischen Flugzeugindustrie gewohnt war[84]. Zudem verwendeten die Inder Anschlüsse für die die in der An-32, nach sowjetischen Standards, verbauten Kabel zu dick waren. Die Flugzeugbauer in Kiew behalfen sich damit die sowjetischen Kabel solange »anzuspitzen«, bis sie zu den Anschlüssen der indischen Bauteile passten.
Die Werkserprobung der An-32 zog sich bis Anfang 1983. Dann wurde die staatliche Erprobung durchgeführt und im August 1983 abgeschlossen. Damit war die An-32 für den Serienbau zugelassen. Im Frühjahr 1984 wurden die beiden flugfähigen An-32 Vorserienflugzeuge nach Indien geschickt, wo sie sich weiteren Test unterziehen mussten. Schwerpunkte der Erprobungsflüge waren der Lastenabwurf und der Einsatz von hochgelegenen Flugplätzen mit kurzen Bahnen.
Diesmal war die »Reise nach Indien« von Erfolg gekrönt. Die An-32 hatte die Testflüge ohne ernste Ausfälle überstanden und die indische Seite zeigte sich vollauf zufrieden mit der neuen Antonow. Die Zuversicht auf sowjetischer Seite war so groß, dass man die Serienproduktion der An-32 aufnahm, ohne dass zuvor ein schriftlich ausgearbeiteter Vertrag mit Indien zustande gekommen war.
Am 29. Juni 1983 startete die erste Serienmaschine des Typs An-32 zu ihrem Jungfernflug. Bis zum Ende des Jahres baute das Flugzeugwerk Kiew insgesamt neun Serienflugzeuge, die alle samt

[83] Die statischen Ermüdungstests wurden bis 1990 fortgeführt.
[84] Ein Grund hierfür war, dass die indischen Bauteile moderner waren und bereits mit Elementen der damals im starken Aufschwung begriffenen Mikroelektronik bestückt waren. Hier war der Rückstand der sowjetischen Industrie deutlich sichtbar. Nicht umsonst wurde die sowjetische Mikroelektronik als die größte Mikroelektronik der Welt bespöttelt.

vom sowjetischen Ministerium für Luftfahrt vorfinanziert wurden. Im Frühjahr 1984 wurde der indisch-sowjetische Vertrag[85] über den Ankauf der An-32 offiziell geschlossen. Im Juni überführte man die Flugzeuge der ersten Fertigungsserie nach Indien und übergab sie den indischen Luftstreitkräften.

Die indischen Piloten waren mit der An-32 sehr zufrieden. Ein Grund zur Beanstandung war allerdings der enorme Lärmpegel, den die gewaltigen Propellerturbinen verursachten.

Die sowjetische Seite reagierte auf die Beanstandung mit dem Einbau einer schallabsorbierenden Beschichtung innerhalb der Flugzeugkabine. Durch diese Maßnahme konnte der Lärmpegel um 12 dB reduziert werden. Im Laufe der Zeit zeigten sich noch weitere Kinderkrankheiten der An-32. Sie wurden hauptsächlich durch die Vibrationen, die von den extremstarken Triebwerken stammten, ausgelöst. Sie betrafen Teile der von den Indern zugelieferten Funktechnik[86].

Jahre später zeigte sich, dass die starken Vibrationen auch Risse in der Rumpfstruktur im Bereich der Spanten 10 bis 12 verursachten. Bei im Dienst stehenden Flugzeugen wurde das Problem beseitigt, indem man zusätzliche Bleche aufnietete. Neugebaute An-32 erhielten im besagten Bereich eine Verstärkung der Flugzeugzelle.

Die Lieferung an die indischen Luftstreitkräfte dauerte bis ins Jahr 1991 an. Eine Lizenzfertigung in Indien, wie sie ursprünglich angedacht war, kam nicht zustande. Deshalb wurden alle 123 für Indien gedachten An-32 in Kiew produziert. Indien war mit der An-32 sehr zufrieden und startete in den 2000er-Jahren ein Modernisierungsprogramm.

Nach dem Erfolg in Indien vermarktete die Sowjetunion die An-32 in Ländern der Dritten Welt und war damit recht erfolgreich. Die Kombination von solidem Flugzeug und überpowerten Antrieb machte Eindruck, vor allem dann, wenn das Flugzeug mit nur einem laufenden Antrieb vorgeflogen wurde und sich dabei immer noch weitaus agiler zeigte, als alle anderen Transportflugzeugtypen der Welt.

Ein weiterer Hauptabnehmer der An-32 war Afghanistan, das in den 1980er-Jahren in einem veritablen Bürgerkrieg mit sowjetischer Beteiligung verstrickt war. Die 49 gelieferten An-32 zeigten sich von den rauen Gegebenheiten vor Ort unbeeindruckt und konnten selbst von höchstgelegenen Fluglätzen mit spielerischer Leichtigkeit operieren.

1987 sah nun auch das sowjetische Militär ein, dass es für seinen Feldzug in Afghanistan ein Flugzeug wie die An-32 gut gebrauchen konnte und stellte dem OKB Antonow eine Liste von Änderungswünschen zu. Der neuen Version wurde die Typenbezeichnung An-32W zuerkannt.

Die Änderungen wurden bis Dezember 1987 durchgeführt. Dann folgte eine Testphase, die bis zum 21. September 1988 andauerte. Danach wurde die An-32W vom sowjetischen Militär akzeptiert und für den Serienbau vorgeschlagen. Insgesamt sollten 50 An-32W angeschafft werden.

Doch dazu sollte es nicht mehr kommen. Die Sowjetunion rutschte in das ökonomische Chaos von Glasnost und Perestroika ab. Gelder, die bisher für das Militär üppig flossen, wurden knapp. Die Beschaffung der An-32 wurde auf die lange Bank geschoben, andere Rüstungsvorhaben waren wichtiger.

Dann kam der sowjetische Rückzug aus Afghanistan, weshalb die sowjetischen Streitkräfte keinen Bedarf mehr für ein höhentaugliches Transportflugzeug hatten. Die An-32W wurde auf Halde gebaut. Dann brach die Sowjetunion endgültig in sich zusammen.

Das Kiewer Flugzeugwerk verkaufte die An-32W nun an Drittstaaten oder interessierte zivile Betreiber[87]. Die Produktion der

In dieser Seitenansicht kann man gut erkennen, wie die Triebwerke auf den Tragflächen angebracht sind. (Foto: Hendrik van Broekhuizen)

[85] Es war ein damals üblicher Kompensationsvertrag, bei dem die sowjetische Seite nicht mit Geld, sondern mit der Lieferung von Gütern bezahlt wurde.
[86] Die starken Vibrationen lösten Kurzschlüsse aus. Das Problem löste man, indem man Gummistücke an gefährdeten Stellen anbrachte.
[87] Für diese Flugzeuge gab es kein offizielles Zulassungsdokument, doch das interessierte in den wilden Nachwendejahren niemanden.

Nach dem Zerfall der Sowjetunion wurden viele An-32 privatisiert. (Foto: Hendrik van Broekhuizen)

An-32 wurde bis ins Jahr 2012 fortgeführt. Insgesamt wurden 373 Maschinen aller Versionen gebaut[88]. Bei den Piloten war die An-32 beliebt. Sie vereinte Robustheit mit einer, für Transportflugzeuge, weit überdurchschnittlichen Kraft und Agilität. Der enorme Leistungsüberschuss verleitete aber auch manche Piloten zu riskanten Flugmanövern, die nicht immer gut ausgingen.

Die An-32 ist ein zweimotoriges Transportflugzeug mit Heckladerampe, Normalleitwerk und Einziehfahrwerk. Rumpf und Tragflächen bestehen weitestgehend aus Aluminiumlegierungen. Starkbelastete Bauteile sind aus Stahl gefertigt, während schwachbelaste Baugruppen auch aus Kunststoffen bestehen können. Der Flugzeugrumpf hat einen ovalen Querschnitt. Er wurde als Halbschalenkonstruktion ausgelegt und gliedert sich in drei Sektionen, die Bugsektion, den Mittelteil und das Heck.

Die Bugsektion erstreckt sich über die Spanten 1 bis 7. An der Bugspitze befindet sich das Radom. Es ist aus für Radarwellen durchlässigen Kunststoff gefertigt[89]. Unter dem Radom befindet sich das Navigationsradar der An-32[90].

Hinter dem Radom ist das Cockpit angeordnet. Hier sitzen Pilot und Copilot nebeneinander. Der Platz des Bordnavigators befindet sich hinter ihnen[91]. Das An-32 Cockpit hat neun Fenster, drei Frontfenster, zwei Dachfenster und vier Seitenfenster. Die direkt vor den Piloten angeordneten Scheiben sind elektrisch beheizbar. Zwei Seitenfenster sind als Notausstieg für die Besatzung gedacht. Im Cockpitboden befindet sich eine Notausstiegsluke. An der linken Cockpitseite gibt es eine blasenförmige Beobachtungskanzel für den Navigator[92]. Sie wurde direkt von der An-26 übernommen.

Zur Ausrüstung im Cockpit gehören mehrere Funkgeräte für den UHF und VHF Bereich, ein Funkkompass, eine Funkhöhenmesser, das Trägheitsnavigationssystem DISS, das Funknavigationssystem RSBN und ein Blindlandesystem. Zusätzlich besitzt die An-32 einen Transponder und einen Flugdatenschreiber.

Das Cockpit ist vom Frachtraum durch eine Wand abgetrennt und kann durch eine in die Wand eingelassene Tür betreten werden.

Der Frachtraum der An-32 erstreckt sich über die Spanten 7 bis 33. Er ist 1,84 m hoch und auf Höhe des Frachtraumbodens 2,40 m breit. Der Frachtraumboden besteht aus Duraluminium. In ihm sind Befestigungspunkte zur Verzurrung von Fracht und Rollen zum Transport von Frachtstücken eingebaut. Entlang der Rumpfwände befinden sich klappbare Sitze für Passagiere. In den Bordwänden befinden sich jeweils vier Bullaugen. Ein Bullauge auf jeder Seite ist als Notausstieg gedacht. In der Steuerbordwand ist eine Zugangstür eingelassen. Sie öffnet nach innen und hat eine Breite von 60 cm und eine Höhe von 140 cm. Unter dem Frachtraumboden befinden sich Stauräume für Gepäck, sowie Teile der Elektro- und Funkausrüstung.

Im Heck der An-32 ist die Heckluke angeordnet[93]. Sie besteht aus mehreren Teilen. Das obere Teil der Heckluke wird beim Öffnen nach oben geschwenkt, die Seitenteile nach Innen. Die Heckrampe wird nach unten abgesenkt und kann dabei mehrere Positionen einnehmen. Zum Absetzen von Fallschirmjägern oder Fracht per Fallschirm wird die Heckrampe unter den Rumpf geschoben. Bei einer Beladung am Boden kann die

[88] Andere Quellen besagen, dass die An-32 nur bis 1994 gebaut wurde und insgesamt 214 Maschinen gefertigt wurden. Die nach 1994 gebauten Maschinen seinen Umbauten aus vorhandenen An-32.

[89] Das Radom besitzt eine Außenhaut aus drei Schichten. Zwischen zwei Kunststoffschichten ist eine Wabenstruktur eingearbeitet. So konnte das Bauteil sowohl stark, als auch leicht gebaut werden.

[90] Es ist dasselbe »Groza« Radar, das auch in der An-26 zum Einsatz kommt.

[91] Wegen der moderneren Bordausrüstung konnte die Besatzung um den bis dato üblichen Bordfunker reduziert werden. Zur Besatzung gehören, falls benötigt, noch ein oder zwei Lademeister.

[92] Zur Freude der Besatzung gibt es für diese Kanzel einen Tank mit 2,6 l Enteisungsalkohol. Der Alkohol wurde sehr gern zweckentfremdet eingesetzt.

[93] Zwischen Spant 22 und 45.

Heckrampe abgesenkt werden und dient als Zufahrt für Fahrzeuge, die aus eigener Kraft in den Frachtraum fahren können. Der Winkel der Heckrampe kann, je nach Gegebenheiten vor Ort, unterschiedlich eingestellt werden.

Die Ränder der Heckluke der An-32 sind mit Gummidichtungen versehen. Diese Dichtungen helfen dabei das Flugzeug zu hermetisieren, so dass Flüge in großen Höhen möglich werden. Die Tragflächen der An-32 ähneln jenen der An-26. Sie sind beiderseits des Frachtraums, zwischen den Spanten 17 und 20, in Schulterdeckeranordnung am Rumpf befestigt. Ihre tragende Struktur besteht aus zwei Holmen und 23 Rippen. Die Außenhaut ist aus Aluminiumlegierungen hergestellt. Die Tragflächen gliedern sich in drei Abschnitte. Jede Tragfläche beinhaltet fünf flexible Treibstoffbehälter. Das Gesamttreibstoffvolumen beträgt 7.100 Liter.

An der Tragflächenvorderkante sind automatisch arbeitende Vorflügel angebracht. An der Hinterkante befinden sich die Landeklappen, sowie an den Außenflügeln die Querruder. Die Landeklappen unterteilen sich in Dreifachschlitzklappen und Doppelschlitzklappen. Die Gesamtfläche der Landeklappen beträgt 15 m². Beim Start werden die Klappen auf einen Winkel von 15° eingestellt, im Landeanflug werden sie auf 38° gefahren. Die Querruder haben einen Ausschlag von +24 bis -16°.

Auf den Tragflächen der An-32 sind die Triebwerke angeordnet. Zum Einsatz kommen Propellerturbinen des Typs AI-20D der 5. Serie. Sie haben eine Startleistung von 5.180 PS und eine Höhenleistung von 2.800 PS[94]. Die Triebwerke sind 3,10 m lang und haben ein Leergewicht von 1.040 kg. Sie treiben einen Vierblattverstellpropeller des Typs AW-68DM an. Der Propellerkreis hat einen Durchmesser von 4,70 m.

Jedes Triebwerk ist mit einem eigenen Feuerlöschsystem ausgerüstet. Die Treibstoffversorgung erfolgt aus den Flächentanks der eigenen Tragfläche. Zu den Tanks der anderen Seite gibt es eine Versorgungsleitung, so dass es möglich ist Treibstoff von einer Tragfläche zur anderen zu pumpen. Die Tanks können auf zwei Wegen befüllt werden. Entweder nutzt man die natürliche Schwerkraft, über die Tankstutzen in der Oberseite der Tragflächen oder man nutzt die Druckbetankung, für die es einen Anschluss in der linken Triebwerksgondel gibt.

In der rechten Triebwerksverkleidung befindet sich eine Gasturbine des Typs TG-16M. Sie dient der Stromversorgung am Boden. Ein zusätzliches Strahltriebwerk, wie es bei der An-26 der Fall gewesen ist, gibt es bei der An-32 nicht.

In den Triebwerksverkleidungen befindet sich auch eine Stauraum für die Hauptfahrwerke der An-32. Die Fahrwerksbeine sind als Teleskopbeine ausgelegt. Sie fahren nach vorn ein. Das Hauptfahrwerk ist doppelt bereift. Die Räder haben eine Größe von 1.050 x 390 mm. Es sind Niederdruckreifen, die einen Einsatz von unbefestigten Pisten ermöglichen. Das Hauptfahrwerk besitzt Scheibenbremsen. Das Bugfahrwerk befindet sich unterhalb des Cockpits. Es ist ebenfalls doppelt bereift, verfügt aber über keine Bremseinrichtung. Die Reifengröße beträgt 700 x 250 mm. Es wird entgegen der Flugrichtung eingezogen. Das Bugfahrwerk ist am Boden im Bereich von +/- 15° steuerbar. Wird die Steuerung abgeschaltet und nur mit den Bremsen des Hauptfahrwerks gesteuert, so kann das Bugfahrwerk im Bereich von +/- 50° frei schwingen.

Das Leitwerk der An-32 besteht aus einem freitragenden Höhenleitwerk, gebildet aus Höhenflosse und Höhenruder, und einem Normalseitenleitwerk. Das Höhenleitwerk hat eine Fläche von 20,3 m². Das Höhenruder kann im Bereich von +25° und -20° bewegt werden. Das Seitenleitwerk besteht aus Seitenflosse und Seitenruder. Es hat eine Gesamtfläche von 16,7 m². Die Seitenflosse kann 25° in jede Richtung bewegt werden.

Die Elektroversorgung der An-32 besteht aus drei Stromkreisen. So gibt es einen 27 Volt Stromkreis, einen mit 36 Volt und einen mit 115 Volt. Gespeist werden sie aus den an den Triebwerken installierten Stromgeneratoren.

Die An-32 kann, wie auch bereits die An-26, mit Bombenaufhängungen beiderseits des Rumpfes ausgestattet werden.

Versionen:

An-32	Basisvariante für indische LSK mit indischer Avionik, indischer Eigenname »Sutlej«.
An-32A	Basisvariante mit sowjetischer Avionik.
An-32B	Zivilvariante, erhöhte Zuladung. 1987 entwickelt. 1995 zugelassen.
An-32B-100	Zivilvariante mit Triebwerk AI-20 Serie 5M, ein Flugzeug gebaut.
An-32B-110	Weiterentwicklung der B-100 mit verbesserter Avionik und Zweimannbesatzung.
An-32B-200	Triebwerk AI-20 Serie 5M und abnehmbaren Zusatztanks und moderner Avionik.
An-32W	Militärvariante.
An-32W-200	Militärvariante der B-200.
An-32D	Zwei festinstallierte Zusatztanks zur Reichweitenverlängerung.
An-32MP	Küstenüberwachungsflugzeug.
An-32P	Feuerlöschflugzeug.
An-32RE	Modernisierung der An-32 für die indische Luftwaffe. Die Tragfähigkeit auf 7,5 Tonnen erhöht, Kollisionswarngerät, Ausrüstung zur Frühwarnung vor Kollisionen mit dem Boden, Satellitennavigationssystem, verbesserte Funkhöhenmesser, ein neues Radar mit zwei Multifunktionsanzeigen, neue Sauerstoffausrüstung.
An-132	Weiterentwicklung mit amerikanischen Triebwerken, ukrainisch-saudi-arabisches Projekt. Ein Prototyp.

[94] In 8.000 m Flughöhe.

An-72 und An-74 (Nato-Code: Coaler)

Technische Daten der An-72	
Bezeichnung NATO	Coaler
Abmessungen	
Spannweite	31,89 m
Länge	28,07 m
Höhe	8,75 m
Flügelfläche	98,62 m²
Massen	
Leermasse	19.050 kg
Startmasse	30.500 kg
Max. Startmasse	34.500 kg
Treibstoffmenge	12.950 kg
Antrieb	2 x D-36
Startleistung	2 x 63.74 kN / 6.500 kp
Flugleistungen	
Höchstgeschwindigkeit	705 km/h
Marschgeschwindigkeit	550 km/h
Landegeschwindigkeit	175 km/h
Reichweite	4.800 km
Gipfelhöhe	10.000 m
Bewaffnung	4 x 500 kg Abwurfwaffen
Nutzlast	7.500 kg Fracht normal 10.000 kg Fracht maximal 68 Passagiere 57 Fallschirmjäger 24 Verwundete
Besatzung	3 + 1

Die An-72 und die An-74 sind eng verwandt. Man kann verkürzt sagen, dass die ursprüngliche An-74 die zivile Schwester des Militärtransporters An-72 war. Deshalb fehlten ihr militärische Ausrüstungen, wie ein Radarwarngerät oder Vorrichtungen zur Mitnahme von Waffen. Inzwischen gibt es aber auch militärische Versionen der An-74.

Die Geschichte der beiden Flugzeuge beginnt im Jahr 1972[95]. Und zwar damit, dass das OKB Antonow die Gelder seines, ihm vom Staat zugebilligten, Forschungsetats für das Jahr 1972 nicht verbraucht hatte. In zentral gelenkten Systemen, und die rigide Planwirtschaft der Sowjetunion war ein typisches Beispiel dafür, wurden bestimmte Geldmengen und Ressourcen an die jeweiligen Bedarfsträger verteilt. Die Bedarfsträger konnten über die Mittel und Ressourcen verfügen. Hatten sie am Jahresende noch etwas übrig, mussten sie es an die Zentralbehörde zurückgeben. Und über allem schwebte die Angst im nächsten Jahr nur noch die Mittel zur Verfügung gestellt zu bekommen, die man im letzten Jahr verbraucht hatte. Deshalb wurde und wird zum Jahresende Geld verpulvert, damit man im nächsten Jahr wieder üppige Geldzuwendungen bekommt[96].

Und in genau dieser Situation war das OKB Antonow im Jahr 1972. Man hatte noch üppig Geld zur Verfügung und stellte sich die Frage, was man denn sinnvolles damit anstellen könne.

Oleg Antonow war bekanntermaßen ein kreativer Kopf und so kam er auf den Gedanken einen modernen Kampfzonentransporter zu entwickeln, der in Zukunft die gerade in Serie gefertigte An-26 ersetzen könne. Er sollte auf unvorbereiteten Pisten[97] starten und landen können und dabei auch mit extrem kurzen Bahnen auskommen. Als Nutzlast plante Antonow etwa fünf Tonnen ein, die gleiche Menge, die auch die An-26 befördern konnte. Das Flugzeug sollte so kompakt wie möglich gebaut werden, damit man es im Frontbereich schnell und leicht tarnen konnte. Neben der Hauptaufgabe des Lastentransports sollte die neue Transportmaschine auch in der Lage sein Fallschirmjäger abzusetzen und Frachten an Fallschirmen abzuwerfen.

Die Vorarbeiten waren schnell erledig. Nun war die Zeit gekommen Nägel mit Köpfen zu machen. Das Projekt wurde den Vertretern des Militärs vorgelegt und der Stab der Luftstreitkräfte war von Antonows neuestem Projekt mehr als angetan. Den Vertretern des Ministeriums für Luftfahrt gefiel das neue Flugzeug ebenso. Das war im Mai 1974.

Zwei Jahre später[98] meisterte das Flugzeug die nächste Hürde: Ministerrat und ZK der KPdSU stimmten der Entwicklung

[95] Andere Quellen sprechen vom Jahr 1973.

[96] Dieses Vorgehen ist auch bei staatlichen Stellen im Westen durchaus üblich. Auch hier dürfen Finanzmittel nicht von einem zum nächsten Jahr »mitgenommen« werden.

[97] Man definierte sogar was eine »unbefestigte Piste« war und führte per Definition den »Standardpistenbuckel« ein. Der war 35 cm hoch. Mit ihm musste ein Flugzeug, das für unbefestigte Pisten zugelassen war, zurechtkommen.

[98] 12. Juli 1976. Erlass des Ministerrates Nr. 558-186.

Der An-72 Prototyp wird beim Jungfernflug von einer L-39 begleitet. (Foto: Sammlung Normann)

eines neuen Kampfzonentransporters zu. Er erhielt die Tarnbezeichnung »Isdelije 200«. Die Arbeiten am Projekt konnten beginnen[99].

Von Anfang an stand die Konfiguration des Flugzeugs fest. Antonow plante die extremen Kurzstarteigenschaften durch die Ausnutzung des »Coanda-Effekts« zu erreichen. Bei der Ausnutzung des Coanda-Effekts, benannt nach dem gleichnamigen rumänischen Forscher, der im Frankreich der 1930er-Jahre arbeitete, geht es darum den Auftrieb der Tragflächen deutlich zu erhöhen, indem man die vom Triebwerk erzeugten Abgase über die Tragfläche fließen lässt. Die auftretende Strömung führt zu einem deutlichen Anstieg des Druckunterschiedes zwischen Ober- und Unterkante der Tragfläche, was wiederum zu einem erhöhten Auftrieb führt.

Windkanalmodelle wurden gebaut und beim ZAGI getestet. Dort zeigte sich ein signifikanter Anstieg der Auftriebskräfte, der je nach Fluglage bis zu 20% erreichte.

Damit war klar, dass die Triebwerke oberhalb der Tragflächen installiert werden würden. Das war, zumindest bei Strahlflugzeugen, Neuland.

Dennoch gingen die Entwicklungsarbeiten recht rasch von der Hand. Im Herbst 1976 konnte der Bau der Prototypen beginnen. Es war geplant insgesamt sieben Prototypen zu bauen. Die ersten beiden sollten alle statischen Tests über sich ergehen lassen, die anderen fünf sollten der Flugerprobung dienen. Im Frühjahr 1977 war der erste flugfähige Prototyp fertiggestellt. Sein Roll-Out fand am 6. Mai statt. Am 31. August 1977 erhob sich die An-72 (Seriennummer 03, Zivilkenner: CCCP-19774) zum Jungfernflug. Und der lief absolut glatt. Die Testpiloten waren begeistert. Das Cockpit war auf dem neuesten Stand der Technik und ergonomisch durchdacht. Die Geräuschkulisse war vergleichsweise gering. Und das Flugverhalten war exzellent.

In der weiteren Flugerprobung zeigte sich, dass die Kurzstarteigenschaften der An-72 hervorragend waren. Das Flugzeug hob nach 420 bis 450 m Anlaufstrecke bei 185 km/h ab und flog bis zu einer Fluggeschwindigkeit von 165 km/h stabil. Für Landungen reichten Landebahnen mit 1.000 m Länge aus, wobei die An-72 bereits nach 350 m zum Stehen kam. Starts und Landungen waren auch mit nur einem Triebwerk spielend möglich. Die Zuladung belief sich auf 7.500 kg, also 50% mehr als ursprünglich angedacht.

Es lief aber auch nicht alles glatt. So stellte sich heraus, dass ein Triebwerksausfall während des Fluges gefährlich war. Wegen des nun stark einseitigen Auftriebs, durch den Coanda-Effekt, tendierte die An-72 zum starken Rollen. Um dem

Militärische Maschinen hießen in der Sowjetunion An-72, zivile An-74. Das Bild zeigt eine An-74 in roter Polarbemalung im Flug. (Foto: Sammlung Normann)

[99] Der Tarnname »Isdelije 200«, »Erzeugnis 200« wurde mehrfach verwendet. Er wurde eine Zeitlang für ein Schwerlasttransportflugzeug verwendet, aus dem später die An-124 Ruslan entstand.

Diese Aufnahme einer An-72 wurde 1984 vom US-Militär veröffentlicht. (Foto: US DoD)

Die An-74 wurde für den Einsatz in den Polargebieten entwickelt. (Foto: Sammlung Normann)

Für Flüge über dem Polargebiet hatten die An-74 ein auffälliges Bemalungsschema. (Foto: Sammlung Normann)

entgegen zu wirken wurde Störklappen auf den Tragflächen angebracht. Diese wurden bei einem Triebwerksausfall automatisch ausgefahren[100].

Weitere Änderungen betrafen die Heckklappe, die das Militär als zu schmal empfand. Außerdem beeinträchtigten die einfahrbaren Seitenteile der Heckluke die Aerodynamik des Flugzeugs. Es ließ sich mit geöffneter Heckklappe nur schwer steuern. Deshalb wurde das ganze System der Heckklappe umkonstruiert und vereinfacht. Die nach oben öffnete Heckluke baute man fortan aus Glasfaserbaustoffen, um sie leichter zu machen.

Auf den ursprünglich eingebauten Bremsschirm verzichtete man, weil sich herausstellte, dass er bei der sehr geringen Landegeschwindigkeit der An-72 kaum Wirkung erzielte.

1979 wurde die An-72 erstmalig auf der Internationalen Luftfahrtausstellung in Le Bourget vorgestellt. Die ausgestellte Maschine entsprach aber nicht dem zukünftigen Serienstandard. Bei ihr waren Rumpf und Tragflächen verstärkt, damit beeindruckende Flugdarbietungen vorgeführt werden konnten. So zeigte die An-72 in Paris ihre hervorragenden Kurzstarteigenschaften, flog steile Kurven und Rollen. Anschließend landete sie mit beeindruckend geringer Geschwindigkeit und auf den Punkt genau. Das beeindruckte das internationale Fachpublikum ungemein[101].

Für die Serienproduktion der An-72 war das Kiewer Flugzeugwerk auserkoren. Es lag gleich um die Ecke und war somit der natürliche Partner des OKB Antonow. Außerdem produzierte es seit Jahren Flugzeuge dieses Konstruktionsbüros. Seit 1978 lief die Vorbereitung der Serienfertigung. Unterlagen wurden vom Konstruktionsbüro ans Herstellerwerk überge-

[100] Beim OKB Antonow war man sehr stolz darauf, dass man dieses Problem hatte lösen können und verwies dabei auf das amerikanische Projekt YC-14 aus dem Hause Boeing, wo dies nicht gelang.

[101] Unter den Fachbesuchern war auch der Luftwaffenattache der DDR-Botschaft, der die An-72 als Nachfolger für die langsam in die Jahre gekommenen IL-14 Transportmaschinen der NVA ins Gespräch brachte.

Die iranischen Luftstreitkräfte verwenden diese An74T. (Foto: Wikipedia)

ben, notwendige Maschinen wurden angeschafft, die Belegschaft geschult.
Doch dann kam der An-72 die An-32 in die Quere. Die An-32 war eine Weiterentwicklung der An-26 und wurde speziell für Indien entwickelt und gebaut. Sie sollte ebenfalls in Kiew hergestellt werden. Hier lockten Devisen.
Und das war ein Problem. Drei verschiedene Flugzeugtypen konnte das Werk nicht herstellen, weshalb die Entscheidungsträger von Staat und Partei beschlossen in Kiew die beiden eng verwandten Flugzeuge An-26 und An-32 bauen zu lassen und für die An-72 ein neues Werk zu suchen.
Fündig wurde man in Charkow. Das Charkower Flugzeugwerk hatte eine lange Tradition mit der Fertigung von Passagierflugzeugen aus dem Hause Tupolew. Man hatte die Tu-104 gebaut, die Tu-124 und die Tu-134. Deren Fertigung war nun ausgelaufen, so dass das Werk ein neues Produkt benötigte. Heimlich spekulierten die Charkower auf die Tu-154 oder die Tu-204, das zukünftige Flaggschiff von Tupolew. Doch das war noch Zukunftsmusik.
Und deshalb wurde beschlossen die Fertigung der An-72 an das Flugzeugwerk Charkow zu vergeben. Oleg Antonow befürwortete diese Entscheidung. Das ZK der KP der Ukraine war sehr glücklich, dass ein weiteres in der Ukraine entwickeltes Flugzeug auch in der Ukraine gebaut werden würde. Alle waren zufrieden. Nur die Flugzeugwerker aus Charkow nicht. Sie sollten ein Flugzeug bauen, wie sie es nie zuvor getan hatten. Eine »Heuschrecke« statt eines eleganten Airliners. Und dagegen sträubten sie sich. Sie sträubten sich lange[102].
Sie sträubten sich bis ins Jahr 1983. Dann wurde der Serienbau der An-72 aufgenommen. Und der kam auch nicht gut voran. Erst am 22. Dezember 1985 konnte sich die erste Serienmaschine des Typs An-72 zum Jungfernflug in die Luft erheben. Bis sie in die Truppe kam und dort ihren Dienst aufnahm sollte es noch bis in den Mai 1987 dauern. Damit hatte die An-72 den Negativrekord für die längste Frist vom Erhalt des Befehls zum Beginn der Serienfertigung bis zur Truppeneinführung des ersten Serienflugzeugs aufgestellt. Am OKB Antonow hat das nicht gelegen.
Sei es wie es sei. Inzwischen hatte sich das Ministerium für Zivilflugzeugbau für die An-72 begeistert. Mit einem solchen kurzstartfähigen Flugzeug könne man die unendlichen Weiten Sibiriens und der Arktis befliegen, glaubte man dort. Allerdings fanden die Vertreter des Ministeriums, dass die Tragfähigkeit der An-72 zu gering sei. Sie sollte auf 10 t erhöht werden. Außerdem war es nötig die Reichweite zu steigern.
Deshalb begannen beim OKB Antonow die Arbeiten an der

Diese An-74 wird von der Antonov Airline betrieben. (Foto: Dmitry Mottl)

[102] Es lag aber nicht nur an der Widerwilligkeit der Flugzeugbauer aus Charkow. Das dortige Flugzeugwerk war mit der Produktionsumstellung und dem damit verbundenen Technologiewechsel schlichtweg überfordert. Sein Maschinenpark stammte Anfang der 1980er-Jahre immer noch zu einem guten Teil aus Maschinen, die die Sowjetunion zwischen 1945 und 1953 im Osten Deutschlands als Reparationsleistungen requiriert hatte. Die mussten alle ersetzt werden, was Zeit kostete. Außerdem hatte sich die sowjetische Planungsbehörde verkalkuliert und hatte eine Zeitlang die Lieferung von Glasfaserkunststoffen vergessen. Das führte zu einem weiteren Produktionsverzug von etwa einem Jahr.

An-72P der russischen Grenztruppen Bewaffnet mit einem Kanonenbehälter und ungelenkten Raketen. (Foto: Fjodor Leuchin)

Diese An-72 der russischen Marineflieger ist über dem Stadgebiet von St Petersburg unterwegs. (Foto: Минобороны России)

Version An-72A[103]. Die geforderte Erhöhung der Reichweite ließ sich leicht durch den Einbau zusätzlicher Treibstofftanks bewerkstelligen, die Forderung nach einer größeren Frachtmenge durch die Verlängerung des Rumpfes um drei Spanten oder anders ausgedrückt um etwa 1,40 m. Nachteile dieses Vorgehens waren der unweigerliche Anstieg der Masse und die damit verschlechterten Start- und Landeeigenschaften. Und auf die Kurzstart- und Landefähigkeit kam es ja schließlich an.

Um aus diesem Dilemma zu entkommen wurde beschlossen die Tragfläche zu überarbeiten. Sie wurde in die Länge gestreckt, so dass die Flügelfläche von 89 m² auf 98,6 m² anstieg. Praktisch die gesamte Tragflächenhinterkante, mit Ausnahme des für die Querruder benötigten Abschnitts, wurde mit Landeklappen versehen. Durch diese Maßnahmen konnten die Start- und Landestrecken sogar noch verkürzt werden. Der neue Flügel brachte aber nicht nur Vorteile. Er war im Flug aerodynamisch ungünstiger als das Vorgängermodell, weshalb die Höchstgeschwindigkeit der An-72A auf 705 km/h sank. Die Reisegeschwindigkeit lag nur noch zwischen 530 und 550 km/h. Das war langsamer als bei einer An-12, und die hatte Propellerturbinen und keine Strahltriebwerke. Der Vorteil der größeren Fluggeschwindigkeit war damit hinfällig geworden.

Durch die neue Tragflächenform hatte sich die Wirksamkeit des Coandaeffekts auf 5 bis 7% reduziert, was den Sinn der Anordnung der Triebwerke über der Tragfläche in Frage stellte[104]. Allerdings war es für einen radikalen Designwechsel bereits zu spät. Deshalb blieben die Triebwerke dort, wo sie waren.

[103] Das A stand angeblich für »Arktik«.

[104] Die Anordnung der Triebwerke über der Tragfläche führte zu Problemen bei Wartung und Pflege, weil die Triebwerke schlecht erreichbar waren.

Die An-72P wurde in der Sowjetunion als bewaffnetes Grenzschutzflugzeug eingesetzt und überwachte vor allem die Seegrenzen. (Foto: Hendrik van Broekhuizen)

Weitere Änderungen an der An-72A betrafen die Störklappen auf den Tragflächen, von denen einige entfernt wurden. Die Funktechnik wurde auf zivile Bedürfnisse umgerüstet und ein anderer Navigationskomplex eingebaut. Zusätzlich machte man die An-72A für sibirische und arktische Verhältnisse wintertauglich.

Von der An-72A wurden zwei Vorserienmodelle gebaut. Sie dienten der Flugerprobung. Nach Abschluss der Erprobung wurde die Typenbezeichnung in An-74 geändert und das Flugzeug in Serie gebaut.

Um die gleichzeitige Produktion von An-72 und An-74 zu erleichtern, wurden die Änderungen an Rumpf und Tragfläche auch bei der militärischen An-72 eingeführt. Als die Serienfertigung der An-72 begann baute man sie in zwei Versionen, der An-72T als reinen Transportflieger und in der Salonvariante An-72S, d.h. als Stabsreiseflugzeug. Während der Frachtraum der An-72T recht spartanisch ausgerüstet war, wurden in der An-72S bequeme Sessel und Tische eingebaut. Es war auch möglich einfache Passagiersitze zu verwenden, was die Zahl der mitfliegenden Passagiere deutlich steigerte.

Eine Abart der An-72S wurde in der Truppe kurz »General« genannt. Diese Flugzeuge wurden gern von übergeordneten Stäben zu Truppeninspektionen genutzt. Sie hatten im Vorderteil des Rumpfes bequeme Sessel, während im hinteren, abgeteilten Teil des Frachtraums das Fahrzeug des Inspekteurs transportiert wurde.

In sowjetischen Diensten wurde die An-72T fast ausschließlich als Transportflugzeug verwendet. Der Einsatz zum Absetzen von Fallschirmspringern fand sehr selten statt, weil die von den Tragflächen und Triebwerken erzeugten Wirbel ein sicheres Abspringen schwierig machten. Auch funktionierte die Heckrampe, die eigentlich von der An-26 stammte und dort zuverlässig arbeitete, bei der An-72 im Flug nicht immer 100%ig.

Detailansicht der Triebwerksanordnung. (Foto: Hendrik van Broekhuizen)

Für die Fallschirmjägerverbände der Sowjetarmee war die An-72T auch nicht wirklich interessant, weil die Zahl der transportierten Fallschirmjäger zu gering erschien.

An-72P im Überflug. (Foto: Hendrik van Broekhuizen)

Als die An-72 serienreif wurde, wurde ein neuer Interessent auf das Flugzeug aufmerksam und zwar die Abteilung Grenztruppen des Geheimdienstes KGB[105]. Für die Aufgabe der Grenzüberwachung an Land und vor allem über See schien die An-72 sehr gut geeignet zu sein.
Deshalb wurde die Version An-72P abgeleitet. Diese Version bekam einen verbesserten Autopiloten, der das Flugzeug in die Lage versetzte vollautomatisch eine Reihe von voreingestellten Wegpunkten abzufliegen und anschließend zum Flugplatz zurückzukehren. Die An-72P erhielt außerdem ein Aufklärungsgerät, das Position, Kurs und Geschwindigkeit von Schiffen automatisch registrierte und an eine Bodenstation weiterleitete. Zusätzlich konnte die An-72P mit einem Kanonenbehälter für die Kanone GScha-23L ausgerüstet werden. Aufhängepunkte für Bomben und Startbehälter für ungelenkte Raketen waren vorhanden. Die An-72P besaß eine eingebaute Fotoausrüstung mit der Luftbilder bei Tag und bei Nacht aufgenommen werden konnten.
Das sowjetische Militär sah in der An-72 ein Flugzeug mit Perspektive. So sollte es zukünftig Varianten geben, die für den Einsatz auf Flugzeugträgern, der gerade auf Kiel gelegten Uljanowsk-Klasse, zugeschnitten sein sollten. Neben diesen Marinevarianten waren das Such- und Rettungsflugzeug An-72PS und das Flugzeug zur Elektronischen Kampfführung An-72P[106] angedacht. Zu den perspektivischen Versionen der An-72 gehörte auch ein Radarüberwachungsflugzeug, mit der Bezeichnung An-71. Von der An-71 wurden zwei Prototypen gebaut und erprobt.
Die An-72 war eine Zeitlang als zukünftiges Transportflugzeug der NVA im Gespräch. Sie passte sowohl von ihrer Größe, Tragkraft und Fluggeschwindigkeit perfekt zu den Anforderungen, die die NVA an ein Transportflugzeug hatte. Zudem kam, dass in der NVA ein dringender Bedarf an einem neuen Transportflugzeug bestand, weil die bis in die 1980er-Jahre hinein genutzten IL-14 langsam aber sicher an ihre Grenznutzungsdauer gelangten und das Verhältnis zwischen Wartungsaufwand und Flugstunden immer schlechter wurde. Weil sich aber der Serienbau der An-72, aus für die DDR unerfindlichen Gründen, immer weiter nach hinten verschob, entschloss man sich als Übergangsmodell die An-26 zu beschaffen. Weil die

[105] Anders als in der DDR, wo die Grenztruppen dem Militär unterstanden, waren die Grenztruppen der UdSSR Teil des Geheimdienstes KGB.
[106] Die Bezeichnung An-72P wurde später für das Patrouillen- und Seeüberwachungsflugzeug der Grenzfliegerkräfte verwendet.

An-26 ihren Dienst zuverlässig und kostengünstig verrichtete, wurde die Beschaffung der An-72 auf die lange Bank geschoben und kam bis zum Ende der DDR nicht mehr zur Umsetzung.

Das Ende der Sowjetunion und ihr Zerfall in einzelne Nachfolgestaaten führten zu Problemen bei der Produktion der An-72. Viele Bauelemente waren quasi über Nacht nur noch gegen Devisen aus dem Ausland zu beziehen. Zudem durchliefen die Nachfolgestaaten der UdSSR in den 1990er-Jahren veritable Wirtschaftskrisen, so dass das Geld zur Beschaffung von Militärtechnik knapp wurde. Die angepeilte Produktionszahl von An-72 konnte deshalb nicht erreicht werden.

Etliche An-72 wurden aus dem Militärdienst »entlassen« und wurden in den Dienst von lokalen Luftfahrtlinien in den Nachfolgestaaten der Sowjetunion eingesetzt.

Russland versuchte eine eigene An-72 Fertigung in Omsk oder Arsenijew aufzuziehen, scheiterte aber an Rechtsstreitigkeiten mit der Ukraine.

In der Ukraine versuchten die Nachfolger des OKB Antonow und des Kiewer Flugzeugwerks die Produktion der An-74 aufrecht zu erhalten. Es entstand eine Vielzahl von neuen Versionen, die aber kaum Kunden finden konnten. Ein Export in die westliche Welt fand in nennenswerter Größe de facto nicht statt.

Ein großer kommerzieller Erfolg wurden weder die An-72, noch die An-74. Von ersterer wurden 112 Exemplare hergestellt, von der An-74 entstanden nur 64 Maschinen.

Die An-72 ist ein zweistrahliges Transportflugzeug mit Heckrampe, T-Leitwerk und über den Tragflächen angeordneten Triebwerken. Die eigenwillige Triebwerksanordnung brachte ihr im sowjetischen Raum den Spitznamen »Tscheburaschka« ein[107].

Der Rumpf der An-72 unterteilt sich in drei Hauptbaugruppen, dem Rumpfbug, dem Mittelteil und dem Heck. Er ist weitestgehend aus Aluminiumlegierungen hergestellt. Stark beanspruchte Teile bestehen aus Stahl oder Titan. Bei schwach beanspruchten Baugruppen kommen Kompositmaterialien zum Einsatz.

Eine ukrainische An-74 kurz nach dem Ende der Sowjetunion. Sie trägt noch die Originalbemalung. Der Name Aeroflot wurde entfernt, die Registriernummer und die Fahne wurden ausgetauscht. (Foto: Hendrik van Broekhuizen)

[107] Tscheburaschka ist eine in der Sowjetunion und im postsowjetischen Raum populäre Trickfilm- und Kinderbuchfigur mit großen Ohren. Ein anderer Spitzname der An-72 war »Kamel«.

Diese An-74 setzt zur Landung an und demonstriert die hohe Beweglichkeit des Flugzeugmusters. (Foto: Hendrik van Broekhuizen)

An der Nasenspitze des Rumpfbugs befindet sich das Radom, welches aus zwei Kunststoffschichten mit dazwischenliegender Wabenstruktur aufgebaut ist. Das Radom ist für radardurchlässig. Unter dem Radom befindet sich das Bordradar. Hinter dem Radom ist das Cockpit angeordnet. In ihm sitzen Pilot und Copilot nebeneinander. Hinter ihnen ist der Platz des Navigators. Ein zusätzlicher Sitz ist für den Lademeister/Bordingenieur vorhanden.

Das Cockpit ist vom Frachtraum durch eine Trennwand separiert. In der Trennwand befindet sich eine Tür, durch die das Cockpit betreten werden kann. Der Frachtraum der An-72 ist 9,00 m lang, 2,20 m breit und 2,10 m hoch. Er ist groß genug, um leichte Kraftfahrzeuge, Standardcontainer und Frachtpaletten aufzunehmen. An den Rumpfseiten befinden sich Klappsitze für 68 Soldaten oder 57 Fallschirmjäger. Es können auch 24 liegende Verletzte transportiert werden. Die Höchstzuladung beträgt 10.000 kg, normal sind 7.500 kg.

Der Frachtraum kann durch eine Seitentür in der linken Rumpfhälfte betreten werden. In den Rumpfseiten sind jeweils zwei runde Fenster eingebaut. Ein Fenster kann als Notausstieg genutzt werden[108]. Der Frachtraum wird in Richtung Heck durch die Heckluke abgeschlossen. Sie ist durch Gummidichtungen hermetisch versiegelt, so dass Flüge in großen Höhen möglich sind.

Die Heckklappe kann sowohl am Boden, als auch in der Luft geöffnet werden. Am Boden dient sie als befahrbare Rampe

[108] Bei der An-74 gibt es verschiedene Fenstervarianten. In der Arktisversion sind zwei Fenster nach außen gewölbt, damit ein Beobachter gute Sicht auf das Umland hat. In Versionen, die auch für den Passagierbetrieb geeignet sind wurde die Zahl der Fenster erhöht.

zur schnellen und leichten Beladung des Flugzeugs. In der Luft wird sie zunächst abgesenkt und dann unter den Rumpf gefahren[109].

Die aerodynamische Verkleidung der Heckrampe wird von einer Heckluke und zwei Seitenteilen gebildet. Die Heckluke wird nach oben, innen geöffnet, die Seitenteile schwenken nach innen. Sowohl Heckluke, als auch Seitenteile sind aus Glasfaserkomponenten gefertigt. Beiderseits des Rumpfes schließen sich die Tragflächen in Schulterdeckeranordnung an. Ihre tragende Struktur besteht aus zwei Holmen und mehreren Rippen. Ihre Außenhaut besteht aus Aluminiumlegierungen, mit Ausnahme des Bereichs, wo heiße Abgasstrahlen über die Tragfläche streichen. Hier kommt Stahl zum Einsatz.

Im Inneren der Tragflächen befinden sich die flexiblen Treibstofftanks. Das Tankvolumen beträgt 16.250 Liter. An der Tragflächenvorderkante gibt es automatisch arbeitende Vorflügel. Fast die gesamte Tragflächenhinterkante wird von den Landeklappen beansprucht. Es gibt Doppelschlitz- und Dreifachschlitzlandeklappen. Am äußeren Bereich der Hinterkante der Tragflächen sind die Querruder angeordnet. Auf der Tragfläche gibt es Störklappen, die verschiedene Aufgaben übernehmen. So sollen sie bei der Landung die Bremskraft verstärken. Im Falle eines einseitigen Triebwerksausfalls sollen sie ein abruptes Rollen des Flugzeugs verhindern. Und während des normalen Fluges arbeiten sie mit den Querrudern zusammen, um die Steuerbarkeit der An-72 zu verbessern.

Über der Tragflächenvorderkante sind die Triebwerke der An-72 angeordnet. Es sind Turbofantriebwerke mit hohem Bypass-Verhältnis des Typs D-36. Sie leisten jeweils einen Schub von 63,74 kN (6.500 kp) und sind mit einem Schubumkehrmechanismus ausgerüstet.

Der Abgasstrahl der Triebwerke bewirkt, im Zusammenspiel mit größer Tragflügelfläche und exzellenten Landeklappen, einen hohen Auftrieb, der vorzügliche Kurzstart- und Kurzlandefähigkeiten ermöglicht. Nachteilig ist die gewählte Triebwerks- und Tragflächenanordnung in der Art, dass sie massive Wirbel bildet, die die Wirksamkeit von Höhen- und Seitenleitwerk beeinträchtigen können. Um das Höhenleitwerk aus der Wirbelschleppe herauszuhalten wurde das Leitwerk als T-Leitwerk konstruiert. Zur Verbesserung der Längsstabilität bekam die An-72 eine große Kielflosse.

Das Fahrwerk der An-72 ist sehr robust. Es wurde 30 unterschiedliche Konstruktionsansätze ausprobiert, bis man die richtige Lösung fand[110]. Das Bugfahrwerk ist unter dem Cockpit platziert. Es ist steuerbar und besitzt kein Bremssystem. Wenn die Bremsen des Hauptfahrwerks zur Steuerung des Flugzeugs am Boden eingesetzt werden, kann sich das Bugfahrwerk in einem großen Bereich frei bewegen.

Das Hauptfahrwerk ist beiderseits des Rumpfes angesetzt. Im Flug ist es in aerodynamischen Verkleidungen beiderseits des Rumpfes untergebracht. Das Hauptfahrwerk besteht aus jeweils zwei Hauptfahrwerksbeinen, die hintereinander angeordnet sind und jedes für sich abgefedert ist. Die An-72 kann auch dann noch sicher landen, wenn ein Hauptfahrwerksbein defekt ist.

Als Reifen kommen Niederdruckreifen mit großem Querschnitt zum Einsatz. Mit ihnen sind Operationen von unvorbereiteten Start- und Landebahnen möglich. Die Hauptfahrwerksräder sind einzeln bereift, das Bugfahrwerk ist doppelt bereift.

Das Ein- und Ausfahren des Fahrwerks geschieht hydraulisch. Im Notfall kann es auch mechanisch ausgelöst werden.

Das Hauptfahrwerk wird über Scheibenbremsen abgebremst. Die Fahrwerksverkleidung öffnet sich nur beim Ein-oder Ausfahren der Fahrwerke. So wird verhindert, dass aufgewirbelter Dreck eindringen und die Fahrwerksverkleidungen blockieren kann. Die Elektronik der An-72 ist auf militärische Anwendungen zugeschnitten. Es gibt Funkgeräte für UKW und KW, Radarhöhenmesser, Funkkompass, ein Bordradar, einen Flugdatenschreiber und ein Radarwarngerät.

Die An-72 hat sich unter ihren Piloten einen guten Namen gemacht. Ihre Start- und Landeeigenschaften sind hervorragend, ihr Flugverhalten gutmütig. Sie ist robust und zuverlässig. Die sowjetischen Piloten gaben ihr, wegen ihres Höckers im Bereich der Tragflächen, den Spitznamen »Kamel«. Ein anderer, bereits erwähnter Spitzname ist Tscheburaschka, der einer Trickfilmfigur entlehnt ist.

Nach dem Zusammenbruch der Sowjetunion wurde in der Ukraine die An-74 zur An-148 weiterentwickelt. Aus dieser entstand die An-158 und aus dieser die An-178. Keines dieser Flugzeuge erwies sich als kommerzieller Erfolg, weil Märkte im Westen nicht erschlossen werden konnten und sich die traditionellen Absatzmärkte im Osten, wegen der politischen Ereignisse, immer mehr verengten.

Versionen:

An-72	Prototypen
An-72A	Arktik-Variante, später An-74 genannt.
An-72T	Transportversion
An-72S	Salonversion, Stabsreiseflugzeug
An-72AT	Veränderungen am Frachtraum um größere Container mitführen zu können
An-72P	Patrouillen- und Seeüberwachungsflugzeug
An-72P	Entwurf eines elektronischen Kampfflugzeugs
An-71	Fliegende Radarstation
An-72PS	Entwurf eines Such- und Rettungsflugzeugs

[109] Ein Antonow Patent, das erstmals bei der An-26 zum Einsatz kam.
[110] Darunter auch ein Luftkissenfahrwerk, das man praktisch an einer An-14 erprobte, dann jedoch wegen Unpraktikabilität verwarf.

An-124 Ruslan (Nato-Code: Condor)

An-124-Prototyp im Landeanflug. (Foto: Sammlung Normann)

Der Absturz in Irkutsk beendete die Nutzung militärischer An-124 für zivile Transportflüge. (Foto: Sammlung Normann)

Technische Daten der An-124	
Bezeichnung NATO	Condor
Abmessungen	
Spannweite	73,30 m
Länge	69,10 m
Höhe	20,78 m
Flügelfläche	628,50 m²
Massen	
Leermasse	173.000 kg
Startmasse	392.000 kg
Max. Startmasse	405.000 kg
Treibstoffmenge	212.000 Liter
Antrieb	4 x D-18T
Startleistung	4 x 229,5 kN / 23.400 kp
Flugleistungen	
Höchstgeschwindigkeit	865 km/h
Marschgeschwindigkeit	750 – 800 km/h
Landegeschwindigkeit	230 – 260 km/h
Reichweite	4.500 – 16.500 km
Gipfelhöhe	9.500 m
Nutzlast	120.000 kg Fracht normal 150.000 kg Fracht maximal 880 Soldaten im Frachtraum 440 Fallschirmjäger im Frachtraum 21 Personen im Oberdeck
Besatzung	6 + 1

In den 1960er-Jahren lieferten sich Amerikaner und Sowjets einen Wettkampf um das größte und stärkste Transportflugzeug. Die Amerikaner legten mit der C-141 Starlifter vor, einem Flugzeug, das gut 40 t Fracht transportieren konnte. Die Sowjetunion konterte mit der An-22 Antäus, die je nach Version zwischen 60 und 80 t beförderte. Die Amerikaner bauten nun die C-5 Galaxy und hatten damit die Nase eindeutig vorn, denn dieses Flugzeug übertraf alles bisher Dagewesene, bezüglich Größe und Tragkraft.
Die sowjetische Führung wollte das nicht auf sich sitzen lassen und erwartete von ihren Flugzeugkonstrukteuren Vorschläge, wie ein neuer sowjetischer Supertransporter aussehen könne. Im August 1966 wurde ein entsprechender Beschluss des Ministerrats der Sowjetunion gefasst, wenige Tage später kam der Befehl zur Entwicklung eines superschweren Transportflugzeugs vom Ministerium für Luftfahrt.
Im OKB Antonow wollte man einen vergleichsweise einfachen Weg gehen und trug sich mit dem Gedanken die An-22 weiterzuentwickeln. Das Projekt erhielt die Bezeichnung An-122. Im Prinzip war die An-122 der Versuch den Rumpf der An-22 mit Pfeilflügeln, einem T-Leitwerk und vier gewaltigen Strahltriebwerken[111] auszurüsten. Geplant waren eine Tragkraft von 120 t,

[111] Geplante Schubkraft 25.000 kp pro Triebwerk. Damals rechnete man noch in der heute veralteten Größe Kilopond. Ein Kilopond war die Kraft, die notwendig war um ein Gewicht von 1 kg einen Meter in die Höhe zu heben. 25.000 kp umgerechnet in die heutige Größe ergeben in etwa 245 kN.

Das nutzbare Frachtvolumen der An-124 ist gewaltig. Hier wird eine Raketenstufe der Atlas V für die NASA verladen. (Foto: NASA Kim Shiflett)

Zur leichteren Beladung kann die An-124 auf »die Knie« gehen. (Foto: Mike Young)

eine Abflugmasse von 270 t und eine Reichweite von 2.500 km. Bei einer Zuladung von 80 t sollte die Reichweite 3.500 km betragen. Starts und Landungen sollten auf behelfsmäßigen Pisten stattfinden können und der Frachtraum sollte so dimensioniert sein, dass man bequem drei Kampfpanzer unterbringen konnte[112].

Es gab auch Ideen eine Zivilversion abzuleiten. Diese sollte zwei Passagierdecks erhalten und 724 Personen Platz bieten. Sogar ein Kino sollte in der zivilen An-122 Variante vorhanden sein. Um die gewaltige Passagierzahl befördern zu können, plante man den Rumpf des Flugzeugs um 15 m zu strecken. Berechnungen wurden angestellt, Modelle im Windkanal getestet. Doch die erzielten Ergebnisse waren nicht zufriedenstellend. Die Nachrüstung der An-22 mit Pfeilflügeln und Strahltriebwerken war zwar möglich, aber äußerst ineffizient. Zudem fehlte es in der Sowjetunion an Triebwerken der notwendigen Größe.

Trotzdem wurde das ausgearbeitete Projekt im Oktober 1967 den zukünftigen Betreibern präsentiert. Diese reagierten ablehnend. Die An-122 war im Prinzip eine altbackene Konst-

[112] Angepeilte Größe waren 32,7 m x 4,4 m x 4,4 m.

Diese An-124 war bei der ILA 2014 in Berlin-Schönefeld ausgestellt. Hier wartet sie auf die Startgenehmigung für den Weiterflug nach Leipzig. (Foto: Normann)

ruktion und konnte bezüglich Fluggeschwindigkeit und Treibstoffeffizient der amerikanischen C-5 Galaxy nicht das Wasser reichen. Das Militär wollte ein ganz neues Flugzeug. Es wollte eine sowjetische Galaxy, nur größer und stärker.

Damit war klar: das Problem musste ganz neu angegangen werden. Im Frühjahr 1968 begannen in Kiew die Arbeiten an zwei Folgeprojekten, die sich beide an der Galaxy orientierten. Da war zum einen ein vierstrahliges Flugzeug, das in vielen Aspekten der C-5 Galaxy ähnelte und 120 t Fracht bewegen sollte. Und zum anderen gab es das Projekt eines sechsstrahligen Flugzeugs mit 140 t Tragkraft. Letzteres wurde intern als An-126 bezeichnet, das erstere Flugzeug taufte man An-124.

Beide Projekte wurden ausgearbeitet und von den Spezialisten des ZAGI[113] durchgerechnet. Sie fanden, dass ein sechsstrahliges Transportflugzeug mit zu vielen technologischen Risiken behaftet sei und votierten deshalb für die vierstrahlige Alternative.

Am 2. Februar 1972 wurden beide Projekte der dafür zuständigen Kommission des Ministerrates vorgelegt. Die Kommission entschied sich für das Projekt An-124 und gab ihm die Tarnbezeichnung »isdelije 200«. Ziel von »isdelije 200« war es den entscheidenden Parameter Tragkraft im Vergleich zur An-22 zu verdoppeln. Außerdem sollte die zur Be-und Entladung notwendige Zeit deutlich reduziert werden und das Flugzeug unter feldmäßigen Bedingungen für eine lange Zeit möglichst autonom betrieben werden können.

Die Arbeiten begannen und bald war »isdelije 200« soweit ausgearbeitet, dass man ein Maket, ein lebensgroßes Holzmodell, bauen konnte. Dieses wurde präsentiert und von den zukünftigen Betreibern bestätigt. Allerdings war Oleg Antonow nicht wirklich zufrieden damit. »Isdelije 200«, fand er, war hinsichtlich der Technologie noch immer zu konservativ. Er wollte etwas völlig Neues, einen technologischen Sprung nach vorn. Deshalb überarbeitete er das Projekt erneut und von Grund auf. »Isdelije 400« war geboren.

Die Bezeichnung »Isdelije 200« wurde sofort wieder verwendet und bezeichnete nun ein kurzstartfähiges Fronttransportflugzeug, das später die Bezeichnung An-72 erhalten sollte[114].

Im Januar 1977 entschieden das ZK der KPdSU und der Ministerrat »isdelije 400« zur Grundlage der Entwicklung eines zukünftigen schweren Transportflugzeugs zu machen. Vor dem Konstruktionsbüro standen nun drei Hauptfragen, die gelöst werden mussten. Zum ersten musste die Dimension des Frachtraums festgelegt und dann die Form von Tragflächen und Leitwerk definiert werden. Und zum Abschluss stand das leidige Problem, dass es kein geeignetes Triebwerk gab.

Doch der Reihe nach.

Ursprünglich hatte Oleg Antonow vorgesehen den Frachtraum von »isdelije 400« 36,50 m lang, 6,20 m breit und 4,40 m hoch zu machen. So konnte sichergestellt werden, dass zwei Kolonnen von Militärfahrzeugen gleichzeitig im Rumpf des Transportflugzeugs untergebracht werden konnten. Das schien die optimale Lösung zu sein. Doch dann kamen ihm Zweifel. Würde der Laderaum auch in Zukunft noch breit genug sein? Vor

[113] ZAGI … Zentrales Luft- und Hydrodynamisches Institut, in westlichen Publikationen oft fälschlich als TsAGI bezeichnet.
[114] Die Wiederverwendung von Tarnbezeichnungen sollte für Verwirrung in westlichen Geheimdienstkreisen und bei NATO-Militärs sorgen.

Ukrainische An-124 auf der südlichen Abstellplatte des Flughafens Leipzig-Halle im Jahr 2013. (Foto: Normann)

allem dann, wenn zivile Fracht wie Kräne, Bagger, Dumper oder Gerätschaften für die Erdöl- und Erdgasgewinnung transportiert werden sollten.
Deshalb wurde, wie bereits bei der An-22 geschehen, ein lebensgroßes Holzmodell des Frachtraums gebaut und der gesamte Fahrzeugpark einer mot.-Schützendivison durchgeschleust. Dabei stellte man fest, dass es dabei mitunter sehr eng zuging[115].
Oleg Antonow war damit nicht zufrieden, weshalb er sich entschloss den Frachtraum 6,40 m breit zu machen. Der Rumpf des Flugzeugs musste dementsprechend überarbeitet werden. Auf den ersten Blick mögen 20 cm Unterschied nicht viel erscheinen, doch zeigte später die Praxis, dass es oft genug auf genau diese 20 cm ankam, um im Luftfrachtgeschäft erfolgreich zu sein.
Als die Größe des Frachtraums festgelegt war, stellte sich die Frage, wie man ihn am besten beladen könne. Sollte der Zugang, wie bei allen anderen Transportflugzeugen aus dem Hause Antonow, ausschließlich über eine Heckluke erfolgen oder sollte man die Lösung, die die Amerikaner bei der C-5 Galaxy anwandten, nämlich eine zusätzliche Bugluke, verwenden.
Mit einer Bugluke hatte man in der Sowjetunion keine Erfahrung. Das war absolutes Neuland. Dennoch entschied sich Oleg Antonow dafür »isdelije 400« mit Bug- und Heckluke auszustatten. Er meinte, dass das Flugzeug so schneller und effizienter beladen werden könne.
Allerdings gab es mit der Bugluke ein paar Probleme. Wenn die Rampe vom Flugzeugbug bis zum Erdboden reichen sollte musste sie sehr lang und damit schwer werden. Das galt es zu vermeiden und deshalb wandten die Konstrukteure des OKB Antonow einen Kniff an. Sie bauten das Bugfahrwerk des Flugzeugs so, dass es verkürzt werden konnte. »Isdelije 400« konnte also »in die Knie gehen«, sich hinhocken, was die zu überbrückende Strecke von Landebahn bis zum Frachtraum des Flugzeugs merklich reduzierte.
Eine weitere Idee, die sich Antonow bei der Galaxy ausborgte, war der Einbau eines Passagierraumes. Er wurde im Obergeschoss des Flugzeugs untergebracht und bot ausreichend Platz für die Begleitpersonen der zu befördernden Luftfracht oder eine zweite Besatzung.
Ebenfalls im Obergeschoss war ein Raum für den Großteil der Flugzeugavionik. Das hatte den Vorteil, dass der Bordingenieur, im Falle eines Systemausfalls, die Möglichkeit hatte sofort Zugriff auf die entsprechenden Baugruppen nehmen zu können. Und weil die sowjetische Mikroelektronik nicht gerade klein war, nahmen die Baugruppen der Avionik eine Menge Platz ein[116]. Das war aber kein wirkliches Problem, denn Platz gab es im Obergeschoss von »Isdelije 400« zur Genüge.
Als das Problem des Frachtraums und seiner angrenzenden

Deutlich sichtbare Abgasfahnen zeugen noch von der Triebwerkstechnik aus den 1980er-Jahren.(Foto: Normann)

[115] Ein Schützenpanzer BMP hatte eine Breite von etwa 3,00 m. Bei der Beladung in zwei Reihen blieb bei einer Frachtraumbreite von 6,20 m nicht viel Spielraum.

[116] Zu den elektronischen Baugruppen, die dort verbaut waren gehört auch ein BASK genanntes System zur automatisierten Fehlerkontrolle. Es beobachtete alle wichtigen Parameter der Flugzeugtechnik, analysierte sie und meldete Fehler.

Ukrainische AN-124 in Leipzig-Schkeuditz 2006. (Foto: Normann)

2006 noch friedlich nebeneinander, ukrainische und russische AN-124 auf dem Flugplatz Leipzig-Halle. (Foto: Normann)

Baugruppen geklärt war, stellte sich die Frage, wie man die Tragflächen des Riesenflugzeugs gestalten sollte. Bisher war man in der Sowjetunion immer den Weg gegangen, Pfeilflügel möglichst dünn zu bauen. Das senkte den Luftwiderstand und ermöglichte eine höhere Fluggeschwindigkeit. Diese Vorgehensweise war erprobt und zuverlässig.
Doch hatte die Wissenschaft in der Zwischenzeit eine neue Art Flügel erfunden. Man nannte ihn »Tragfläche mit superkritischen Profil.« Er hatte den Vorteil, dass man die Tragfläche dicker gestalten konnte, ohne dabei einen zusätzlichen Luftwiderstand zu generieren. In der dicken Tragfläche war genügend Platz um großvolumige Treibstofftanks unterzubringen, die sonst im Rumpf Platz in Anspruch genommen hätten.
Auf der Negativseite der »Tragfläche mit superkritischen Profil« stand, dass sie in der Sowjetunion absolutes Neuland und damit mit hohen technologischen Risiken verbunden war. Im OKB Antonow gab es heftige Diskussionen ob »Isdelije 400« mit einer herkömmlichen, dünnen Tragfläche auszustatten sei oder ob ein Flügel mit superkritischen Profil Verwendung finden sollte. Die überwiegende Zahl der Konstrukteure votierte für den dünnen Flügel. Nur eine Handvoll wollte das dicke Tragflächenprofil. In dieser Situation griff Oleg Antonow, in seiner Funktion als Generalkonstrukteur, ein und überstimmte den Chefkonstrukteur und die Mehrheit der Mitarbeiter, indem er festlegte »Isdelije 400« mit einer superkritischen Tragfläche auszustatten. Es wird in der russisch- und ukrainischsprachigen Literatur darauf hingewiesen, dass Oleg Antonow persönlich die Konstruktionszeichnungen für die Tragflächen anfertigte. So sehr glaubte er daran mit seiner Entscheidung Recht zu haben.
Um die Vorteile der Tragfläche mit superkritischen Profil wirklich ausnutzen zu können, war es notwendig das Flugzeug so zu konstruieren, dass sich eine geringe Flugstabilität ergab. Damit »Isdelije 400« in einer solchen Konfiguration überhaupt fliegen konnte, musste das Flugzeug mit einem »elektronisch kontrollierten Flugsteuerungssystem«[117] versehen werden. Dabei wurden die bisher üblichen Steuerseile oder Gestänge durch Stromdrähte ersetzt, die die Steuerbefehle, an die in den Steuerflächen integrierten Elektromotoren, weitergaben.
Die Steuerbefehle wurden von Computern erzeugt, die ihrerseits ihre Befehle von den Bedienelementen der Piloten erhielten. Bei »Isdelije 400« waren diese Computer noch von analoger Bauart und deshalb groß, schwer und klobig.
Die Computer berechneten wie groß die Bewegungen sein mussten, die die Steuerflächen auszuführen hatten. Gleichzeitig überwachten sie den Flugzustand und verhinderten, dass das Flugzeug in eine kritische Fluglage geriet.

[117] Heute nennt man ein solches Flugsteuerungssystem »Fly-by-wire«.

Zwei Tu-95 und eine An-124 zu Besuch auf der US Air Base Barksdale, Louisiana. Man beachte den Größenunterschied zur wahrlich nicht kleinen B-52. (Foto: UA Air Force, TSgt Fernando Serna)

Ein weiterer Vorteil dieses Steuerungssystems bestand darin, das beträchtliche Gewichtseinsparungen möglich waren. Allein durch den Ersatz von Steuerseilen und Gestängen durch Stromleitungen wurden 3,7 Tonnen Gewicht eingespart. Weitere 3 Tonnen sparte man, weil die Steuerflächen keine Ausgleichsgewichte mehr benötigten.

Die »elektronisch kontrollierte Flugsteuerung« war damals in der Sowjetunion Neuland. Sie kam nur beim Bau von Kampfflugzeugen zum Einsatz[118]. Beim Entwurf von Großflugzeugen hatte sich noch niemand zuvor an diese Steuerung herangewagt. Außer Oleg Antonow!

Dann stellte sich die Frage, wie das Leitwerk gebaut werden sollte. Sollte man »Isdelije 400« mit einem T-Leitwerk a la Galaxy ausstatten oder war ein herkömmliches Leitwerk sinnvoller? Berechnungen wurden angestellt und Windkanalmodelle gebaut und erprobt. Schließlich stand fest, dass dem herkömmlichen Leitwerk der Vorzug zu geben sei. Dem Fahrwerk von »Isdelije 400« wurde ebenfalls viel Aufmerksamkeit geschenkt. Es wurde insgesamt 13 unterschiedliche Konfigurationen untersucht, bis man sich endgültig entschloss. Gewählt wurden ein doppeltes Bugfahrwerk und Hauptfahrwerke, die aus fünf unabhängig voneinander aufgehängten Hauptfahrwerksbeinen mit Doppelbereifung bestanden. Das Fahrwerk erhielt Niederdruckreifen mit großem Durchmesser, so dass das Flugzeug in die Lage versetzt wurde auch von einfachen Rasen- oder Schotterpisten zu operieren[119].

Damit hatte »Isdelije 400« seine endgültige Form erhalten. Blieb noch das leidige Problem des Antriebs. Die Kon-

[118] Genaugenommen nur beim Jagdflugzeug Su-27. Die MiG-29 hatte noch eine herkömmliche Flugsteuerung.

[119] Natürlich wurde auch das Fahrwerk von »Isdelije 400« dafür ausgelegt mit dem berühmt, berüchtigten »Standardpistenbuckel« zurechtzukommen.

Blick auf die geöffnete Ladeluke der An-124. Die Aufnahme entstand auf einer US-Luftwaffenbasis, wo Hubschrauber für den Afghanistan-Einsatz verladen wurden. (Foto: US Air Force, Senior Master Sgt. Christopher Hartman)

strukteure sahen vier Turbinenluftstrahltriebwerke mit hohen Bypass-Verhältnis und einem Schub von 196 bis 245 kN pro Triebwerk vor[120].

Doch solch ein Triebwerk gab es in der Sowjetunion nicht. Deshalb beruhigte man sich mit der Gewissheit, dass die dafür zuständigen »Dienste« ein solches Aggregat beschaffen würden. Ins Visier der »Dienste« geriet zunächst das amerikanische Triebwerk TF-39 aus dem Hause General Electric. Man ging davon aus, dass sich, bei der merkantilen Ader des amerikanischen Volkes, sicher jemand finden würde, der bereit wäre die Baupläne des Triebwerks zur Verfügung zu stellen. Natürlich nur wenn der Preis stimmt. Und dafür waren »Diensten« bereit gut zu bezahlen.

Doch die sowjetische politische Führung hatte andere Vorstellungen. Das TF-39 war ein rein militärisches Triebwerk und als solches war es nicht darauf ausgelegt besonders lange zu halten. Seine Lebensdauer war vergleichsweise kurz. Und das gefiel den sowjetischen Entscheidern nicht. Sie wollten das Triebwerk nämlich nicht nur militärisch, sondern auch zivil nutzen. Es sollte sowohl Antonows zukünftigen Schwertransporter, als auch Iljuschins neues Großraumpassagierflugzeug[121] antreiben. Und für letzteres war das TF-39 nicht langlebig und effizient genug.

Deshalb geriet das britische Rolls-Royce RB.211-22 in den Blick der sowjetischen Führung. Es war für den Zivilflugverkehr entwickelt worden und passte deshalb viel besser zu den sowjetischen Ansprüchen. Die Beschaffung der Rolls-Royce Turbine wurde auf die Tagesordnung gesetzt. Sie zu erwerben wurde die Aufgabe von Zivilbehörden. Man entsandte den stellvertretenden Minister für Maschinenbau zu Verhandlungen nach Großbritannien. Sein Auftrag: er sollte acht RB.211-22 Triebwerke einkaufen. Dafür wurde ihm ein Budget von 12 Mio. US$ zur Verfügung gestellt.

Die Briten rochen jedoch den Braten. Sie verstanden sofort, dass ihnen eine Wiederholung des »Nene-Debakels«[122] drohte. Und das galt es aus ihrer Sicht zu vermeiden. Sie boten deshalb an das Triebwerk zu verkaufen, allerdings nur wenn mindestens 100 Flugzeuge damit ausgestattet werden würden. Das hieß 400 Triebwerke. Und dafür reichte das von der Sowjetführung bereitgestellte Budget bei weitem nicht aus.

Deshalb sah sich die Sowjetunion gezwungen ein eigenes Triebwerk zu entwickeln. Es erhielt die Bezeichnung D-18T und basierte auf dem bewährten Triebwerk D-36, wie es in der Jak-42 und der An-72 zum Einsatz kam. Die Entwicklung eines Triebwerkes braucht seine Zeit und die Arbeiten am D-18T kamen nicht so gut voran, wie man gehofft hatte. Es gab Zeitverzögerungen und Probleme. Mit anderen Worten, das Triebwerk wurde nicht rechtzeitig fertig, oder besser gesagt es wurde nicht betriebssicher.

[120] Ursprünglich hieß es 20.000 bis 25.000 kp Schub. Ich habe die Werte in das heute übliche System umgerechnet.
[121] IL-86.
[122] In den späten 1940er-Jahren hatten die Briten der Sowjetunion ein paar Exemplare der Triebwerke Nene und Derwent verkauft. Die Sowjets kopierten das Nene, nannten des fortan RD-45 und bauten es massenhaft in ihre MiG-15 und IL-28 Kampfflugzeuge ein.

Erst wenige Wochen vor dem Roll-Out von »Isdelije 400« begann die Flugerprobung des D-18T an Bord einer IL-76[123]. Und als die ersten Exemplare des Triebwerks nach Kiew geliefert wurden, merkten die dortigen Ingenieure sehr schnell, dass das D-18T noch ziemlich »grün« war. Das sollte sich in der Zukunft als großes Problem herausstellen.

Die Arbeiten bei der Entwicklung von »Isdelije 400« waren komplex. Sie konnten nicht mehr alle unter einem Dach vorgenommen werden. Andere Betriebe und Entwicklungsbüros mussten eingebunden werden. Und das war in der sowjetischen Flugzeugbauphilosophie neu. Bisher arbeiteten die einzelnen Entwickler nebeneinander her und wussten oft nicht was der andere tat. Im Endergebnis kam es oft vor, dass Bauelemente nicht passten oder zu schwer gerieten. Jeder hatte nur seinen eigenen schmalen Aufgabenbereich im Blick.

Bei »Isdelije 400« wurde das geändert. Man legte das »gemeinsame Zielprogramm KZP-124« auf, in dem alle Parameter des zukünftigen Flugzeugs definiert wurden. Die Aufgabe des OKB Antonow bestand nun darin die Systemführerschaft zu übernehmen und die Arbeiten der untergeordneten Konstruktionsbüros zu koordinieren.

Zu einem der wichtigsten Zuarbeiter wurde das ZAGI, das Zentrale Luft- und Hydrodynamische Institut. Hier wurden Flugzeugkonfigurationen berechnet und Windkanalmodelle gebaut und erprobt[124]. Im Endergebnis gelang es durch die Arbeiten des ZAGI die Aerodynamik des Flugzeugs um 20% zu verbessern und den Treibstoffverbrauch um 10 bis 15% zu senken.

Im Rahmen des KZP-124-Programms wurden in den beteiligten Betrieben zahllose Tests von Baugruppen und Schlüsselelementen vorgenommen. Man erprobte Teile der Tragfläche, zwei Varianten des Cockpits, Teile des Frachtraums und etliche Baugruppen von Hydraulik, Elektrik und Elektronik.

An-124 in Begleitung von Su-27 Jagdflugzeugen, bei der Siegesparade am 9. Mai 2010. (Foto: Sergej Kustow)

[123] Nach den Erinnerungen ehemaliger Beteiligter erfolgte der erste Flugtest eines D-18T an Bord einer IL-76 gerade einmal drei Monate vor dem Jungfernflug der An-124.

[124] Wenn meine Quellen stimmen, wurden beim ZAGI 540 Flugzeugkonfigurationen durchgerechnet und 185 Windtunnelmodell gebaut und erprobt. Darunter allein 36 Tragflächenmodelle.

An-124 auf dem Kennedy Space Center. (Foto: NASA, Jim Grossmann)

Man baute sogar einen eigenen Flugsimulator, indem man ein Cockpit auf eine in 3-Achsen bewegliche Plattform setzte und die Flugumgebung auf Fernsehgeräten vor den Cockpitfenstern erscheinen ließ[125].

Neben der bodengestützten Erprobung von Bauteilen waren vier fliegende Laboratorien im Einsatz, um das Verhalten der Baugruppen in der Luft zu untersuchen. Die Gesamtzahl der Erprobungsstunden am Boden und in der Luft soll sich auf 135.000 belaufen haben. Es war ein gewaltiger Aufwand.

Aber auf der Habenseite sparten diese extensiven Tests über 100 Flugstunden mit den Prototypen der An-124 ein.

Im Flugzeugwerk Kiew bereitete man sich auf den Bau der Prototypen von »Isdelije 400« vor. Ab 1973 wurde eine neue Werkhalle errichtet. 1979 begann das OKB die ersten Fertigungsunterlagen an das Werk zu übergeben. Fortan sprach man nicht mehr von »Isdelije 400«, sondern von der An-124. Der Bau des ersten Prototyps begann. Lieferungen aus über 100 Zulieferwerken erfolgten. Die Bauelemente wurden nach Kiew geschickt und dort montiert. Und das ging naturgemäß nicht ohne Probleme über die Bühne[126].

Abgestellte An-124 von Antonov Airlines. (Foto: Dmitry A. Mottl)

Einer der wichtigsten Zulieferbetriebe war das Flugzeugwerk Taschkent. In diesem Werk war lange Zeit der Großtransporter An-22 gebaut worden, weshalb man sich dort auf die Fertigung von großen Bauelementen verstand. Weil diese zu groß waren, um auf dem Landweg nach Kiew zu gelangen, wurden einige An-22 umgebaut, die Flügel und Rumpfsektionen der An-124 huckepack von Taschkent nach Kiew beförderten.

Am 24. Oktober 1982 war es dann soweit, der erste Prototyp von »Isdelije 400«, alias An-124 war fertiggestellt und bereit aus der Fertigungshalle gerollt zu werden. Oleg Antonow ließ es sich nicht nehmen die Taufe seines neuen Flugzeugs selbst zu vollziehen. Er zerschlug eine Flasche Krimsekt[127] und wünschte der An-124 für die Zukunft alles Gute.

Die Quellen widersprechen sich ein wenig, ob zum Zeitpunkt der Taufe bereits der Name »Ruslan« gefallen ist. Manche Quellen sagen es so, andere sagen aus, dass der Name erst

[125] Heute sind solche Flugsimulatoren Standard und finden bei der Ausbildung von Piloten breite Anwendung. Damals war das aber absolutes Neuland.

[126] Die gesamte Entwicklung, der Prototypenbau und die Flugerprobung unterlagen der strikten Aufsicht durch das ZK der Kommunistischen Partei der Ukraine, das die An-124 zu seinem ureigenen Prestigeobjekt machte. Das war durchaus hilfreich, wenn es darum ging Abstimmungsprozesse zu beschleunigen. Der Befehl von oben half in der Sowjetunion immer.

[127] Krimsekt, Krimskoje Schampanskoje, galt als der beste Sekt der Sowjetunion.

während der Rolltests der An-124 zur Sprache kam. Wie dem auch sei. Es waren jedenfalls mehrere Namen im Gespräch. Oleg Antonow, so heißt es, hatte sechs verschiedene Namensvorschläge, die allesamt aus der griechischen Mythologie stammten. Doch dann wurden Stimmen laut, die einen Namen aus dem slawischen Mythenschatz bevorzugten. Und die setzten sich durch. Letztendlich wurde das neue Transportflugzeug nach dem Helden des Märchens »Ruslan und Ludmilla«[128] benannt.

Die An-124 Ruslan, wie sie jetzt auch offiziell hieß, begann mit der Bodenerprobung. Erste Rolltests wurden durchgeführt. Weil die »Dienste« Spionage befürchteten, wurden die Rolltests stets in die späten Abendstunden verlegt. So hoffte man das Flugzeug vor neugierigen Kameraaugen verstecken zu können. Bereits zu dieser frühen Phase der Erprobung trieben die Triebwerke den Testpiloten Sorgenfalten auf die Stirn. Die D-18T Turbinen waren noch längst nicht ausgereift und mussten mit Samthandschuhen angefasst werden.

Nach zwei Monaten der Bodenerprobung stand der Jungfernflug auf der Tagesordnung. Am 24. Dezember 1982[129] rollte die An-124 Ruslan auf die Startbahn des Werksflugplatzes Swjatoschino. Sie stoppte kurz, dann wurden die Triebwerke mehrfach auf Höchstleistung gebracht und Rolltests mit hoher Geschwindigkeit ausgeführt. Das dauerte etwa zwei Stunden. Dann klarte das Wetter auf und die Testpiloten erhielten den Startbefehl. Unter den wachsamen Augen von Oleg Antonow nahm die Ruslan Anlauf und erhob sich nach beeindruckend kurzer Strecke in die Lüfte. Die Piloten waren begeistert. Die Ruslan flog sich gut und gewann schnell an Höhe[130].

Der Jungfernflug dauerte etwa eine Stunde und verlief bis auf die Landung glatt. Beim Aufsetzen zeigte sich, dass das Fahrwerk überarbeitet werden musste. Zwei von zehn Fahrwerksbeinen brachen, Trümmer flogen davon und zerstörten eine Fahrwerksklappe.

Die beobachtende Prominenz schaute dem Ereignis konsterniert zu. Die Ruslan wurde repariert. Zunächst baute man als Übergangslösung an jedem Fahrwerksbein zusätzliche Stoßdämpfer an. Später, als verstärkte Fahrwerksbeine zur Verfügung standen, wurde auf die Stoßdämpfer wieder verzichtet.

Die erste Phase der Flugerprobung dauerte bis in den September 1983. Es fanden insgesamt 141 Flüge statt, bei denen das Flugzeug 252 Stunden in der Luft war.

Solange die Triebwerke mitspielten zeigte sich die Ruslan von ihrer guten Seite. Sie flog ruhig und stabil und verhielt sich so, wie man es von ihr erwartete. Doch die Triebwerke bereiteten immer wieder Sorgen. Vor allem beim Start. Hier neigten sie dazu sich bei Volllast zu verschlucken und abzusterben. Der Grund hierfür war eine viel zu geringe gasdynamische Stabilität des Triebwerks. Die Probleme mit den Triebwerken gingen teilweise so weit, dass Turbinenschaufeln brachen und durch die Luft geschleudert wurden. Wie bereits erwähnt, das Triebwerk war immer noch sehr »grün«[131].

Detailaufnahme der Bugsektion. Bemalungsschema von 2006. (Foto: Normann)

Detailaufnahme der Bugsektion. Bemalungsschema von 2020. (Foto: Giorgio Varisco)

[128] Ruslan war ein Held, der tapfer gegen die Mongolen kämpfte und große Abenteuer bestehen musste, ehe es ihm gelang seine geliebte Ludmilla zurückzugewinnen.

[129] Der 24. Dezember war in der Sowjetunion kein Feiertag. Weihnachten gab es nicht. Das Fest war durch das Jolka-Fest, das Tannenbaumfest, zum Jahreswechsel abgelöst worden. Heute wird in Russland und der Ukraine zwar wieder Weihnachten gefeiert, doch nach dem orthodoxen Ritus und deshalb nach dem Julianischen Kalender, weshalb das orthodoxe Weihnachten in den Januar fällt.

[130] Während des Jungfernfluges wurde die An-124 von einem Strahltrainer L-39C, von dem aus Foto- und Filmaufnahmen des neuen Riesenvogels gemacht wurden, begleitet.

[131] Während die An-124 erprobt wurde lief parallel die Erprobung des Triebwerks D-18T weiter. Dazu flog eine IL-76 als Erprobungsträger und sammelte in 414 Flügen 1.288 Flugstunden an. Dennoch gelang es damals nicht die Probleme mit der gasdynamischen Instabilität zu beseitigen. Erst 1997 wurde das D-18T, mit Einführung seiner 3. Bauserie, richtig betriebssicher. Bis zu diesem Zeitpunkt war das Triebwerk für über 100 kritische Flugvorfälle und einige tödliche Abstürze verantwortlich.

Russische An-124 im Landeanflug auf den Flugplatz Mailand. (Foto: Giorgio Varisco)

Im November 1983 wurde die zweite Phase der Flugerprobung, das staatliche Testprogramm[132], aufgenommen. Bis zum November 1984 flog Prototyp 01-01 weitere 157mal und akkumulierte dabei 304 Flugstunden. Ende 1984 wurde der zweite Prototyp fertiggestellt und nahm die Flugerprobung auf. Bis zum Oktober 1985 flog er 163 Einsätze und war dabei 289 Stunden in der Luft.

An der zweiten Phase der Flugerprobung nahmen, im Laufe der Zeit, insgesamt vier Prototypen teil[133]. Im Dezember 1986 endete diese Phase und das Flugzeug wurde offiziell einsatzbereit erklärt. Alle Vorgaben der zukünftigen Betreiber schienen damit erfüllt[134].

Im Mai 1985, d.h. noch vor dem Abschluss der Flugerprobung, wurde die Ruslan der sowjetischen Presse vorgeführt und nahm wenig später an der Internationalen Luftfahrtausstellung in Paris Le Bourget teil. Hier war das Flugzeug die Sensation des Tages. Allerdings verspottete die westliche Presse die An-124 als bloße Kopie der C-5 Galaxy und bezweifelte die angegebenen Leistungsdaten.

Leicht angesäuert kehrten die Antonow-Leute in die Heimat zurück. Als Antwort auf den westlichen Spott wurde eine Reihe von Weltrekordflügen vorbereitet. Am 26. Juli 1985 hob der erste An-124 Prototyp mit einer Fracht von 171,2 t ab und hievte sie auf 10.750 m. Das waren 60 t mehr als die Galaxy auf 2.000 m zu heben vermocht hatte. Bei diesem Flug wurden insgesamt 21 Weltrekorde aufgestellt und damit bewiesen, dass die Ruslan der Galaxy mehr als das Wasser reichen konnte.

Im Mai 1987 folgte ein weiterer Rekordflug. Eine aus Werks- und Militärpiloten bestehende Besatzung steuerte die achte gebaute An-124[135] einmal um die gesamte Sowjetunion herum. Der Flug dauerte 25 Stunden und 30 Minuten und ging über eine Strecke von 20.151 km. Um diese Strecke bewältigen zu können war das Flugzeug bis zum Maximum an Treibstoffvorräten beladen und führte zusätzliche Tanks im Frachtraum mit. Das Startgewicht lag bei 455 t. Das waren 50 t über der zulässigen maximalen Startmasse[136].

Noch während die Flugerprobung der An-124 lief wurde die Serienproduktion vorbereitet. Ursprünglich war geplant 90 An-124 im Flugzeugwerk Kiew zu fertigen. Doch 1983 änderte sich das Bild. Bedingt durch Abrüstungsverträge mit den USA war das neuerbaute Flugzeugwerk Uljanowsk arbeitslos. In Uljanowsk hätte ursprünglich der strategische Bomber Tu-160 vom Band laufen sollen, doch diese Aufgabe war nun hinfällig. Vor der sowjetischen Führung stand die Frage, was man mit der Investruine anstellen sollte. Und so entschied das ZK der KPdSU, sehr zum Ärger der Genossen aus Kiew, dass in Uljanowsk zukünftig die An-124 gebaut werden würde. Es kam zum Tauziehen zwischen den Parteigrößen aus Kiew und Moskau. Die Kiewer

[132] Bei der staatlichen Flugerprobung wurde die An-124 nicht mehr von Werkspiloten, sondern Testpiloten des Militärs geflogen.

[133] Das waren die An-124 mit den Seriennummern 01-01, 01-02, 01-03 und 01-07.

[134] Dass dem nicht so war zeigte sich daran, dass in den Folgejahren weitere Erprobungsflüge notwendig wurden. Außerdem hatte die Flugerprobung nicht zu einer Zulassung für den zivilen Flugbetrieb geführt. Ein Versäumnis, das in den frühen 1990er-Jahren für viel Geld nachgeholt werden musste.

[135] Herstellungsnummer 01-08.

[136] Am 1. Dezember 1990 wurde ein Weltrekordflug rund um die Welt durchgeführt. Bei diesem Flug, der mehrere Zwischenlandungen erforderte, wurden beide Pole überflogen. Die dabei absolvierte Strecke betrug 50.005 km. Der Flug dauerte 72 Stunden und 16 Minuten. Dabei wurden sieben Weltrekorde aufgestellt.

wollten die An-124 nicht ohne Kampf aufgeben. Die Zentrale wollte aber genauso wenig zurückstecken. Und so einigte man sich schließlich auf einen typisch sowjetischen Kompromiss. In Kiew würden, zusätzlich zu den bereits fliegenden Prototypen, dreißig weitere An-124 gebaut werden. In Uljanowsk sollten die restlichen sechzig Flugzeuge vom Band rollen.

Das Werk in Uljanowsk wurde auf die Produktion der An-124 umgestellt. Vertreter des Kiewer Flugzeugwerks halfen dabei tatkräftig mit. Typisch für sowjetische Verhältnisse war, dass die An-124 in die Serienproduktion überführt wurde, obwohl die Flugerprobung noch nicht abgeschlossen war.

Im Jahr 1985 begann die Umschulung der ersten Besatzungen, zwei Jahre später trafen die ersten An-124 bei der Truppe ein und nahmen ihren Dienst auf.

Währenddessen ging die Flugerprobung weiter. Man schickte Prototypen in den hohen Norden, wo man herausfinden wollte, wie sich das Flugzeug bei starker Vereisung verhielt. Und es hielt sich tapfer. Trotz Eisschichten, bis zu neun Zentimeter Dicke, auf den Tragflächen flog die Antonow wie eine Eins. Oft genug wurde die An-124 bei diesen Flügen von NATO-Flugzeugen begleitet, deren Besatzungen das neue Riesenflugzeug aus der Nähe beobachten wollten.

Andere Flugerprobungen wurden im Inland der Sowjetunion durchgeführt. So unter anderem auch die Erforschung der Wirbelschleppe des Flugzeugs. Die war, weil die An-124 eine sehr große Maschine war, gewaltig. Heute kann man die Wirbelschleppen eines Flugzeugs mit Hilfe von Computern berechnen. Das war damals noch nicht möglich. Deshalb griffen die Testingenieure auf einen Trick zurück. Und der ging so: Die An-124 hatte zwei zusätzliche kleine Gasturbinen an Bord, deren eigentliche Aufgabe darin bestand am Boden dafür zu sorgen, dass Strom, für die Eigenversorgung des Flugzeugs auf unvorbereiteten Flugplätzen, erzeugt werden konnte. In das heiße Abgasrohr des Hilfstriebwerks wurde nun Altöl eingespritzt, das zu einem dichten schwarzen Nebel verbrannte. Dessen Verwirbelungen, hinter dem Flugzeug, konnte man genau beobachten und vermessen[137].

Während der Erforschung der Wirbelschleppe der An-124 ließ man Flugzeuge in Kolonne fliegen, um zu erforschen, ob sich die An-124 für enge Formationen, wie sie z.B. bei Luftlandungen vorkommen, eignete. Und das Ergebnis war positiv[138]. 1989 begann man zu erproben, wie sich die An-124 beim Abwurf schwerer Lasten verhielt. Sie war darauf ausgelegt Lasten und Kampftechnik, bis zu einem Gewicht von 25 t, abwerfen

Kurz vor dem Aufsetzen. (Foto: Giorgio Varisco)

[137] Teilnehmer berichteten, dass die beobachtete Wirbelschleppe genau wie im Lehrbuch aussah und sich etwa fünf bis acht Kilometer hinter dem Flugzeug zu einem Ring, mit einem Durchmesser von 200 bis 300 Metern, vereinigte. In diesem Bereich waren die Verwirbelungen heftig, konnten aber von An-124 problemlos durchflogen werden.

[138] Es kam aber auch zu kritischen Situationen während dieser Flüge, wenn nämlich Altöl verbrannt wurde und die Rußpartikel die Frontscheiben des nachfolgenden Flugzeugs verschmierte. Dann wurde die Landung zu einem absoluten Blindflug. Dass es dabei zu keinen Unfällen kam, lag an den hervorragenden fliegerischen Fähigkeiten der Testpiloten.

zu können. Und es zeigte sich, dass der Lastenabwurf problemlos funktionierte.
Beim Absetzen von Fallschirmjägern sah das allerdings ganz anders aus. Zur Erprobung warf man menschengroße Puppen ab und stellte fest, dass diese wegen der starken Wirbelschleppe des Flugzeugs heftig herumgeschleudert wurden. Änderungen am Flugzeug brachten nicht die gewünschten Ergebnisse, weshalb festgestellt wurde, dass das Absetzen von Fallschirmjägern über die Heckluke der An-124 zu gefährlich sei und deshalb wurde es verboten.
Um dennoch Fallschirmjäger absetzen zu können wurde erwogen zwei Seitentüren in den hinteren Rumpfbereich einzubauen. Ein Absetzen durch die Seitentüren war weniger effizient, als der Massenabsprung über die Heckluke, weil die Fallschirmjäger auf einem viel größeren Gebiet landeten und mehr Zeit zum Sammeln der Einheiten am Boden benötigt wurde. Dennoch wurden Änderungen am achten Prototyp vorgenommen, um das Verfahren zu erproben. Die An-124, Baunummer 01-08, wurde umgebaut und erhielt die beiden besagten Seitentüren. Sie blieb die einzige An-124 mit diesen Türen, weil das Militär kein gesteigertes Interesse mehr an massierten Fallschirmjägereinsätzen hatte.
Das lag zum einen an der geänderten Militärstrategie des Warschauer Vertrages, die sich ab Mitte der 1980er-Jahre vom strategischen Angriff auf die strategische Verteidigung umstellte. Im Rahmen dieser Umstellung war die Fähigkeit zu massierten Luftlandungen weniger gefragt. Viel gefragter war der Einstieg in das lukrative Luftfrachtgeschäft. Im Rahmen von Glasnost und Perestroika und dem damit aufkeimenden Chaos, wurden die Transportfliegerkräfte der Sowjetarmee vermehrt zum Transport ziviler Luftfracht eingesetzt. Die Generäle erkannten sehr schnell, dass sich mit diesen Einsätzen Geld verdienen ließ und zwar viel Geld, von dem ein guter Teil in die private Hosentasche abgezweigt werden konnte. Und noch besser war es Luftfracht im nichtsozialistischen Wirtschaftsgebiet zu transportieren. Denn dort wurde in harter Währung bezahlt!
Erste Flüge wurden durchgeführt, doch die westliche Konkurrenz blieb nicht untätig. Sie erkannte sehr schnell, dass die An-124 des sowjetischen Militärs ohne zivile Zulassung im internationalen Luftraum unterwegs waren. Und das ging gar nicht! Sie setzten alle Hebel in Bewegung, dass der Transport von Luftfracht, mit für die zivile Luftfahrt nicht zugelassenen Transportflugzeugen, verboten wurde. Damit war der westliche Luftfrachtmarkt für die An-124 versperrt.
Doch das gefiel nun wiederum den Betreibern der An-124 nicht, weshalb sie das OKB Antonow bedrängten, die zivile Zulassung nachzuholen. Das OKB ließ sich nicht lange bitten, denn die Nachfolger von Oleg Antonow[139] witterten selber ein gutes Geschäft. Bei nahezu jedem Aufenthalt bei westlichen Luftfahrtausstellungen waren an die Antonow-Leute Nachfragen herangetragen worden, ob es denn möglich sei mit der An-124 Luftfracht im Westen zu transportieren. Im Nachgang des Pariser Luftfahrtsalons Le Bourget von 1987 kam die Idee auf eine, dem OKB Antonow angegliederte, eigene Luftfrachtsparte ins Leben zu rufen. Der Grundgedanke war profaner Natur. Die sich im Rahmen von Perestroika und Glasnost verstärkende Wirtschaftskrise der Sowjetunion führte dazu, dass die dem OKB Antonow zuvor zufließenden üppigen Gelder immer knapper wurden. Auf der anderen Seite ermöglichte die Perestroika neuerdings wirtschaftliche Aktivitäten[140] und mit der Gründung einer eigenen Frachtfliegersparte wollte man in Kiew auf eigene Faust Gelder, maßgeblich Devisen, erwirtschaften, um die Weiterentwicklung der An-124 und anderer Projekte finanzieren zu helfen.
Im Februar 1989 besuchten die Parteichefs der Sowjetunion und der Ukraine das Antonow-Werk. Es gelang dem Generalkonstrukteur Balabujew[141], mit ein paar Tricks und Kniffen, ein privates Gespräch mit Gorbatschow zu erreichen. In diesem Gespräch überzeugte er den Kremlchef von der Sinnhaftigkeit einer eigenständigen Antonow Frachtfluglinie. Gorbatschow wies daraufhin den KP-Chef der Ukraine an das Notwendige zu unternehmen und der neuzugründenden Frachtlinie einige An-124 zur Verfügung zu stellen. Zwei Monate später war alles in Sack und Tüten, die Antonow Airlines war geboren. Um privatwirtschaftlich Frachtflüge anbieten zu können wurde die An-124-100 entwickelt.
Die An-124-100 war de facto eine demilitarisierte An-124. Man warf die gesamte Militärausrüstung heraus und ersetzte sie durch Ziviltechnik. Das betraf unter anderem den Funk und die Sauerstoffausrüstung, sowie die Pilotensitze[142]. Die Vorrichtungen zum Abwurf von Lasten wurden ganz demontiert. Die Beschriftung der Instrumente passte man an die internationalen Gepflogenheiten an[143].
Die Schallisolierung der Passagierkabine wurde überarbeitet,

[139] Oleg Antonow verstarb im April 1984. Sein Name wurde allerdings vom OKB und später auch von allen Nachfolgefirmen weitergenutzt.

[140] Es ging damals in der Sowjetunion ziemlich wild zu und es begann sich in gewissen Kreisen eine Art Goldgräberstimmung herauszubilden. Ein besonders krasser Fall von Selbstbereicherung fand im Kernkraftwerk Tschernobyl statt, wo die Werksleitung begann in den Kühlwasserbehältern des Kernkraftwerks Karpfen zu züchten, um sie dann gewinnbringend an die lokale Bevölkerung zu verkaufen. Das endete im April 1986 abrupt, als ein Atomreaktor wegen eklatanter Bedienfehler in die Luft flog.

[141] Balabujew war Chefkonstrukteur der An-124 gewesen und wurde nach Antonows Tod Generalkonstrukteur des OKB.

[142] In den militärischen An-124 hatten die Pilotensitze Sitzschalen in denen die Fallschirme untergebracht waren. Die Piloten saßen also direkt auf ihren Fallschirmen. Bei der An-124-100 wurde auf die Fallschirme verzichtet, weshalb normale Pilotensitze, wie sie auch in Passagierflugzeugen Verwendung finden, eingebaut.

[143] In der Sowjetunion verwendete man bei den Fluginstrumenten das metrische System. Man rechnete also in Meter und Kilometer pro Stunde. Um international mitspielen zu können mussten die Instrumente der An-124-100 nun auf das veraltete imperiale System umgestellt werden. Sie zeigten fortan die in der zivilisierten Welt, außer im Flugwesen, unüblichen Größen Feet und Knots an.

Ukrainische An-124 bei der Landung auf den Flugplatz Mailand. (Foto: Giorgio Varisco)

die Sitze auf das Niveau eines Passagierflugzeugs gebracht. Es wurden Toiletten eingebaut und noch viele andere Kleinigkeiten verändert. Weil die An-124-100 nicht mehr auf Graspisten unterwegs sein würde, änderte man den maximalen Ausfahrwinkel der Landeklappen von 40° auf 30° [144]. Der erste umgerüstete Prototyp nahm im Januar 1990 seine Flugerprobung auf. Drei weitere Maschinen folgten, um die notwendige Flugerprobung nach zivilen Regeln durchzuführen[145]. Bis zum Dezember 1992 wurden insgesamt 266 Flüge durchgeführt. Dabei waren die beteiligten Flugzeuge 732 Stunden in der Luft. Am 13. Oktober 1992 kam es, während eines Zulassungsfluges, zum ersten Absturz einer An-124. Bereits beim Start hatte es einen Vogelschlag gegeben, bei dem die aus Kunststoff bestehende Radarnase am Bug getroffen wurde. Unter normalen Flugbedingungen wäre das kein Problem gewesen, doch an jenem besagten 13. Oktober 1992 stand ein Belastungstest mit einem Sinkflug bei Höchstgeschwindigkeit an. Bei diesem Belastungstest versagte die Radarnase. Sie wurde abgerissen und wenig später folgte die gesamte Frontladeluke. Trümmerteile zerstörten zwei, nach anderer Quelle drei Triebwerke. Die Besatzung versuchte noch den nächstgelegenen Flugplatz zu erreichen, um eine Notlandung durchzuführen. Doch dieser Versuch misslang. Die An-124-100, Baunummer 01-03, stürzte noch vor Erreichen des Flugfeldes ab. Trotz des Unfalls konnte die Flugerprobung im Dezember 1992 abgeschlossen werden. Im März 1993 erhielt die An-124-100 die zivile Zulassung.

Bis zur Einstellung der Serienfertigung wurden noch fünf An-124-100 neugebaut[146]. Fünfzehn weitere An-124-100 entstanden durch Umrüstung von Militärmaschinen.

Die An-124-100 wurden von mehreren Betreibern als zivile Großraumtransportflugzeuge im internationalen Luftfrachtgeschäft eingesetzt und bewährten sich in dieser Rolle recht gut. Sie konnten sperrige Lasten befördern, die kein westliches kommerzielles Transportflugzeug aufnehmen konnte. Das war ein Alleinstellungsmerkmal das sich gut vermarkten ließ.

Im Laufe der Jahre musste das Flugzeug einige Veränderungen über sich ergehen lassen, damit es weiter erfolgreich eingesetzt werden konnte. Dazu zählten der Einbau von lärmabsorbierenden Bauteilen in die Triebwerksverkleidung, die Verwendung eines GPS-basierten Navigationsgerätes und ein Kollisionswarngerät westlicher Bauart. Weitere Veränderungen waren die Anbringung von Verstärkungen an stark belasteten Baugruppen von Zelle und Tragfläche, Verbesserungen beim Korrosionsschutz und Veränderungen am Frachtraumboden und der Bugladerampe, damit diese auch von Gabelstaplern befahren werden konnten. Diese Veränderungen wurden sukzessive bei laufenden Wartungsarbeiten eingebaut.

In den späten 1990er-Jahren gab es Bestrebungen die An-124-100 weiter zu verbessern. Hierbei war das Hauptaugenmerk auf die Modernisierung des Cockpits gerichtet. Moderne Bordinstrumente sollten die Besatzungsstärke von sechs auf vier Crewmitglieder reduzieren. Dazu zählten ein modernes Navigationssystem, das den Bordnavigator überflüssig machen sollte und verbesserte Funkgeräte, die es erlaubten den Bordfunker einzusparen.

Eine weitere und überaus wichtige Neuerung war der Einbau der Triebwerke D-18T der 3. Serie. Diese Triebwerke hatten die Phase der Kinderkrankheiten endlich hinter sich gelassen und galten als betriebssicher.

Die so modifizierten Ruslan erhielten die Bezeichnung An-124-100M.

Um die Traglast der An-124 auf 150 Tonnen zu erhöhen wurden weitere Veränderungen durchgeführt. Das betraf vor allem

[144] Diese Änderung wurde nicht von jedem An-124 Piloten gern gesehen.
[145] Die Flugzeuge waren: 01-01, 01-03, 05-07 und 02-08.
[146] Zwei in Kiew, drei in Uljanowsk. Weitere An-124 blieben unvollendet und wurden eingelagert.

Der Frachtraum der An-124 ist so groß, dass ganze Rumpfelemente des Airbus A380 hineinpassen. (Foto: Dimitrij Awdejew)

den Antrieb. Hier sollten Turbinen des Typs D-18T der 4. Serie zum Einsatz kommen. Diese Aggregate hatten eine erhöhte Schubkraft, einen geringeren Triebstoffverbrauch und eine längere Lebensdauer. Weitere Verbesserungen der modifizierten Ruslan betrafen die Bordelektronik. Die Besatzungszahl wurde auf drei Mann reduziert. Die so umgerüsteten Flugzeuge sollten die Typenbezeichnung An-124-100M-150 erhalten[147].

Weitere Modernisierungspläne, die z.B. den Einbau westlicher Triebwerke und weiterer westlicher Avionikkomponenten beinhalteten, wurden nicht realisiert.

Zu den nie realisierten Plänen gehörten eine Tankflugzeugversion, eine kombinierte Fracht-Passagierversion und eine reine Passagierversion der An-124.

Zukunftsmusik blieb auch die Idee die An-124-100 als fliegende Raketenstartrampe zu benutzen, um mit ihr Kleinsatelliten in die Erdumlaufbahn zu schießen.

Von den ursprünglich 90 geplanten An-124 wurden letztendlich nur 52 Maschinen gebaut. Neben den Prototypen fertigte man in Kiew bis ins Jahr 1994 insgesamt 17 Serienflugzeuge. In Uljanowsk wurden bis 1995 weitere 35 An-124 fertiggestellt. Einige unvollendete Flugzeuge wurden in Kiew und Uljanowsk eingelagert[148].

Die militärische Karriere der An-124 begann, wie bereits erwähnt im Jahr 1985. Noch bevor die Flugerprobung des Riesenvogels abgeschlossen worden war, wurden die ersten Militärpiloten auf die An-124 umgeschult. Parallel dazu wurde im 566. Transportfliegerregiment eine vierte Staffel gebildet, die dazu auserkoren war als erste Einheit mit der An-124 ausgerüstet zu werden. Am 10. Februar 1987 nahm die erste An-124 den Dienst in dieser Einheit auf. Das Flugzeug hatte die Baunummer 01-04 und war in Kiew gefertigt worden. Vier Tage später traf das erste Exemplar aus Uljanowsk ein. Weitere Maschinen folgten. Zwei Jahre später besaß das 566. Transportfliegerregiment bereits 28 An-124[149], die die bis dahin genutzten Maschinen des Typs An-22 Antäus sukzessive ablösten.

Im Truppendienst zeigte sich, dass der Umstieg auf die An-124 nicht ganz unproblematisch war. Die An-124 Ruslan war deutlich komplexer als die An-22, weshalb Wartung und Reparatur die Fähigkeiten des Bodenpersonals zunächst überstieg. Der Hersteller reagierte damit, dass Werksspezialisten zum Einsatztruppenteil entsandt wurden, damit diese den Militärtechnikern halfen die An-124 flugfähig zu halten. Dieses Vorgehen war in der Sowjetunion bei der Einführung neuer Technik in die Truppenteile nicht ungewöhnlich. So konnte ein Wissenstransfer von den Werksspezialisten zu den Militärs leichter vollzogen werden.

[147] Eine Maschine wurde auf den neuen Standard aufgerüstet und bei der russischen Luftfahrtausstellung MAKS gezeigt. Es gab mehrere Interessenten. So wollte die Fluglinie Volga-Dnepr bis zu 30 Flugzeuge dieser Version beschaffen. Doch letztendlich kam es zu keinem Serienbau, weil sich die Ukraine und Russland nicht einigen konnten.

[148] Im Jahr 2004 wurden einige An-124-100M aus eingelagerten Teilen neu zusammengebaut.

[149] 11 kamen aus Kiewer Produktion, 17 stammten aus Uljanowsk.

Die Anfangsperiode der Nutzung der An-124 war von einer Vielzahl von Problemen begleitet. Es gab jede Menge Ausfälle in der Bordelektronik, es zeigte sich, dass die Hermetisierung des Frachtraums bei den Serienflugzeugen nicht so gut funktionierte wie bei den Prototypen, die Wartungstechnologie wurde noch nicht beherrscht. Und, und, und.
Hauptproblempunkt war und blieb das Triebwerk. Es war noch immer nicht betriebssicher und hatte sehr kurze Wartungsintervalle. Zwischen den Hauptinstandsetzungen lagen gerade einmal 300 Stunden, was nicht wirklich viel war. Beim Start bestand immer noch die Gefahr, dass die Triebwerke wegen mangelnder gasdynamischer Stabilität abgewürgt wurden. Dasselbe Problem trat auf, wenn bei der Landung die Triebwerke in den Schubumkehrmodus geschaltet wurden. Gefährliche Flugzustände wegen Triebwerksausfall waren deshalb an der Tagesordnung.
Die Triebwerkshersteller versuchten das Problem schrittweise in den Griff zu bekommen. Änderungen am Triebwerk wurden bei Neubauten bei laufender Produktion im Werk durchgeführt. In der Truppe wurden sie bei periodischen Wartungen nachgerüstet.
Die erste Bewährungsprobe für die An-124 Transportflieger war das schwere Erdbeben in Armenien im Jahr 1988. Das 566. Transportfliegerregiment entsandte neun Ruslan, die große Mengen an Rettungsausrüstung, Hilfsmittel und Nahrung mit vergleichsweise wenigen Flügen ins Katastrophengebiet transportierten[150].
Das Militär erhielt kontinuierlich neugebaute An-124 aus beiden Flugzeugwerken, so dass am 25. Januar 1989 ein weiteres Transportfliegerregiment[151] für die An-124 gebildet wurde. Um das Regiment auszustatten wurden Flugzeuge und Personal aus dem bestehenden 566. Regiment herangezogen. Ein Jahr später begann der Flugbetrieb der neuen Einheit.
In der Zwischenzeit hatte das Militär von der obersten Staats- und Parteiführung die Erlaubnis erhalten auch zivile Transportflüge durchzuführen. Zunächst wurden diese Flüge nur im Inland durchgeführt, später aber auch im Ausland angeboten. 1990 transportierten die Militärpiloten 51mal Schwerlast für private Kunden und generierten so Einnahmen, die dem allmählich darbenden Staat zu Gute kamen.
Als die militärischen An-124 im westlichen Ausland Luftfracht zu transportieren begannen machten sie sich bei der westlichen Konkurrenz keine Freunde. Wie bereits erwähnt nutzte die Konkurrenz den Umstand aus, dass die An-124 keine zivile Zulassung hatte und ließ die Flüge der Ruslan verbieten.
In der Sowjetunion reagierte man umgehend mit der zivilen An-124-100. Weil das Militärbudget aber nicht mehr ausreichte, die im Truppendienst stehenden Ruslan auf den neuen Standard umzurüsten, behalfen sich die Militärs mit einem Kniff. Sie deklarierten ihre für Auslandseinsätze verwendeten An-124 einfach auf dem Papier zu An-124-100 um und ergänzten den Schriftzug am Flugzeug einfach mit dem Kürzel »-100«. Das war möglich, weil sich beide Flugzeugversionen äußerlich nicht voneinander unterschieden[152].
Dann zerfiel die Sowjetunion und die wilden Jahre der Jelzin-Ära begannen. Das Militär hatte mit immensen Budgetkürzungen zu kämpfen und sah sich kaum mehr in der Lage den Flugbetrieb der An-124 Ruslan sicherzustellen. Die Werksspezialisten der Herstellerfirmen wurden abgezogen, weil sie für ihre Arbeit nicht mehr bezahlt werden konnten. Das Chaos hielt Einzug. Dennoch waren große Aufgaben zu bewältigen. Die russischen Truppen mussten aus Deutschland abziehen. In diesem Rahmen transportierten die An-124, an der Seite der An-22 und An-12, nicht nur Militärtechnik und Ausrüstung in die Heimat, sondern auch die Familien von Militärangehörigen, samt deren Möbel und persönlichen Hab und Gut. Ab 1994 mussten die An-124 in den Tschetschenienkrieg ziehen, um die vom demokratischen Präsidenten Jelzin in die Kaukasusrepublik entsandten Invasionstruppen mit Nachschub zu versorgen. Daneben flogen die militärischen An-124 immer wieder kommerzielle Luftfracht um den Globus. In diesen Zeiten wurde die Nutzung militärischer An-124 als kommerzielle Luftfrachtanbieter zum Rettungsanker für die Einheiten, denn so konnten Mittel erwirtschaftet werden, die den Weiterbetrieb der Ruslan erst ermöglichten.
Die Nutzung der militärischen An-124 zum Transport kommerzieller Luftfracht dauerte bis zum 6. Dezember 1997. An diesem Tag stürzte eine mit zwei Su-27 beladene Ruslan beim Start in Irkutsk ab und krachte in ein Wohnhaus[153]. Es gab fast 100 Tote. Ursache des Unglücks war ein dreifacher Triebwerksausfall. Daraufhin verbot das Verteidigungsministerium die weitere Nutzung von militärischen An-124 zum Transport von kommerziellen Luftfrachten.
In der Folge gingen aus Kostengründen die Flugbewegungen der militärischen An-124 drastisch zurück, so dass ein Jahr später eines der beiden mit Ruslan ausgerüsteten Transportfliegergeschwader aufgelöst werden musste. Man dachte an zentraler Stelle sogar darüber nach die An-124 der russischen Transportflieger ganz abzuschaffen, sie an kommerzielle Betreiber abzugeben, oder sie sogar zu verschrotten.
Das änderte sich mit dem Machtübergang von Boris Jelzin zu Wladimir Putin. Der neue Herrscher im Kreml sah im Militär eine Hauptstütze seiner Macht und sorgte dafür, dass die russischen Streitkräfte wieder mit üppigen Budgets bedacht wurden. So wurden die militärischen An-124 vor der Verschrottung gerettet und fliegen bis zum heutigen Tag.

[150] Insgesamt wurden 7.645 Tonnen Fracht ins Katastrophengebiet geflogen.
[151] 235. Transportfliegerregiment.
[152] Das russische Militär besaß damals genau eine echte An-124-100, der Rest waren umdeklarierte, aber nicht umgerüstete An-124.
[153] Die Su-27 waren für Vietnam gedacht.

Ganz anders verlief die zivile Karriere der An-124. Nachdem die ersten Versuche mit militärischen An-124 ins Luftfrachtgeschäft einzusteigen, wegen fehlender ziviler Zulassung ins Leere liefen, startete die Ruslan mit der Version An-124-100 voll durch. In recht kurzer Zeit konnten sich die russischen und ukrainischen Betreiber ein ansehnliches Renommee erarbeiten und große Teile des Schwerlastlufttransportmarktes erobern. Ein Hauptgrund war das unschlagbar große verfügbare Transportvolumen der An-124-100, das 1.000 m³ überstieg. So konnten übergroße Maschinen, Bauteile oder Fahrzeuge mühelos im Rumpf des Transportflugzeugs untergebracht werden. Ein weiterer Vorteil der An-124 war die Möglichkeit des schnellen und einfachen Verladens der Fracht. Während bei zivilen Frachtflugzeugen westlicher Hersteller aufwändige Hebebühnen und Gabelstapler zur Beladung notwendig waren und sich der Ladevorgang deshalb in die Länge zog, konnte bei der Ruslan die Fracht einfach über die Bug- oder Heckrampe ins Flugzeug transportiert werden, oder aus eigener Kraft in der Frachtraum fahren.
Innerhalb recht kurzer Zeit gewannen die Betreiber der An-124-100 eine marktbeherrschende Stellung.
Im Betrieb der An-124 zeigte sich aber auch recht bald, dass es nicht ausreichend war ein oder zwei Maschinen zu besitzen. Man benötigte auch qualifiziertes Personal, sowohl an Bord, als auch am Boden, um die Ruslan gewinnbringend einsetzen zu können. Wartung und Pflege, sowie ständige Modernisierungen, vor allem am Triebwerk, waren ein weiterer Knackpunkt, der von Kleinanbietern am Markt nicht gestemmt werden konnte.

Blick durch den gewaltigen Frachtraum der An-124. (Foto: US Air Force, Brian Bahret)

So blieben am Ende nur zwei Fluglinien übrig, die die An-124-100 in größerer Anzahl einsetzen konnten. Das waren zum einen die ukrainische Antonow Airlines und zum anderen die Firma Volga-Dnepr, die ursprünglich ein russisch-ukrainisches Gemeinschaftsunternehmen war, später jedoch, aus politischen Gründen, rein russisch wurde.
Beide Fluglinien flogen aber nicht nur zivile Fracht, vielmehr waren sie über viele Jahre damit beschäftigt Militärausrüstung westlicher Armeen von Europa nach Afghanistan oder westafrikanische Staaten, wie Mali, und wieder zurück zu transportieren. Für diese Einsätze wurde der deutsche Flughafen Leipzig-Halle zur zentralen Drehscheibe. Beide Firmen investierten vor Ort in eigene Infrastrukturen und verdienten gut an diesem Geschäft. Der Flughafen Leipzig-Halle wurde somit zur zweiten Heimat der An-124 Ruslan.
Mit dem Beginn des russischen Angriffs auf die Ukraine im Februar 2022 änderte sich das Bild. Die russischen An-124-100 wurden mit einer EU-Sanktion am Fliegen gehindert und stehen seither ungenutzt auf dem nördlichen Teil des Flughafens herum. Die ukrainischen An-124-100 werden, im Gegensatz dazu, rund um die Uhr genutzt, um dringend benötigte Fracht vom Westen in die Ukraine zu befördern. Deshalb waren sie im Jahr 2022 nur noch selten in Leipzig zu sehen, und das obwohl der Flughafen Leipzig-Halle zum neuen Heimatflugplatz von Antonow Airlines geworden ist.
Die An-124 Ruslan ist ein vierstrahliges Transportflugzeug mit Tragflächen in Schulterdeckeranordnung, einem konventionellen Leitwerk, sowie einer Bug- und einer Heckladerampe. Der Bug der An-124 ist mit einer aerodynamisch geformten Verkleidung der Bugladerampe versehen. Die Bugluke lässt sich nach oben klappen und gewährt einen problemfreien Zugang zur Laderampe. Die Nase der Bugluke besteht aus für elektromagnetische Wellen durchlässigen Kunststoff. Unter dieser Verkleidung ist das Radargerät des Flugzeugs untergebracht.
Hinter der Bukluke befindet sich die Bugladerampe. Sie verschließt im aufgerichteten Zustand den Frachtraum hermetisch[154]. Die Bugladerampe ist zweigeteilt und entfaltet sich beim Absenken. Sie ist so massive gebaut, dass sie von schwerer Technik, inklusive Panzer, befahren werden kann. Der Winkel in dem die Bugladerampe abgesenkt werden kann ist variabel. So kann man sich an die örtlichen Gegebenheiten anpassen. Zur Reduzierung des Winkels, und einer damit verbundenen leichteren Zugänglichkeit des Frachtraumes, kann der Bug der An-124 abgesenkt werden.
Hinter der Bugrampe befindet sich der Frachtraum des Flugzeuges. Er ist 36,50 m lang, 6,40 m breit und 4,40 m hoch. Er ist so breit, dass militärische Fahrzeuge in zwei Kolonnen neben-

154 In der Praxis erwies sich, dass die Hermetisierung nicht so gut ist, wie erhofft. Das Belüftungssystem ist zwar in der Lage auch bei Flügen in großen Höhen im Frachtraum einen für Menschen erträglichen Luftdruck zu generieren, doch wird diese Option zur Ressourcenschonung in der Regel nicht angewendet.

Ein DSRV der US Navy, ein Unterseeboot zur Seenotrettung, wird verladen. (Foto: US Navy Mate 1st Class Daniel N.)

einander abgestellt werden können. So kann das Ladevolumen optimal ausgenutzt werden. Im Frachtraumboden sind Haltepunkte für Verzurrungen vorhanden. Die Fracht kann somit gegen verrutschen gesichert werden. Militärische An-124 haben Vorrichtungen zum Luftabwurf von Frachtstücken oder Kampffahrzeugen. Dazu gehören ein Förderband im Boden und zwei Kräne (Laufkatzen) an der Frachtraumdecke. Sie können Frachten bis zu einem Gewicht von 20 bis 25 Tonnen bewegen[155].

Mit dem Förderband ist es möglich Kampftechnik und Frachtstücke bis zu einem Gewicht von 25 Tonnen im Flug abzuwerfen. Zivile An-124 haben diese Möglichkeit nicht.

Im Inneren des Frachtraumes können bis zu 880 vollausgerüstete Soldaten oder 440 Fallschirmjäger untergebracht werden[156]. Nach hinten wird der Frachtraum durch die hintere Laderampe abgeschlossen. Sie versiegelt den Rumpf im aufgerichteten Zustand hermetisch. Die Heckrampe kann nach unten abgesenkt werden. Ihr Absenkwinkel ist variabel, so dass man sich an die lokalen Gegebenheiten anpassen kann. Nach außen wird die Hecksektion durch die Heckluke abgeschlossen. Beim Öffnen wird die Heckluke nach oben gefahren. Der Rumpf der An-124 hat zwei Etagen. In der unteren Etage befindet sich die oben beschriebene Frachtraumsektion. In der oberen Etage sind das Cockpit, der Avionikraum, ein Ruheraum für die Besatzung, sowie eine Passagierkabine für insgesamt 21 Passagiere untergebracht. Die obere Etage ist vom Frachtraum separat hermetisiert. Der Zugang zum oberen Deck erfolgt über eine steile Leiter in der Bugsektion des Flugzeugs.

Das Cockpit der An-124 wird von fünf Besatzungsmitgliedern bemannt. Dazu zählen der Pilot, der Copilot, der Bordingenieur, der Bordnavigator und der Bordfunker. Es sind insgesamt sechs Sitzplätze im Cockpit vorhanden[157]. Die Bordinstrumente sind auf dem Stand der 1980er-Jahre. Moderne Multifunktionsanzeigen sucht man vergebens. Auf dem Armaturenbrett finden sich ausschließlich analoge Rundanzeigen. Die wich-

[155] In Ausnahmefällen sollen auch Frachten von 50 Tonnen Gewicht bewegt worden sein.

[156] Letztere Option ist nur theoretisch, weil das Abspringen durch die geöffnete Heckluke verboten ist und nur eine einzige An-124 Seitentüren zum Absetzen von Fallschirmjägern besitzt.

[157] Damit kann die gesamte Besatzung, inklusive Lademeister während des Fluges im Cockpit untergebracht werden.

tigsten Bordinstrumente sind im Zentrum des Armaturenbretts angeordnet. Dieser Instrumentensatz ist, nach sowjetischer Manier, mit einem weißen Strich umrandet[158].

Im linken Teil des Fußbodens des Cockpitraums gibt es eine Luke die im Notfall als Notausstieg genutzt werden kann. Weil die Fallhöhe doch ziemlich hoch ist, befindet sich in der Deckenverkleidung oberhalb des Fluchttunnels ein Stauraum für ein Kletterseil. An diesem Seil kann die Besatzung im Gefahrenfall ins Freie klettern.

Beiderseits des Frachtraums befinden sich in Schulterdeckeranordnung die Tragflächen der An-124. Sie sind als Pfeilflügel ausgelegt und haben ein superkritisches Tragflächenprofil. Sie bieten genügend Platz, um voluminöse Treibstofftanks unterzubringen. In den Tragflächen befinden sich jeweils sechs Tanks, die in zwei Dreiergruppen aufgeteilt sind. Jede Dreiergruppe ist dafür vorgesehen ein Triebwerk mit Treibstoff zu versorgen. Zusätzlich gibt es noch einen weiteren Tank, der mit allen vier Triebwerken verbunden ist. Die Tanks sind über eine Treibstoffringleitung miteinander verbunden. Ein Umpumpen des Treibstoffs während des Fluges ist deshalb möglich. Betankt werden die Tanks mittels Druckbetankung. Die dafür notwendigen Anschlüsse befinden sich in der aerodynamischen Verkleidung des Hauptfahrwerks. Es ist aber auch möglich jeden einzelnen Tank auf herkömmliche Weise von oben zu befüllen. Die dafür notwendigen Tankverschlüsse befinden sich auf der Oberseite der Tragflächen. Getankt werden können die sowjetischen Treibstoffsorten TS-1 oder RT, bzw. das westliche Kerosin Jet-A1.

Die Vorderkanten der Tragflächen der An-124 sind fast auf der gesamten Länge mit automatisch ausfahrenden Nasenklappen bestückt. An den Tragflächenhinterkanten gibt es jeweils drei großdimensionierte Landeklappen. Sie können bei der Landung bis zu einem Winkel von 40° ausgefahren werden. Zur Steuerung des Flugzeugs besitzen die Tragflächen große Querruder. Zu ihrer Unterstützung sind an der Tragflächenoberseite Spoiler angeordnet. Die Steuerflächen werden durch Elektromotoren aus- und eingefahren und durch ein Fly-by-wire-System angesteuert.

Unter den Tragflächen befinden sich die vier Triebwerke der An-124. Es kommen Dreiwellentriebwerke des Typs D-18T zum Einsatz. Das D-18T wurde vom OKB Lotarew entwickelt und wird von der Firma Motor Sitsch[159] gebaut. Die ersten drei Baureihen[160] hatten mit erheblichen Zuverlässigkeitsproblemen zu kämpfen. Ab der 3. Bauserie gilt das Triebwerk als ausgereift und zuverlässig.

Das Triebwerk D-18T ist ein Turbinenluftstrahltriebwerk mit hohem Bypass-Verhältnis. Mehr als 80% der vom Fan bewegten Luft werden am Triebwerk vorbeigeleitet. Sie erzeugt einen Teil des Vortriebs und dient zusätzlich der Triebwerkskühlung. Der Rest der Luft wird zuerst in den Niederdruckverdichter, danach in den Hochdruckverdichter geleitet, bevor sie in der Brennkammer mit Treibstoff gemischt und verbrannt wird. Das D-18T erzeugt dabei einen Startschub von 230 kN.

Das Leitwerk der An-124 ist am Heck angeordnet. Es ist ein konventionelles Leitwerk, bestehend aus Seitenleitwerk und Höhenleitwerk. Das Seitenleitwerk besteht aus Seitenflosse und Seitenruder. Das Höhenleitwerk besteht aus Höhenflosse und Höhenruder. Höhen- und Seitenruder werden elektrisch über das Fly-by-wire-System gesteuert.

Das Fahrwerk der An-124 besteht aus dem Bugfahrwerk und dem Hauptfahrwerk. Das Bugfahrwerk ist doppelt vorhanden. Die Fahrwerksbeine sind nebeneinander angeordnet und können am Boden in ihrer Länge verstellt werden. Deshalb ist es möglich, dass sich die An-124 beim Beladen »hinkauert«. Die beiden Bugfahrwerke sind doppelt bereift. Sie sind in einem bestimmten Bereich vom Piloten direkt steuerbar. Sollten die Bremsen des Hauptfahrwerks zum Steuern des Flugzeugs am Boden verwendet werden, können die Räder der Bugfahrwerke in einem großen Bereich frei nachsteuern. Die Bugfahrwerke sind ungebremst.

Das Hauptfahrwerk ist beiderseits der Unterkante des Frachtraums untergebracht. Es besteht pro Seite aus fünf einzelnen Fahrwerksbeinen, die jedes für sich separat aufgehängt und gefedert sind. Jedes Fahrwerksbein ist doppelt bereift. Es kommen große Niederdruckreifen zum Einsatz, so dass das Flugzeug in der Lage ist auch von unvorbereiteten Rasenpisten aus zu operieren. Das Fahrwerk ist so ausgelegt, dass es mit dem sowjetischen »Standardpistenbuckel«[161] zurechtkommt.

Die Räder des Hauptfahrwerks sind mit luftgekühlten Scheibenbremsen ausgestattet.

Das Hauptfahrwerk ist in einer aerodynamischen Verkleidung untergebracht. Neben dem Hauptfahrwerk befinden sich dort auch die beiden Hilfstriebwerke zur Stromgewinnung am Boden.

Die An-124 ist heute eines der erfolgreichsten Transportflugzeuge. Sie hat ihre Daseinsberechtigung nicht nur im militärischen, sondern auch im zivilen Sektor bewiesen. Spezialisten gehen davon aus, dass sie noch weitere 50 Jahre im Einsatz stehen wird.

Versionen:

An-124	militärisches Transportflugzeug
An-124-100	ziviles Transportflugzeug
An-124-100M	modernisierte Version
An-124-100M-150	modernisierte Version mit einer auf 150 t gesteigerten Nutzlast

[158] In der Fliegersprache spricht man vom »T«, weil die Anordnung der Instrumente an diesen Buchstaben erinnert.
[159] Nach englische Transkription: »Motor Sich«
[160] Nullserie, 1. Serie und 2. Serie.
[161] Eine Buckel (Maulwurfshaufen) von 35 cm Höhe auf der Start- und Landebahn.

An-225 Mrija (Nato-Code: Cossack)

Philosophen sagen, dass man alles auf dieser Welt in seiner Bewegung, Veränderung und Entwicklung betrachten sollte. Diesen Rat auf die An-225 anzuwenden bedeutet, dass man sich bewusst sein muss, dass es dieses Riesenflugzeug ohne das sowjetische Raumfahrtprogramm niemals gegeben hätte. Die Sowjetunion und die USA lieferten sich seit Ende der 1950er-Jahre einen erbitterten Kampf um die Vorherrschaft im Weltall. Mit dem Space Shuttle schienen die Amerikaner Ende der 1970er-, Anfang der 1980er-Jahre einen entscheidenden Vorsprung errungen zu haben. Und dieser Erfolg verleitete die Sowjetführung dazu ein eigenes Shuttle-Programm ins Leben zu rufen. Doch statt auf eigenständige Entwicklungen zu setzen, wie die Raumfähre Uragan, wurde das Space Shuttle weitestgehend kopiert. So entstand die Raumfähre Buran[162]. Um sie ins All transportieren zu können entwickelte man die Schwerlastrakete Energia[163], deren Boosterstufen aus der Rakete Zenit gebildet wurden. Es entstand ein hochkomplexer Verbund aus neu zu entwickelnden Raumfahrtsystemen, der auf der einen Seite sehr leistungsfähig war, doch auf der anderen Seite Unmengen an Geldern verschlag, die der Sowjetstaat eigentlich gar nicht mehr hatte.

Von den Amerikanern schaute man sich auch das Netz von Notlandepunkten für die Raumfähre ab. Es wurden eine Reihe von Flugplätzen angelegt oder ausgebaut und mit einer extrem langen Landebahn versehen. Auf dem Gebiet der DDR soll der Aerodrom Templin zu diesem Sicherheitsnetz gehört haben.

Für die sowjetischen Spezialisten stellte sich nun die Frage, wie man eine Buran nach der Landung auf einem der Außenlandeplätze wieder nach Hause zurückholen könne. Und wieder wollten sie es so machen, wie die Amerikaner. In den USA

[162] Buran ... Schneesturm

[163] Die Rakete Energia wurde ursprünglich unter der Bezeichnung »Raswjet« entwickelt.

Technische Daten der An-225	
Bezeichnung NATO	Cossak
Abmessungen	
Spannweite	88,40 m
Länge	84,00 m
Höhe	18,10 m
Flügelfläche	905,00 m²
Massen	
Leermasse	205.000 kg
Startmasse	550.000 kg
Max. Startmasse	600.000 kg
Treibstoffmenge	300.000 kg
Antrieb	6 x D-18T
Startleistung	6 x 229,5 kN / 23.400 kp
Flugleistungen	
Höchstgeschwindigkeit	865 km/h
Marschgeschwindigkeit	800 - 850 km/h
Landegeschwindigkeit	230 - 260 km/h
Reichweite	4.000 - 15.000 km
Gipfelhöhe	11.600 m
Nutzlast	150.000 kg Fracht normal 250.000 kg Fracht maximal 88 Personen im Oberdeck
Besatzung	6 + 1

An-225 und An-124 zeitgleich auf dem Flughafen Leipzig-Halle. (Foto: Normann)

wurde eine umgebaute Boeing 747 zum Shuttle-Transport verwendet. In der Sowjetunion hatte man aber kein vergleichbares Flugzeug. Und deshalb musste man eins bauen. Und wenn man dabei war, dann konnte man es gleich richtig machen und ein Flugzeug konstruieren, das die Boeing 747 weit in den Schatten stellen würde. Und genau hier beginnt die Geschichte der An-225. Genau genommen beginnt die Geschichte der An-225 am 17. Februar 1976. An jenem Tag erließen das ZK der KPdSU und der Ministerrat der Sowjetunion das Dekret über die Entwicklung des Weltraumkomplexes Buran/Raswjet. Dieses Dekret sah die Schaffung eines Raumgleiters, Buran, und einer Schwerlastrakete, Raswjet, vor.
Den mit der Umsetzung des Dekret beauftragten Entwicklern war von vorherein klar, dass die angepeilten Leistungsdaten nur durch neue, übergroße Bauelementen, wie Tanks, Antriebe und natürlich die Raumfähre, erreicht werden konnten. Diese Komponenten von den Herstellerwerken zum Kosmodrom Baikonur transportieren zu müssen, würde ein Gewaltakt werden, dem das bestehende Verkehrswegenetz der Sowjetunion nicht gewachsen sein würde. Deshalb war es sehr bald offensichtlich, dass nur der Lufttransport in Frage kommen würde.
Mit dem Lufttransport übergroßer Frachtstücke hatte man in der Sowjetunion einige Erfahrung. So wurde die An-22 dafür verwendet Bauelemente für den Großtransporter An-124, der sich damals in der Entwicklung befand, von Taschkent nach Kiew zu befördern. Daneben gab es noch den Umbau von Mjasischtschew-Bombern, die auf dem Rücken Raketenbauteile transportieren konnten. Die Nutzung dieser Flugzeuge für das

Oben: Die An-225 war wiederholt Gast in Leipzig. Hier eine Aufnahme aus dem Jahr 2013. (Foto: Normann)

Unten: An-225 von der Seite gesehen. (Foto: Normann)

Buran-Programm wurde aber als nicht praktikabel angesehen. Hauptgrund war, dass die Flugzeuge zum Teil schon ein knappes Vierteljahrhundert im Einsatz standen und es fraglich war, wie lange sie ihre Aufgabe noch würden bewältigen können.
Deshalb wandte sich der Minister für Luftfahrtindustrie im Jahr 1980 an Oleg Antonow, mit der Bitte ein Flugzeug für den Transport des Buran und von Teilen der Riesenrakete Raswjet zu entwickeln. Der erste Gedanke bestand darin die damals in Entwicklung befindliche An-124 für diesen Zweck zu modifizieren. Das Flugzeug war groß genug und seine projektierte Tragkraft war auch völlig ausreichend, um die gestellte Aufgabe zu bewältigen.
Doch wenig später, um den Jahreswechsel 1980/81, trat der Generalkonstrukteur des Raumfahrt-OKB Molnja an Oleg Antonow heran und offenbarte ihm das Konzept eines horizontal startenden Raumpendlers. Es sei ein zweistufiges System, sagte er. Die erste Stufe solle durch ein Flugzeug gebildet werden, das huckepack die, aus Raumfähre mit angedocktem Treibstofftank gebildete, zweite Stufe tragen würde.
Das Flugzeug würde den Komplex auf die gewünschte Flughöhe bringen. Dort angekommen würde der Antrieb der zweiten Stufe gezündet und das Raumfahrzeug in den Orbit katapultiert werden. Das OKB Molnja würde den etwa 8 t schweren Raumgleiter, samt Antrieb und den 160 t schweren Treibstofftank entwickeln. Antonow sollte das Trägerflugzeug konstruieren.
Mit der An-124 war dieses Vorhaben aber nicht umzusetzen. Deren Normalleitwerk würde sich direkt im Abgasstrahl des Raketenantriebs der Raumfähre befinden. Den Umbau der An-124 Ruslan mit einem Doppelseitenleitwerk, wie es bereits bei der An-22 zum Einsatz gekommen war, wollte Oleg Antonow nicht genehmigen. Zu weit waren die Arbeiten an der Ruslan bereits vorangeschritten. Weiter Änderungen am Projekt würden die An-124 im Zeitplan weit zurückfallen lassen.
Anderthalb Jahre später zeigte sich, dass Oleg Antonows Entscheidung richtig gewesen war. Das Raumgleiterprojekt von Molnja wog inzwischen zwischen 220 und 270 Tonnen. Diese Masse zu stemmen war die An-124 nicht in der Lage. Ein völlig neues, deutlich stärkeres Flugzeug musste geschaffen werden. Um die Arbeiten an diesem Projekt zu beschleunigen, die Entwicklungskosten zu reduzieren und gleichzeitig die Entwicklungsrisiken zu minimieren schlug das OKB Antonow vor, für das neue superschwere Transportflugzeug, soweit es möglich war, die Bauelemente der An-124 zu verwenden.
In der zweiten Hälfte des Jahres 1983 begannen die ersten Designarbeiten. Im Sommer des Folgejahres war der Grundentwurf erledigt. Er sah vor den Rumpf der An-124 als Ausgangspunkt zu nehmen und ihn durch die Einfügung neuer Abschnitte in den Teil des Rumpfes, dessen Rumpfquerschnitt unverändert blieb, zu verlängern. Die Länge des Frachtraums stieg deshalb von 36,50 m auf über 43 m an.
Für die Tragflächen waren neue Mittelstücke vorgesehen, an denen man die komplette Tragfläche der An-124 befestigen wollte. Unter den neuen Mittelstücken sollte jeweils ein zusätzliches Triebwerk angebracht werden.
Auf dem Rumpfrücken waren Befestigungspunkte für die Außenlasten vorgesehen. Das Rumpfheck wurde eine völlige Neukonstruktion. Wegen der zu erwartenden gewaltigen Kräfte, die auf das Heck wirken würden, wurde beschlossen auf eine Heckladerampe zu verzichten. Das Seitenleitwerk wurde

Auf diesem Bild ist gut das vielrädrige Hauptfahrwerk zu erkennen. (Foto: Giorgio Varisco)

als Doppelseitenleitwerk vorgesehen und war deshalb dem Abgasstrahl eines startenden Raumgleiters nicht mehr im Wege.
Um die gestiegene Masse am Boden abfedern zu können wurde festgelegt die Zahl der Hauptfahrwerksbeine von fünf auf sieben, pro Seite, zu erhöhen. Das Ende der Konzeptarbeiten an diesem Flugzeug erlebte Oleg Antonow nicht mehr. Er verstarb im April 1984. Seinen Platz nahm P. W. Balabujew ein, der zum neuen Generalkonstrukteur des OKB Antonow ernannt wurde.
Am 16. Oktober 1986 wurde das Projekt der zuständigen Kommission der Partei- und Staatsführung präsentiert und für gut befunden. Am 20. Mai 1987 genehmigten die Führungsgremien die Weiterführung des Projekts auf die nächste Stufe. Damit war die An-225 offiziell abgesegnet.
Da sich die Entwickler des OKB Antonow weitestgehend an der An-124 orientieren konnten, gingen die Arbeiten an der An-225 vergleichsweise schnell voran. Vieles, was für die An-124 bereits entwickelt und getestet worden war, wurde eins zu eins übernommen. Die Zuführung von neuen Baugruppen gelang auch nahezu reibungslos, weil die Beziehungen zwischen dem OKB Antonow und den Herstellerfirmen analog zu denen geregelt waren, wie sie bereits bei der Schaffung der An-124 gegolten hatten.
Die Rumpfelemente und Tragflächen wurden, wie gehabt im Flugzeugwerk Taschkent gefertigt und auf dem Rücken von An-22 nach Kiew geliefert. Das Fahrwerk kam aus Kuibischew, die Hydraulik aus Charkow und Moskau. Es waren über 100 Zulieferfirmen, die sich über das gesamte Gebiet der Sowjetunion erstreckten, am Bau der An-225 beteiligt. Das OKB Antonow überwachte und koordinierte die Arbeiten.
Ende 1987 begannen die Arbeiten am Flugzeug. Sie gingen schnell voran. Am 30. November 1988 war die An-225 soweit fertiggestellt, dass ihr offizielles Roll-Out stattfinden konnte.

Die Mrija noch in einer alten Lackierung bereit zum Start. (Foto: Dmitry A. Mottl)

Mrija im Landeanflug, aus anderem Winkel gesehen. (Foto: Giorgio Varisco)

Dieses Ereignis wurde groß gefeiert. Im Rahmen dieser Zeremonie wurde der Eigenname der An-225 verkündet. Er lautete »Mrija«, das ukrainische Wort für »Traum«.

Die Bodenerprobung der Mrija ging glatt über die Bühne. Da alle wesentlichen Komponenten von der An-124 stammten und dort bereits ihre Zuverlässigkeit unter Beweis gestellt hatten, konnte die Bodenerprobung schnell vonstattengehen. Am 3. Dezember 1988 begannen die Rolltest, bei denen die Mrija bis auf 200 km/h beschleunigt wurde. Diese Tests verliefen so erfolgreich, dass der Jungfernflug auf den 20. Dezember 1988 festgelegt wurde.

Der Wettergott hatte jedoch andere Pläne, so dass der Erstflug der An-225 am 21. Dezember stattfand. Und dieser Jungfernflug verlief äußerst erfolgreich. In den 74 Minuten des Fluges zeigte das Flugzeug, dass es sich genauso verhielt, wie man es voraus berechnet hatte. Es gab weder Ausfälle, noch Pannen. Am 28. Dezember wurde der zweite Testflug durchgeführt und am 1. Februar 1989 wurde die Mrija der in- und ausländischen Presse vorgeführt. Der Tenor der Pressestimmen war begeistert.

Weil geplant war die Mrija am 38. Luftfahrtsalon in Paris Le Bourget teilnehmen zu lassen und man die herablassenden Äußerungen der Westpresse über die An-124 Ruslan noch immer im Hinterkopf hatte, wurde beschlossen, im Vorfeld der Ausstellung, mit der An-225 eine Reihe von Weltrekorden aufzustellen. So sollte die Leistungsfähigkeit der Mrija demonstriert werden.

Am 22. März 1989 startete die Mrija zu diesem Rekordflug. Er dauerte 3 Stunden und 45 Minuten und erbrachte 110 Weltrekorde[164]. Im Mai 1989 flog die Mrija nach Baikonur, um dort die Raumfähre Buran abzuholen. Das Gespann Mrija/Buran sollte nach Paris geflogen werden, um dort in Le Bourget ausgestellt zu werden. Der Besuch in Paris wurde zur Sensation.

Weitere Auftritte bei Luftfahrtausstellungen, diesmal aber ohne Buran, folgten. So tourte die Mrija nach Kanada, in die USA und nach Großbritannien.

1990 wurden auch erste kommerzielle Flüge der Mrija durchgeführt, bei denen es darum ging übergroße Maschinen innerhalb der Sowjetunion zu transportieren.

Die An-225 schien ein voller Erfolg zu werden. Eine zweite Maschine wurde in Auftrag gegeben[165], eine dritte sollte folgen. Doch dann schlug das Chaos von Glasnost und Perestroika zu.

Der Sowjetunion ging das Geld aus, das Land kollabierte und brach auseinander. An die Weiterführung des Buran-Programmes war nicht mehr zu denken. Und ohne dieses Programm fehlte die Lebensgrundlage der Mrija. Es stellte sich die Frage, wie es weiter gehen würde. Die Flugerprobung und die Zertifizierung waren noch längst nicht abgeschlossen. Kommerzielle Luftfrachtflüge im Ausland, wie sie durch die An-124-100 durchgeführt wurden, waren nicht möglich. Der Luftfrachtverkehr auf dem Gebiet der ehemaligen Sowjetunion kam zum Erliegen. Die Aussichten waren alles andere als rosig.

Dennoch wurden die Testflüge in der nunmehr unabhängigen Ukraine wieder aufgenommen und soweit vorangetrieben, dass die zivile Zulassung erfolgen konnte. Der Einstieg ins internati-

[164] Im Laufe der Jahre wurden weitere Weltrekordflüge durchgeführt. Es wurden dabei insgesamt fast 250 Weltrekorde aufgestellt. Darunter auch der für die höchste Zuladung. Dabei brachte die Mrija 253,8 t Fracht auf eine Flughöhe von 10.700 m.

[165] Das Flugzeug wurde, je nach Quellenlage, zwischen 65 und 70% fertiggestellt.

Auf dieser Nachtaufnahme sind die Buckel auf dem Rücken der Mrija gut zu sehen. (Foto: Nicole Pacholak)

Die Mrija von schräg hinten gesehen. Das riesige Leitwerk übertraf die Spannweite früher Boeing 737-Varianten. (Foto: Nicole Pacholak)

onale Luftfahrtgeschäft misslang aber. Deshalb wurde die Mrija abgestellt und ausgeschlachtet. Verwendbare Bauteile wurden genutzt, um die An-124-100 von Antonow Airlines am Leben zu erhalten. Die Mrija verkam. Doch dann änderte sich das Bild. Die Flüge der An-124 Ruslan hatten das Luftfrachtgeschäft angekurbelt und bewiesen, dass man große Frachtstücke nicht nur auf dem Wasser, sondern auch auf dem Luftweg von A nach B befördern konnte. Und das deutlich schneller und kostengünstiger. Der Bedarf an Luftfrachtkapazitäten stieg.

Deshalb begannen am Sommer 2000 die Arbeiten an der An-225, um sie wieder flugfähig zu machen. Im November 2000 war das Flugzeug gründlich durchgecheckt. Dann begann der Einbau von vorher demontierten Baugruppen, inklusive von Triebwerken der letzten D-18T Generation. Der Frachtraumboden wurde verstärkt. Dasselbe galt für die Laderampe, sie soweit ertüchtigt wurde Lasten bis 220 t auszuhalten. Ein modernes Kollisionswarngerät wurde installiert und auch eine GPS-gestütztes Navigationssystem. Die Triebwerke erhielten

Die Ladeluke ist offen, die Rampe ausgefahren. Die Mrija ist bereit zur Beladung. (Foto: Nicole Pacholak)

neue Lärmschutzverkleidungen. Die Erfahrungen, die man beim Betrieb der An-124-100 von Antonow Airlines gesammelt hatte flossen in die Umbauarbeiten ein. Die Arbeiten dauerten bis in den März 2001, dann wurde die Mrija noch einmal gründlich durchgeprüft und am 9. April 2002 kam es zum zweiten »Roll-Out«. Am 7. Mai 2001 startete die Mrija zum zweiten Jungfernflug, diesmal in den Farben der Ukraine. Sie wurde auch wieder auf dem Pariser Luftfahrtsalon in Le Bourget präsentiert.

Von da an war die Mrija als Frachtflugzeug unterwegs und transportierte Luftfrachtstücke, die für andere Frachtflugzeuge zu groß oder zu schwer waren. Bei diesen Flügen machte sie auch oft in Deutschland Station. Die Mrija erarbeitete sich einen guten Namen. Sie war groß, stark und leistungsfähig. Sie konnte Frachtstücke transportieren, die sonst niemand bewegen konnte.

Der Alltag zeigte aber auch, dass das Flugzeug nicht flexibel genug war, um überall auf der Welt eingesetzt werden zu können. Es war für viele Flugplätze einfach zu groß. Es brauchte lange, vor allem aber breite Start- und Landebahnen. Bei einer Spannweite von über 88 m kam es oft genug vor, dass die äußeren Triebwerke über die Betonflächen herausragten und der Abgasstrahl beim Start an den angrenzenden Rasenflächen Verwüstungen anrichtete.

Detailaufnahme des Bugs der Mrija, der dem der An-124 sehr ähnelt. (Foto: Nicole Pacholak)

Mrija im Flug, das Fahrwerk ist ausgefahren. (Foto: Nicole Pacholak)

Deshalb gab es beim Luftfrachtgeschäft ein beständiges Auf und Ab. Phasen in denen die Mrija ausgebucht war wechselten sich mit Phasen ab, in denen sie nur herumstand. Ende 2016 wurde das Flugzeug einer großen Werftüberholung unterzogen. Diese Phase dauerte 18 Monate.
In der Zwischenzeit bot die Volksrepublik China an, die zweite, unvollendete An-225 zu kaufen, inklusive der dazugehörigen technischen Dokumentationen. Die ukrainische Regierung stand diesem Ansinnen wohlwollend gegenüber[166]. Die Firma Antonow weigerte sich jedoch ihr Know-How für einen Apfel und ein Ei zu verschleudern. Im Dezember 2017 traten die Chinesen von ihrem Kaufangebot zurück. Als Grund hierfür wurde angegeben, dass der weltweite Bedarf an übergroßen Transportflugzeugen mehr als begrenzt sei.
Bei Antonow war man über diese Entwicklung froh, hatte man doch gemutmaßt, dass es den Chinesen eigentlich nur um einen Technologietransfer gegangen sei. 2018 war die Mrija wieder einsatzbereit. Ihr Betreiber war sicher, dass das Flugzeug

[166] Man kann die damalige ukrainische Regierung durchaus als korrupt bezeichnen. Für Geld verschleuderte sie alles. Man erinnere sich nur an den Flugzeugträger Varjag, das nie vollendete Schwesternschiff der russischen Kusnetzow. Die Ukraine verkaufte den Träger an China. Dort wurde das Schiff modernisiert und einsatzbereit gemacht. Heute befährt es unter dem Namen Liaoning die Gewässer des Pazifiks.

Mrija im Anflug. Die einmalige Triebwerksanordnung kommt hier besonders zur Geltung. (Foto: Nicole Pacholak)

in einem so guten Zustand sei, dass es problemlos bis ins Jahr 2033 eingesetzt werden könne. Doch es sollte anders kommen.

24. Februar 2022. Der Krieg begann. Die Mrija, die noch wenige Tage zuvor auf dem Flughafen Leipzig-Halle zu sehen gewesen war, stand auf dem Flugplatz Gostomel, wo ein Triebwerk gewechselt werden sollte. Es gelang noch vor Ausbruch der Kämpfe das Triebwerk zu tauschen und das Flugzeug für den Überführungsflug nach Leipzig aufzutanken. Zum Start kam es jedoch nicht mehr. Russische Fallschirmjäger versuchten den Flugplatz Gostomel im Handstreich zu erobern. Die ukrainische Armee wehrte sich erbittert. Die An-225 geriet zwischen die Fronten. Sie wurde während der schweren Kämpfe um den Flugplatz Gostomel so schwer beschädigt, dass sie de facto als irreparabel angesehen werden musste.

Weil in diesem Flugzeug aber ein Symbol für eine unabhängige Ukraine gesehen wurde und wird, gab es seitdem immer wieder Gedankenspiele die Mrija wiederaufzubauen. Bei der Eröffnung einer Ausstellung am Flughafen Leipzig-Halle, mit dem Titel »Licht und Schatten – Die Antonow Geschichte«, verkündete der ukrainische Botschafter in Deutschland, Oleksii Makeiew, am 7. November 2022, dass der Neuaufbau der Mrija bereits begonnen habe. Dabei, so der Botschafter, würden Teile der nie vollendeten zweiten An-225 verwendet, um aus zwei nicht mehr oder noch nicht flugfähigen Mrijas wieder ein vollständiges Flugzeug zu bauen.

Die letzte Lackierung der An-225 wirkte sehr gefällig. (Foto: Nicole Pacholak)

Die Mrija beim letzten Aufenthalt in Leipzig, im Winter 2022. (Foto: Nicole Pacholak)

Zum Zeitpunkt der Drucklegung dieses Buches besteht also durchaus die Hoffnung, die majestätische An-225 Mrija, auch in Zukunft wieder am Himmel bestaunen zu können. Und vielleicht wird der Flughafen Leipzig-Halle, der zum zweiten Standbein für Antonow Airlines geworden ist, zukünftig zum Heimatflughafen des weltgrößten Flugzeugs werden.

Die An-225 Mrija ist ein sechsstrahliges Transportflugzeug, mit Pfeilflügeln, einem Doppelleitwerk und einer Bugladerampe. Die Bugluke wurde, wie das gesamte Rumpfvorderteil, direkt von der An-124 übernommen. Die Bugluke kann hochgeklappt werden und gibt den Blick auf die Bugklappe frei. Die Bugklappe hat eine Größe von 6,40 m x 4,40 m. Im hochgeklappten Zustand versiegelt sie den Frachtraum des Flugzeugs hermetisch. Im heruntergeklappten Zustand dient sie als Bugrampe. Sie ist so massiv, dass sie von schwerer Technik befahren werden kann. Im Ursprungszustand konnten von der Bugrampe Lasten bis 150 t getragen werden. Nach einer Verstärkung in den Jahren 2017 und 2018 können Fahrzeuge mit einem Gewicht von 220 t die Bugrampe passieren.

Hinter der Bugklappe befindet sich der Frachtraum der An-225 Mrija. Er ist über 43 m lang, 6,40 m breit und 4,40 m hoch. Der Frachtraumboden wurde bei der Werksüberholung 2017/18 verstärkt. Im Frachtraumboden befinden sich über 1.000 Verzurrungspunkte, damit die Fracht gegen Verrutschen gesichert werden kann. Im Frachtraum gibt es, genau wie bei der An-124, zwei an der Decke montierte Laufkatzen, die Frachtstücke bis zu einem Gewicht von 25 t bewegen können. Im Gegensatz zur An-124 besitzt die An-225 keine Heckladerampe und keine Heckklappe.

Der Rumpf der An-225 besteht aus zwei Etagen. In der unteren Etage befindet sich der bereits erwähnte Frachtraum. Das obere Deck beherbergt das Cockpit, den Avionikraum, den Aufenthaltsraum für die Besatzung, sowie einen Passagierraum. Dieser ist größer als bei der An-124. Er hat nun Sitzplätze für 88 Personen. Ansonsten ist das obere Deck der An-225 mit dem der An-124 identisch.

Die Tragflächen sind beiderseits des Rumpfes in Schulterdeckeranordnung angebracht. Die äußeren Tragflächenabschnitte werden durch die Tragflächen der An-124 gebildet. Ein zusätzliches Tragflächenmittelstück wurde speziell für die An-225 gefertigt.

Über die gesamte Länge der Tragflächenvorderkanten sind

Dieses Foto entstand beim ersten Aufenthalt der An-225 in Leipzig. Man beachte die rote Bemalung, die noch aus Sowjetzeiten stammt. (Foto: Nicole Pacholak)

Stimmungsvolle Nachtaufnahme der Mrija. (Foto: Nicole Pacholak)

Vorflügel installiert. Sie arbeiten vollautomatisch und erzeugen bei Start, Landung und im Langsamflug zusätzlichen Auftrieb. An der Tragflächenhinterkante sind jeweils vier großdimensionierte Landklappen installiert. Die drei äußeren Landeklappen stammen von der An-124, die innere Landklappe wurde speziell für die An-225 gefertigt. Zur Quersteuerung des Flugzeugs besitzen die Tragflächen Querruder. Zu ihrer Unterstützung befinden sich auf der Tragfläche zusätzliche Spoiler. Alle Steuerflächen der An-225 werden von Elektromotoren geregelt. Diese erhalten ihre Steuerbefehle über Drahtleitungen von einem Zentralcomputer. D.h. die An-225 ist mit einem Fly-by-wire-System ausgestattet.

In den Tragflächen befinden sich jeweils neun Treibstofftanks. Die Tanks sind in Dreiergruppen angeordnet. Jede Dreiergruppe versorgt ein Triebwerk. Zusätzlich gibt es einen Zentraltank, der in der Lage ist alle sechs Triebwerke zu versorgen. Alle Treibstofftanks sind mit einer Ringleitung verbunden. Deshalb ist es möglich im Bedarfsfall Treibstoff von einem zum anderen Tank zu pumpen.

Alle Tanks können auf die herkömmliche Weise von oben befüllt werden. Dazu gibt es Tanköffnung auf der Tragflächenoberseite. Die Hauptbetankungsmethode ist jedoch die Druckbetankung. Die Anschlüsse hierfür befinden sich in den Seitenwülsten des Flugzeugs.

Unter der Tragflächenvorderkante sind die sechs Triebwerke der An-225 montiert. Zum Einsatz kommen Zweistromturbinenluftstrahltriebwerke mit hohem Bypass-Verhältnis, des Typs D-18T. Im Laufe der Jahre wurden verschiedene Baureihen des Triebwerks verwendet. Sie zeichneten sich durch eine ständig ansteigende Betriebssicherheit und verbesserte Lebensdauer aus.

Das Leitwerk der An-225 ist als Doppelseitenleitwerk ausgelegt. Das Höhenleitwerk besteht aus Höhenflosse und Höhenruder. Die beiden Seitenleitwerke gliedern sich in Seitenflosse und Seitenruder. Auch sie werden über Elektromotoren durch das Fly-by-wire-System gesteuert.

Das Fahrwerk der An-225 besteht aus Bauteilen der An-124. Wie die An-124 besitzt die Mrija zwei Bugfahrwerke. Jedes Bugfahrwerk ist doppelt bereift und kann vom Piloten am Boden gesteuert werden. Werden die Bremsen des Hauptfahrwerks zur Steuerung des Flugzeugs am Boden benutzt, können sich die Bugfahrwerke frei bewegen und folgen der Fahrtrichtung des Flugzeugs. Das Bugfahrwerk ist ungebremst. Es kann, wie bei der An-124, in seiner Länge verstellt werden. So ist es möglich den Bug des Flugzeugs abzusenken, was die Beladung vereinfacht. Weil die Mrija um einiges schwerer ist als die Ruslan wurde das Bugfahrwerk des Flugzeugs strukturell verstärkt.

Das Hauptfahrwerk der An-225 ähnelt dem der An-124. Der Hauptunterschied besteht darin, dass es nicht aus fünf, sondern aus sieben einzelnen Fahrwerksbeinen pro Seite besteht. Ein weiterer Unterschied ist die Steuerbarkeit der hinzugekommenen Fahrwerkspaare. So wurde die Beweglichkeit des Flugzeugs am Boden verbessert. Wie bei der An-124 sind auch bei der An-225 die Fahrwerksbeine doppelt bereift.

Die An-225 war (und hoffentlich wird sie es wieder sein) das größte Flugzeug der Welt. Es war stets ein beindruckendes Erlebnis die Mrija am Himmel fliegen zu sehen. Für mich war ihre Fähigkeit sehr langsam fliegen zu können das Beeindruckendste. Es war erstaunlich, dass ein so großes Flugzeug, so langsam seinem Ziel entgegenstreben konnte und dabei nicht vom Himmel fiel. Es war, als ob die Mrija schweben konnte.

Exkurs: An-70

Gehört die An-70 überhaupt in dieses Buch? Diese Frage ist berechtigt, fand ihr Jungfernflug doch erst 1994 statt, also zu einer Zeit als die Sowjetunion schon längst Geschichte war und sich das einst stolze Land in viele kleine, meist vor sich hin darbende Nachfolgestaaten aufgeteilt hatte. Und doch war die An-70 ein sowjetisches Projekt, zumindest in der Anfangszeit, denn ihre Ursprünge reichen weit in die sowjetische Ära zurück. Ausgangspunkt der An-70 war die Frage, ob es denn wirklich sinnvoll sei, Transportflugzeuge ausschließlich mit Strahltriebwerken auszurüsten. Die Sowjetunion war in der 1960er- und 70er-Jahren der amerikanischen Idee gefolgt, dass große Transportmaschinen auch schnell fliegen können müssen. Deshalb waren die IL-76, die An-72 und die An-124 alle mit Turbinenluftstrahltriebwerken ausgerüstet. Nur so konnten die geforderten Flugleistungen erfüllt werden.

Es gab aber auch immer eine Gegenmeinung, die sagte, dass eine hohe Fluggeschwindigkeit für Transportflugzeuge nicht das primär ausschlaggebende Kriterium sei. Viel wichtiger seien eine große Reichweite, eine große Tragkraft und ein möglichst ökonomischer Treibstoffverbrauch. Dabei verwiesen die Kritiker, der Verwendung des Strahltriebwerks bei Transportflugzeugen, auf die amerikanische C-130 Hercules und die sowjetische An-12. Beide Flugzeugtypen bildeten das Rückgrat der jeweiligen Transportfliegerkräfte. Sie waren weder formschön, noch glamourös, dafür verrichteten sie ihre Arbeit zuverlässig und waren überaus robust. Oleg Antonow schloss sich dieser Meinung an.

In der Sowjetunion wurde Mitte der 1970er-Jahre festgestellt, dass es notwendig sein würde einen Nachfolger für die An-12 zu schaffen, der spätestens in den 1990er-Jahren einsatzbereit sein sollte. Eine Modernisierung und die Wiederaufnahme der Serienproduktion der An-12 waren aber unmöglich. Man hatte die Fertigungslinien nämlich bereits Anfang der 1970er-Jahre demontiert und entsorgt. Deshalb wurde beschlossen ein Nachfolgemodell zu entwerfen, das auf dem neuesten Stand der Technik war. Dieses Flugzeug sollte in etwa die Größe und Leistungsfähigkeit der An-12 bekommen. Das war im Jahr 1976.

In den Folgejahren wurden die Anforderungen immer wieder verändert, so dass das OKB Antonow gezwungen war das Projekt mehrfach zu überarbeiten. Ein Grund hierfür waren die im Afghanistanfeldzug gemachten Erfahrungen, die in die Konstruktion des neuen Flugzeugs einflossen. Erst 1984 war man dann soweit, dass das Projekt den verantwortlichen Stellen zur Absegnung vorgelegt werden konnte.

Am 23. Juli 1984 erließ der Ministerrat der Sowjetunion den Befehl die An-70 in die nächste Entwicklungsstufe zu überführen.

Technische Daten der An-70	
Bezeichnung NATO	ohne
Abmessungen	
Spannweite	40,73 m
Länge	44,06 m
Höhe	16,38 m
Flügelfläche	200,00 m²
Massen	
Leermasse	73.000 kg
Startmasse	112.000 kg
Max. Startmasse	135.000 kg
Antrieb	4 x D-27
Startleistung	4 x 14.000 PS / 10.300 kW
Flugleistungen	
Höchstgeschwindigkeit	785 km/h
Marschgeschwindigkeit	750 km/h
Landegeschwindigkeit	176 km/h
Reichweite	1.350 – 7.800 km
Gipfelhöhe	12.000 m
Nutzlast	43.000 kg Fracht normal 47.000 kg Fracht maximal 110 Fallschirmjäger 300 Soldaten 206 Verletzte
Besatzung	3 + 2

Das Militär hatte weitere Änderungswünsche, so dass das endgültige Anforderungsprofil erst im Laufe des Jahres 1986 fixiert wurde. Dem Militär war es wichtig ein Transportflugzeug zu erhalten, das sowohl schnell[167], als auch treibstoffeffizient war. Es sollte in der Lage sein die gesamte Palette von Fahrzeugen und Ausrüstungsgegenständen einer mot. Schützendivision, sowie von Luftlandeverbänden zu transportieren. Luftlandefähige Fahrzeuge sollten abgeworfen und Fallschirmjäger in möglichst kurzer Zeit abgesetzt werden können.

Die An-70 musste ertüchtigt werden, auf frontnahen Feldflug-

[167] Angepeilt wurde eine Maximalgeschwindigkeit von Mach 0,8. Zum Vergleich, die C-17 Globemaster III hat eine Maximalgeschwindigkeit von Mach 0,77. Und die ist mit Strahltriebwerken ausgestattet.

plätzen starten und landen zu können und das ohne eine am Boden vorhandene Versorgungsstruktur in Anspruch nehmen zu müssen. Kurzstart und -landefähigkeit wurden genauso gefordert, wie eine möglichst hohe Steiggeschwindigkeit und eine gute Agilität. Das Flugzeug sollte zudem in die Lage versetzt werden sich gegen Lenkwaffenbedrohungen verteidigen zu können. Dazu zählten der Einbau von Störkörperwerfern und, falls notwendig, die Fähigkeit Störsender zur Niederhaltung feindlicher Radaranlagen mitzuführen.

Neben den militärischen Auftraggebern meldete auch die Zivilluftflotte ihre Wünsche an. Sie wollte eine zivile Ableitung der An-70 für den Frachtflugverkehr innerhalb der Sowjetunion. Als Typenbezeichnung für die Zivilvariante wurde An-70T vorgesehen.

Die Forderungen von Militär und Zivilluftflotte zu erfüllen war nicht einfach, zumal die Periode von Glasnost und Perestroika begann sich negativ auf die Wirtschaftskraft der Sowjetunion auszuwirken und somit die zur Verfügung stehenden Geldmittel immer weiter gekürzt wurden. Trotzdem wurden intensive Windkanaltests vorgenommen. 22 unterschiedliche Flugzeugkonfigurationen wurden in mehr als 1.400 Stunden im Windkanal untersucht. Dazu kamen noch zehn unterschiedliche Tragflächen und vier verschiedene Landeklappenkonfigurationen, die im Windkanal des ZAGI erprobt wurden. Nicht zu vergessen die Stunden, die Triebwerk und Propeller im Windkanal verbrachten.

Im Jahr 1991 war man dann soweit, dass die ersten beiden Prototypen der An-70 gebaut werden konnten. Die erste Maschine, Baunummer 01-01, sollte in die Flugerprobung gehen, während die zweite An-70, Baunummer 01-02, die statischen Tests über sich ergehen lassen würde. Drei weitere Prototypen waren angedacht, wurden aber aus finanziellen Gründen noch nicht begonnen.

Dann brach die Sowjetunion auseinander und das Programm An-70 kam in schweres Fahrwasser. Niemand wusste wie es weiter gehen sollte, zumal die Nachfolgestaaten der Sowjetunion in veritable Wirtschaftskrisen stürzten und für großangelegte Militärprojekte einfach kein Geld mehr vorhanden war. 1993 keimte dann doch so etwas wie Hoffnung auf. Am 24. Juni 1993 vereinbarten die Regierungen Russlands und der Ukraine das Projekt An-70, sowohl als militärisches, als auch als ziviles Transportflugzeug weiterzuführen. Die Finanzierung war so geregelt, dass Russland 80% des Etats beisteuern würde und die Ukraine den Rest. Gebaut werden sollte die An-70 sowohl in Kiew, als auch in einem noch zu benennenden Flugzeugwerk in Russland. Damit schien die An-70 auf einem guten Weg zu sein. Am 24. November 1994 hatte der Prototyp der An-70 sein Roll-Out. Am 16. Dezember 1994 fand der Jungfernflug statt. Die Werkserprobung begann. Sie dauerte allerdings nicht sehr lange, weil es beim vierten Testflug zu einem Kontrollverlust kam und die An-70 mit einem An-72 Begleitflugzeug in der Luft kollidierte und abstürzte. Daraufhin wurde der zweite Pro-

An-70 bei der Landung. (Foto: Beljakow)

Die An-70 hatte während der Flugerprobung eine lange Sensorsonde an der Nase. (Foto: Beljakow)

Blick in den Frachtraum. (Foto: Sammlung Normann)

An-70 im Überflug. (Foto: Beljakow)

totyp, der eigentlich für die statische Erprobung vorgesehen war, flugtauglich gemacht.
Er hatte am 26. Dezember 1996 sein Roll-Out und startete am 24. April 1997 zu seinem Erstflug. Diesmal verlief die Werkserprobung erfolgreich. Während der Testflüge konnten sechs Weltrekorde aufgestellt werden und das machte die Fachwelt aufmerksam. Sowohl in Ost, als auch in West sah man in der An-70 ein Flugzeug mit großem Potential.
Die Bundeswehr begann sich für die An-70 zu interessieren. Die An-70 schien das perfekte Nachfolgemodell für die langsam in die Jahre kommende C-160 Transall zu sein. Alle von der Bundewehr gewünschten Leistungen wurden von der An-70 erfüllt oder übererfüllt. Doch dann begannen Lobbygruppen gegen die An-70 zu arbeiten und für ein europäisches Transportflugzeug zu werben. Man suchte und fand ein Haar in der Suppe und so bevorzugte die Bundeswehr schließlich das Angebot des Haus- und Hoflieferanten Airbus, obwohl diese Firma noch nie zuvor ein Transportflugzeug gebaut hatte und die Airbus-Offerte doppelt so teuer war wie die An-70 aus der Ukraine. Damit war der An-70 der Exportmarkt Europa versperrt.
Doch es blieb noch der Exportmarkt Russland. Die Präsidenten Russlands und der Ukraine gaben am 27. Februar 1998 eine Erklärung ab, die verlautbarte, dass die An-70 das zukünftige Standardtransportflugzeug der jeweiligen Luftstreitkräfte werden sollte.
Die Flugerprobung ging weiter. Während eines Testflugs im eisigen Sibirien machte die An-70 am 27. Januar 2001 eine Bruchlandung. Ursache war Eis in einer Treibstoffleitung, was zum Ausfall eines Triebwerks führte. Das Flugzeug konnte aber repariert werden und nahm die Flugerprobung wieder auf.
2002 verkündete das russische Verteidigungsministerium, dass es 160 An-70 anschaffen wolle. Die Ukraine meldete den Bedarf von fünf Maschinen an.
Dann kam es zur ersten Orangenen Revolution in Kiew und die neue Führung der Ukraine begann einen antirussischen Kurs zu steuern. Das war für die Firma ANTK Antonow ein herber Schlag, denn die ukrainische Regierung stellte im Jahr 2005 die Finanzierung des An-70 Programms ein. Ein Jahr später trat auch Russland vom Vertrag zurück und verkündete nun, dass die IL-76MF, eine Weiterentwicklung der IL-76, das zukünftige Standardtransportflugzeug Russlands sein wird.
Nachdem einige Zeit später wieder eine prorussische Regierung in Kiew an der Macht gekommen war, ging auch das An-70 Programm weiter. Am 26. Mai 2010 gab der Kommandeur der russischen Luftstreitkräfte bekannt, dass Russland im Zeitraum bis 2030 30 bis 40 An-70 beschaffen werde.
Ein Jahr später gab es eine Verlautbarung des russischen Verteidigungsministers, dass Russland bald beginnen würde die An-70 anzuschaffen und bis 2020 plane 60 Flugzeuge dieses Typs in Dienst zu stellen. Im Juli 2011 wurde ein Vertrag abgeschlossen, der den Ankauf der ersten beiden An-70 beinhaltete.
Im Oktober 2011 wurde bekanntgegeben, dass die Produktion der An-70 sowohl in Kiew, als auch in Russland erfolgen sollte.
Im Januar 2012 nahm die Ukraine die Finanzierung des An-70 Programms wieder auf und im August 2012 wurden ukrainisch-russische Testflüge der An-70 aufgenommen. Verbesserungen wurden angemahnt und umgesetzt. Bereits am 27. September 2012 nahm die verbesserte An-70 ihre Flugerprobung auf. Das Programm An-70 schien damit in einem guten Fahrwasser.
Im November wurde festgelegt, dass das Flugzeugwerk Kasan in Russland die Produktion der An-70 übernehmen sollte. Weitere Verbesserungen wurden in die An-70 implementiert. Das Cockpit wandelte sich vom »Uhrenladen« zum Glascockpit, die Triebwerke wurden überarbeitet, das Rüstgewicht verringert, die Besatzungszahl sank von fünf auf drei Mann.
Am 11. April 2014 wurden die ukrainisch-russischen Zulassungstest erfolgreich abgeschlossen und das Flugzeug für die Serienproduktion vorgeschlagen. Doch zu diesem Zeitpunkt stand das Programm An-70 bereits unter keinem guten Stern mehr. Die Maidan-Revolution hatte die russlandfreundliche Regierung in Kiew beiseite gefegt. Die neuen Machthaber begannen sofort einen Konfrontationskurs gegenüber Moskau einzuschlagen. Anfang April 2014 wurde die militärtechnische Zusammenarbeit mit Russland eingestellt. Am 27. August 2014 wurde der Export von Militärgütern an Russland verboten. Dazu zählte auch die An-70.
Die ukrainische Regierung forderte nun vom ANTK Antonow Entschädigungszahlungen, weil dieses die gewünschten zwei An-70 nicht an die ukrainischen Luftstreitkräfte liefern konnte. Man kam dann zu einem Kompromiss und lieferte den An-70 Prototyp an die ukrainische Luftstreitkräfte aus. Zwei weitere An-70, die sich in der Bauphase befanden, wurden nicht mehr fertiggestellt. Ohne russische Propeller würden sie sich nie in die Luft erheben. 2015 strich das russische Verteidigungsministerium die An-70 endgültig aus allen Beschaffungsplänen.

Im Jahr 2013 wurde die An-70 in militärisch grauer Bemalung geflogen. (Foto: A Kusmin)

Damit war das Programm An-70 tot.
Das ANTK Antonow versuchte in den Folgejahren immer wieder das Programm zu beleben, indem russische Technikkomponenten durch westliche ersetzt werden sollten. Doch keine dieser Bestrebungen fruchteten. Damit endet das Kapitel An-70.
Dieses Flugzeug hätte eine große Zukunft haben können. Es war westlichen Konkurrenzmodellen durchaus ebenbürtig, zum Teil auch überlegen. Was ihm fehlte waren ein Markt und eine Lobby. Der Markt im Osten war aus politischen Gründen verschlossen, der im Westen, trotz anderslautender Sonntagsreden westlicher Politiker, ebenso.
Die An-70 ist ein viermotoriges Transportflugzeug mit Heckladerampe, leicht gepfeilten Tragflächen und einem Normalleitwerk. Der Rumpf der An-70 gliedert sich in drei Hauptgruppen: das Cockpit, den Frachtraum und die Hecksektion mit Laderampe. Der Bug der An-70 ist sehr kurz. Dies ermöglicht der Besatzung hervorragende Sichtbedingungen auf das Rollfeld, direkt vor dem Flugzeug. In der Rumpfnase ist das Bordradar untergebracht. Es wird durch eine aus Kunststoff gefertigte, aerodynamisch geformte Radarverkleidung geschützt.
Das Cockpit der An-70 hat im Laufe der Jahre erhebliche Veränderungen über sich ergehen lassen müssen. Zu Beginn der Entwicklung und in der ersten Prototypenphase war das Cockpit für eine Besatzung aus fünf Mann ausgelegt[168]. Die Instrumente waren alle Rundanzeigen, das Cockpit ein typisch sowjetischer »Uhrenladen«, mit dem obligatorischen »T«. Im »T« waren alle für den Flug unbedingt notwendigen Instrumente zusammengefasst und wurden zur besseren Erkennbarkeit mit einem weißen Strich umrandet.
Im Laufe der Jahre wurden immer mehr Rundinstrumente gegen Multifunktionsanzeigen ausgetauscht. In der letzten Ausbaustufe, die während der ukrainisch-russischen Flugerprobung im Jahr 2012 angemahnt wurde, wurde das Cockpit so modernisiert, dass das Flugzeug mit einer Flugbesatzung von drei Mann im Cockpit, plus ein oder zwei Lademeister, auskam. Das Cockpit ist vom Frachtraum durch eine Trennwand separiert und durch eine Tür mit diesem verbunden.
Der Frachtraum ist 4,00 m breit und 4,10 m hoch. Er ist 18,60 m lang[169] und kann Frachtstücke bis zu einem Gewicht von 47 t aufnehmen. Damit ist die An-70 in der Lage alle Gefechtsfahrzeuge einer Schützendivision, inklusive Kampfpanzer des Typs T-72, zu transportieren. Frachtstücke und Fahrzeuge bis zu einem Maximalgewicht von 20 t können während des Fluges über die Heckklappe abgeworfen werden. Das Absetzen erfolgt in der Regel in geringen oder mittleren Flughöhen.
Der Fußboden des Frachtraumes ist so verstärkt, dass er schwere Kampftechnik aushalten kann. Unter der Bodenabdeckung befinden sich Stauräume für Ersatzteile, Werkzeuge oder persönliche Sachen der Besatzung. Im Frachtraum befinden sich etliche Verzurrpunkte zur Herstellung der Ladungssicherheit. Entlang der Seiten des Frachtraumes sind Klappsitze für Passagiere, Soldaten oder Fallschirmjäger angebracht. An der Frachtraumdecke befinden sich zwei Laufschienen für jeweils zwei Laufkatzen. Mit ihrer Hilfe können Frachtstücke bewegt und punktgenau abgesetzt werden. Die Traglast der Laufkatzen beträgt 12.000 kg. Zusätzlich besitzt die An-70 im Frachtraum noch zwei elektrisch betriebene Winden mit einer Zugkraft von jeweils 1.500 kg.
Der Frachtraum ist voll hermetisiert, so dass Passagierflüge in allen Höhenbereichen problemlos durchgeführt werden können. Der Frachtraum wird zum Heck hin durch die Heckklappe abgeschlossen. Die Heckklappe besteht aus drei Teilen. Das größte Teil öffnet sich nach oben, die beiden Seitenteile werden nach innen geschwenkt. Sie geben den Weg für die Heckladerampe frei.
Diese ist so massiv ausgelegt, dass sie auch von schwerer Kettentechnik befahren werden kann.
Die Flugzeugzelle der An-70 ist zur Gewichtseinsparung zum Teil aus Verbundwerkstoffen hergestellt. Sie ist für eine Gesamtlebensdauer von 45.000 Flugstunden ausgelegt. Dabei sind 15.000 Landungen eingerechnet. Beiderseits des Rumpfes, in Hochdeckeranordnung angebracht, befinden sich die

[168] Die Besatzungsstärke von 5 Mann war ein Kriterium, weshalb sich die Bundeswehr letztendlich gegen die An-70 entschied.
[169] Die Gesamtlänge des Frachtraums, inklusive Frachtrampe, beträgt 22,40 m.

In dieser Farbgebung sollte die An-70 bei den russischen Luftstreitkräften eingesetzt werden. (Foto: Kusmin)

Tragflächen der An-70. Sie sind in konventioneller Leichtbauweise ausgeführt und haben Holme und Rippen als tragende Struktur. Die Beplankung besteht aus Aluminiumverbindungen und zum Teil aus Verbundwerkstoffen. Die Tragflächen haben ein leicht superkritisches Profil.

An der Vorderkante der Tragflächen sind die Triebwerke angebracht. Zum Einsatz kommen Propellerturbinen des Typs D-27. Jede Turbine hat eine Startleistung von 14.000 PS, sprich 10.300 kW. Die Turbinen treiben gegenläufige Doppelpropeller des Typs SW-27 an. Der vordere Propellerring hat acht Propellerblätter, der hintere Ring ist mit sechs Propellerblättern bestückt. Die gegenläufigen Propeller haben den Vorteil, dass sich die auftretenden Drehmomente gegeneinander aufheben. Das Flugverhalten des Flugzeugs ist deshalb angenehmer. Nachteilig ist das aufwendige Getriebe, das einen höheren Wartungsaufwand benötigt.

Die Propeller erzeugen eine heftige, aber konstante Luftströmung über der Tragfläche, so dass der Coanda-Effekt zum Tragen kommt. Er erzeugt einen großen Teil des Auftriebs, vor allem dann, wenn die Landeklappen ausgefahren wurden. So kann die Startstrecke der An-70 extrem kurz gehalten werden. Während der Flugerprobung wurde nachgewiesen, dass die An-70, beladen mit einer Fracht von 20 t, auch beim Start auf Rasenpisten, nach 600 bis 700 m vom Boden abheben kann. Vollbeladen ist die Startstrecke 1.900 m lang.

Damit das Flugzeug diese hervorragenden Starteigenschaften nutzen kann wurde die Tragflächenhinterkante, fast über die gesamte Länge, mit Landeklappen ausgestattet. Es kommen mehrfach unterteilte Fowlerklappen zum Einsatz[170]. An der Tragflächenvorderkante gibt es doppelt ausgelegte Vorflügel. An der Hinterkante der Außenflügel befinden sich die Querruder. Sie werden über ein Fly-By-Wire-System gesteuert. Zur Gewichteinsparung wurden sie aus Verbundwerkstoffen gefertigt.

In den Tragflächen befinden sich die Treibstofftanks. Sie sind in Dreiergruppen angeordnet, wobei jede Dreiergruppe einem Triebwerk zugeordnet ist. Die Tanks sind untereinander mit einer Treibstoffringleitung verbunden.

Am Rumpfheck befindet sich das Leitwerk der An-70. Es ist aus kohlenstoffverstärkten Kunststoffen hergestellt und als konventionelles Leitwerk ausgelegt. Das Seitenleitwerk besteht aus Seitenflosse und Seitenruder. Das Seitenruder ist dreigeteilt. Das Höhenleitwerk besteht aus Höhenflosse und Höhenruder. Das Höhenruder ist zweigeteilt. Durch die Teilung der Steuerflächen soll die Überlebensfähigkeit des Flugzeugs gesteigert werden, weil Treffer in den Steuerflächen nun nicht mehr die gesamte Fläche, sondern nur noch Teilflächen außer Gefecht setzen und deshalb die Steuerfähigkeit erhalten bleibt.

Das Fahrwerk der An-70 besteht aus einem doppelt bereiften Bugfahrwerk und einem Hauptfahrwerk mit drei Fahrwerksbeinen pro Seite. Jedes Fahrwerksbein ist ebenfalls doppelt bereift. Die Hauptfahrwerksräder sind großdimensioniert, so dass die An-70 problemlos von Rasenpisten aus operieren kann. Zudem besitzen sie Scheibenbremsen.

Das Bugfahrwerk ist ungebremst und wird vom Piloten gesteuert. Werden die Bremsen des Hauptfahrwerks zur Steuerung des Flugzeugs genutzt kann sich das Bugfahrwerk frei bewegen.

Die An-70 ist ein sehr gutes Transportflugzeug. Sie kann 110 Fallschirmjäger oder 300 Soldaten befördern. In der Sanitätsvariante können Liegen in drei Etage eingebaut werden, so dass 206 Verwundete, plus Begleitpersonal mitfliegen können. Die An-70 ist in der Lage Fallschirmjäger über die Heckluke abspringen zu lassen. Das geht verhältnismäßig schnell, so dass die Landezone nicht übermäßig ausgedehnt ist. Ihre Fähigkeit Lasten bis zu 20 t Gewicht an Fallschirmen abwerfen zu können ist voll auf der Höhe der Zeit. Die An-70 ist ohne Zweifel ein Meisterwerk, allerdings eins ohne Perspektive.

170 Die inneren Landeklappen haben eine Landestellung von 65°, die äußeren Klappen eine von 85°.

IL-12 (Nato-Code: Coach)

Nach den schweren und für die Rote Armee siegreichen Schlachten des Jahres 1943 machte sich in der Sowjetunion ein Gefühl des Optimismus breit. Es schien auf lange Frist absehbar, dass die Sowjetunion den Krieg gewinnen würde. Weitsichtige Zeitgenossen begannen deshalb bereits für die Zeit danach zu planen.
Der Leser wird sich sicher an die Geschichte der An-2 erinnern. Just zu jener Zeit erhielt Oleg Antonow von höchster Stelle den Auftrag ein landwirtschaftliches Flugzeug zu bauen. Bei der IL-12 lief die Geschichte jedoch ein klein wenig anders ab. Hier kam der Impuls ein neues Flugzeug zu bauen direkt aus dem OKB Iljuschin. Der Generalkonstrukteur Sergei Iljuschin erkannte, dass die Sowjetluftfahrt für die Nachkriegsperiode neue, leistungsfähigere Transport- und Passagierflugzeuge benötigen würde. Und genau solch ein Flugzeug wollte er bauen.
Das neue Flugzeug sollte die bisher verwendeten Maschinen der Typen Douglas DC-3 und Lisunow Li-2 in allen Belangen in den Schatten stellen. Es sollte schneller und höher fliegen, mehr Passagiere oder Fracht transportieren und einen bis dato in der Sowjetunion unbekannten Komfort bieten.
Iljuschin stellte sich das Ziel, dass das neue Flugzeug eine Geschwindigkeit von 400 km/h erreichen, in Höhen bis 7.000 m fliegen und eine Strecke von 5.000 km überbrücken sollte. Als Transportflugzeug sollte es drei Tonnen Fracht und als Passagierflugzeug 29 Passagiere befördern. Das Flugzeug erhielt die Bezeichnung IL-12.
Die IL-12 sollte ein viermotoriges Flugzeug werden. Nur so glaubte Iljuschin die gestellten Vorgaben einhalten zu können. Um in Flughöhen bis zu 7.000 m vorstoßen zu können waren Höhenmotoren notwendig. Deshalb beschloss Iljuschin die IL-12 mit dem höhentauglichen Motor M-88W auszustatten. Der 1.100 PS starke M-88 Motor[171] war dem OKB Iljuschin wohlbekannt. Er wurde bereits im Bomber IL-4 eingesetzt. Nun sollte er sich im zivilen Bereich bewähren.
Ein weiterer Baustein, um Flüge in großen Höhen absolvieren zu können, war die Auslegung der Flugzeugzelle als Druckkörper. Die Flugzeugzelle sollte hermetisch abgedichtet werden, um den Passagieren einen Aufenthalt ohne Atemmasken zu ermöglichen. Es war vorgesehen den Druck im Inneren des Flugzeugs durch die Entnahme von komprimierter Luft aus den Höhenladern der Triebwerke zu erzeugen. Für das OKB Iljuschin was das alles Neuland.
Die Passagierkabine sollte komfortable Sitze erhalten. Auf der linken Seite vom Gang waren Doppelsitze, rechts vom Gang Einzelsitze vorgesehen. Insgesamt sollte es zehn Sitzplatzreihen geben. Auf den ersten Einzelsitz musste man jedoch verzichten, weil an dessen Stelle die Eingangstür platziert wurde. Alles in allem sollte die IL-12 ein gehobenes Interieur erhalten, das mit dem bisher in der Sowjetluftfahrt gewohnten Holzklasseniveau nichts mehr gemein hatte
Eine weitere Neuerung, die das OKB bei der Entwicklung der IL-12 anwenden wollte, war der Einbau eines Bugfahrwerks. Mit dem Übergang zum Bugfahrwerk sollte ein angenehmeres Verhalten des Flugzeugs beim Rollen am Boden, sowie bei Start und Landung erreicht werden. Die Verbesserung der Sichtbedingungen sollte Starts und Landungen sicherer machen.
Am 4. Januar 1944 wurde das Projekt IL-12 von Sergei Iljuschin bestätigt. Er präsentierte das Projekt noch im selben

Technische Daten der IL-12	
Bezeichnung NATO	Coach
Abmessungen	
Spannweite	31,70 m
Länge	21,31 m
Höhe	7,80 m
Flügelfläche	103,00 m²
Massen	
Leermasse	11.000 kg
Startmasse	16.100 kg
Max. Startmasse	17.250 kg
Treibstoffmenge	6.000 l
Antrieb	2 x ASch-82FN
Startleistung	2 x 1.362 kW / 1.850 PS
Flugleistungen	
Höchstgeschwindigkeit	407 km/h in 2.000 m
Marschgeschwindigkeit	280 – 360 km/h
Landegeschwindigkeit	135 km/h
Reichweite	2.200 km
Gipfelhöhe	6.700 m
Nutzlast	2.160 kg Fracht 18 – 32 Passagiere 20 Fallschirmjäger
Besatzung	4 – 5

171 Bei der Il-4 wurde die Version M-88B verwendet.

Die IL-12 wurde bei der Aeroflot eingesetzt. (Foto: Sammlung Normann)

Monat dem Staats- und Parteichef Stalin, der sich von dem Vorhaben angetan zeigte und ihm somit seinen Segen gab.
Von oberster Stelle abgesegnet konnten die Arbeiten an der IL-12 weitergehen.
Im Laufe des Januars 1944 erfuhr das Projekt IL-12 einige Änderungen. Die wesentlichste Änderung betraf den Antrieb. Statt der vier M-88 Sternmotoren sollte die IL-12 nun mit zwei Dieselmotoren ausgerüstet werden. Jeder Motor hatte eine Leistung von 1.500 PS.
Die Dieselmotoren hatten Vor- und Nachteile. Als Vorteil galt, dass sie schmaler waren als die M-88 Antriebe und man deshalb aerodynamisch günstigere Motorenverkleidungen bauen konnte. Der Luftwiderstand verringerte sich merklich und der Treibstoffverbrauch sank. Auf der Negativseite stand, dass die Dieselmotoren ihre besten Leistungen in mittleren Flughöhen erzielten.
Vor die Wahl gestellt zwischen höhentauglichen, aber durstigen M-88-Sternmotoren und genügsamen Flugdieseln wählen zu müssen, entschied sich Iljuschin für die letztere Variante. Vielleicht spielten auch Überlegungen eine Rolle, dass die Sowjetluftfahrt in der Nachkriegsperiode keinen höhentauglichen Airliner mit luxuriöser Ausstattung benötigen würde[172]. Stattdessen würde ein zuverlässiges Arbeitspferd für den Personentransport auf kurzen und mittleren Strecken gebraucht.
Ohne die Höhenmotoren machte die Druckkabine keinen Sinn mehr, weshalb auf sie verzichtet wurde. Die IL-12 wurde nun als zweimotoriges Passagierflugzeug für die Mittelstrecke weiterentwickelt.
Der zukünftige Betreiber, die Fluglinie Aeroflot, meldete nun einige Änderungswünsche an. Die Passagierzahl wurde auf 27 reduziert. Dafür erweiterte man den Gepäckraum, der nun eine Zuladung von 500 kg aufnehmen konnte. Von der Idee einer beheizten, belüfteten und schallisolierten Passagierkabine zeigten sich die Vertreter der Aeroflot begeistert.
Im März 1944 konnten die Arbeiten am Projekt soweit abgeschlossen werden, dass die nächste Entwicklungsphase in Angriff genommen werden konnte. In dieser Phase ging es darum die IL-12 so zu gestalten, dass die Flugsicherheit so hoch wie möglich wurde. Dazu gehörten der Einbau eines Enteisungssystems und eines Feuerlöschsystems.
Im Herbst 1944 waren die Entwicklungsarbeiten abgeschlossen. Der Bau eines Makets[173] begann. Das Maket wurde einer Abnahmekommission vorgestellte, die sich im Allgemeinen sehr zufrieden äußerte. Nur der Einzugsmechanismus des Fahrwerks bot Anlass zur Kritik, weshalb er überarbeitet wurde. Der Bau des IL-12 Prototyps begann. Er wurde im Sommer 1945 abgeschlossen.
Am 15. August 1945 startete die IL-12 zu ihrem Jungfernflug. Die erste Phase der Flugerprobung folgte. Hier zeigte sich, dass die Dieselmotoren nicht das hielten, was man sich von ihnen versprochen hatte. Deshalb wurden sie durch Doppelsternmotoren des Typs ASch-82FN ausgetauscht.
Der ASch-82FN war ein luftgekühlter Doppelsternmotor mit Turbolader. Er leistete 1.850 PS. Mit ihm waren während des Krieges die Jagdflugzeuge der Typen La-5FN und La-7 ausgerüstet gewesen. Der Vorteil des ASch-82FN bestand darin, dass er leistungsstark und zuverlässig war. Seine Produktionstechnologie war erprobt, weshalb er in signifikanter Stückzahl gebaut werden konnte. Auf der Negativseite stand, dass seine Lebensdauer recht gering war. Sie lag zwischen 100 und 150 Betriebsstunden. Für ein Jagdflugzeug, das an der Front selten so alt wurde, war das kein Problem. Für ein ziviles Passagierflugzeug war die kurze Lebensdauer des Triebwerks jedoch ein großes Handikap.
Doch es blieb beim ASch-82FN. Am 9. Januar 1946 startete der IL-12 Prototyp erstmals mit diesem Triebwerk. In der folgenden Flugerprobung zeigte sich, dass die IL-12 mit diesem Triebwerk hervorragend flog und sich kaum Probleme ergaben. Noch vor Abschluss der Werkserprobung wurde von ganz oben festgelegte, dass die IL-12 in den Serienbau zu überführen sei. Der Serienbau sollte im Moskauer Flugzeugwerk »Banner der Arbeit« erfolgen.
Am 1. Juli 1946 begann die staatliche Flugerprobung, quasi parallel zur Aufnahme der Serienproduktion. Diese Phase der Flugerprobung zog sich bis zum 16. September 1946. Während dieser Phase wurde die IL-12 in allen Klimazonen der So-

[172] Nach dem Krieg kam Iljuschin auf die Grundidee eines viermotorigen Passagierflugzeugs zurück und entwickelte die mit vier Kolbenmotoren ausgerüstete IL-18, quasi als Gegenstück zur amerikanischen DC-4. Die IL-18 fand aber keinen Anklang bei den zukünftigen Betreibern, weshalb die Entwicklung aufgegeben wurde. Die Bezeichnung IL-18 wurde später neu verwendet, um ein viermotoriges Passagierflugzeug mit Propellerturbinenantrieb zu benennen. Die Turboprop IL-18 wurde ein großer Erfolg.
[173] Lebensgroße Attrappe oder auf Englisch »Mock-up«.

wjetunion getestet. Man flog sie in den Eiswüsten der Arktis und den Sandwüsten Mittelasiens. Man testete sie im Flachland und den Hochgebirgen des Tienschans[174]. Man ließ die IL-12 im überladenen Zustand vom hochgelegenen Flugplatz in Jerewan, Armenien, starten und landen. Und überall schlug sich die IL-12 wacker. Ein wichtiger Punkt bei der Erprobung war das Verhalten des Flugzeugs bei Starts und Landungen auf unterschiedlich ausgebauten Flugplätzen. Man startete von Betonbahnen, Rasen-, Schotter- und Sandpisten. Die Il-12 kam mit allen Bedingungen klar. Die Einschätzungen, die sie von ihren Testpiloten erhielt, waren durchgängig gut bis hervorragend.

Im Laufe des Jahres 1947 wurden die ersten IL-12 an die zivile Luftflotte ausgeliefert. Für die Piloten war die IL-12 gegenüber der zuvor geflogenen Li-2 ein großer Fortschritt. Die IL-12 war schneller, flog sich besser, war geräumiger und komfortabler.

Man unternahm Testflüge, um festzustellen bis zu welcher Zuladung das Flugzeug im Liniendienst einsetzbar war. Dabei stelle man fest, dass sich die IL-12 bei Startmassen über 18.000 kg während der Startphase instabil verhielt. Deshalb wurde von der Leitung der Fluglinie Aeroflot festgelegt, dass die maximal zulässige Abflugmasse von 16.100 kg nicht überschritten werden durfte. Um die angestrebte Flugstrecke mit diesem Gewichtslimit einhalten zu können war es nötig die Zahl der zu befördernden Passagiere auf 18 zu reduzieren. Der freigewordene Raum in der Kabine wurde zum Gepäckraum umfunktioniert. Im Laufe der Jahre zeigte sich aber, dass die Restriktion zu streng war, weshalb sich ab Mitte der 1950er-Jahre einbürgerte die IL-12 mit 21 Passagieren zu fliegen.

Die IL-12 wurde zunächst auf allen Inlandsrouten der Aeroflot eingesetzt. Später, als leistungsfähigere Flugzeuge zur Verfügung standen, flog die IL-12 auf Nebenrouten, wobei sie vor allem in Sibirien und dem hohen Norden zum Einsatz kam. Im Rahmen von Südpolarexpeditionen wurde die IL-12 auch in der Antarktis eingesetzt. Die Dienstzeit der IL-12 bei der Aeroflot dauerte bis ins Jahr 1970.

Der Weg der militärischen IL-12 begann am 30. Juli 1947. Zwei Serienmaschinen wurden zu Militärtransportern umgerüstet. Dazu wurde die gesamte Inneneinrichtung entfernt. Der aus Sperrholz bestehende Fußboden der Passagierkabine wurde durch einen aus Aluminium ersetzt. Außerdem baute man eine große zweiteilige Frachtluke ein.

Eine der beiden Maschinen wurde als Schleppflugzeug für Lastensegler verwendet. Die andere Maschine wurde zum Transport von Fracht und Fallschirmjägern eingesetzt. Zum Abschluss der Erprobung baute man Aufhängepunkte für Abwurfwaffen an und testete die IL-12 in der Rolle des Behelfsbombers.

Im Allgemeinen war das Militär mit der IL-12 zufrieden. Es hatte aber auch einige Änderungswünsche. So bemängelten die Militärpiloten die schwache Längsstabilität des Flugzeugs bei geringen Fluggeschwindigkeiten, das Fehlen eines voll ausgestatteten Arbeitsplatzes für den Bordnavigator und die Enge im Frachtraum, die für vollausgerüstete Fallschirmjäger zum Problem wurde. Der Versuch die IL-12 mit einem Abwehrstand auf dem Rumpfrücken auszustatten wurde nach kurzer Erprobung eingestellt, weil sich die Flugleistungen zu stark verschlechtert hatten. Die Änderungswünsche wurden bei der Entwicklung der Militärvariante IL-12D berücksichtigt.

1948 begannen die ersten Militär-IL-12 den Verbänden zuzulaufen. Den Piloten fiel es nicht schwer von der langsameren Li-2 auf die IL-12 umzusteigen. Und im Großen und Ganzen bewährte sich die IL-12. Mit einer Ausnahme: der Antrieb.

Die Motoren des Typs ASch-82FN hatten nur eine geringe Lebensdauer. Sie betrug anfangs, wie bereits erwähnt, nur 100 bis 150 Stunden. Das war für Kriegszeiten völlig ausreichend, doch für Friedensbedingungen viel zu wenig. Zunächst behalf man sich damit die Triebwerke nach Ablauf der Frist gegen neue auszutauschen. Auf die Dauer war dieses Vorgehen aber viel zu teuer.

Deshalb wurde versucht den Motor soweit zu verbessern, dass seine Lebensdauer gesteigert werden konnte. Mit der verbesserten Version ASch-82FNW gelang es die Lebensdauer auf 300 Stunden anzuheben. Das war nicht wirklich gut, aber deutlich besser als zuvor. Erst mit der Motorenversion ASch-82T, die für das Nachfolgemodell IL-14 entwickelt wurde, bekam die IL-12 einen wirklich zuverlässigen Antrieb.

Die IL-12 verblieb nicht lange in den Einsatzverbänden der sowjetischen Streitkräfte. Sobald leistungsfähigere Flugzeuge verfügbar waren wurde die IL-12 an die Schulverbände abgegeben. Dort blieb sie bis zum Jahr 1968.

Abschließend muss man sagen, dass das sowjetische Militär mit der IL-12 nicht vollkommen zufrieden war. Die beständigen Probleme mit dem kurzlebigen Antrieb, die zu einigen Unfällen geführt hatten, nagten am Renommee des eigentlich gu-

Sie ersetzte die Lisunow Li-2, konnte sie aber nicht vollständig verdrängen. (Foto: Sammlung Normann)

[174] Der Tienschan ist ein Ausläufer des Himalayas und befindet sich in Kirgisien.

Die Frachtversion IL-12D konte durch eine große Frachtluke in der Seitenwand beladen werden. (Foto: Sammlung Normann)

ten Flugzeugs. Hinzu kam die begrenzte Ladekapazität. Man konnte nur 20 Fallschirmjäger an Bord nehmen oder einen winzigen Luftlandepanzer des Typs ASU-57. Der Lastenabwurf konnte nur durch die seitliche Ladeluke erfolgen. Schwere Lasten konnten gar nicht abgeworfen werden.
Schnell wurde offensichtlich, dass eine ganz neue Generation spezialisierter Transportflugzeuge notwendig war. Diese wurde dann im OKB Antonow, beginnend mit der An-8, entwickelt.
Die IL-12 ist ein zweimotoriges Passagier- und Transportflugzeug, mit freitragenden Tragflächen in Tiefdeckerauslegung, einem Normalleitwerk und einem Einziehfahrwerk mit Bugrad. Im Bug der IL-12 befindet sich das Cockpit des Flugzeugs. Es wird von einer fünfköpfigen Crew besetzt. Zur Besatzung gehören der Pilot, der Copilot, der Bordnavigator, der Bordfunker und der Flugingenieur. Zur Ausrüstung im Cockpit gehören zwei Funkgeräte, ein Radiohalbkompass, ein Funkhöhenmesser und die Bordsprechausrüstung.
Dem Cockpit, das durch eine Trennwand vom Rest des Flugzeugs abgetrennt ist, folgt in der Passagierversion der vordere Gepäckraum[175], dem sich die Passagierkabine[176] anschließt. Beide Räume sind schallgedämpft und wärmegedämmt. Der Fußboden besteht aus zwei Lagen Sperrholz. In der Passagierkabine gibt es, je nach Ausstattung, 16 bis 32 Sitzplätze.
In der Transportversion IL-12D erstreckt sich der Frachtraum über die gesamte hintere Kabine. Der Fußboden besteht aus Aluminium. Der Zugang erfolgt über eine zweitürige Frachtluke. Sie hat eine Größe von 2,40 m x 1,65 m. Im rechten Lukenflügel ist eine zusätzliche Tür eingebaut. Sie hat eine Größe von 0,90 m x 1,35 m. Diese Tür, wie auch die Lukenflügel öffnen nach innen (Es gab auch Varianten der IL-12, bei denen sich die Lukenflügel nach außen öffneten.). Die Tür der Passagierversion öffnet dagegen nach außen.

[175] Größe 2,95 m x 2,60 m x 1,90 m
[176] Größe 7,93 m x 2,60 m x 1,94 m

Entlang des Frachtraumes sind in der Frachtversion Sitzbänke aufgestellt. Beide Versionen besitzen in der Bordwand Fenster. Die, von vorn gezählt, zweiten Fenster sind als Notausstiege ausgelegt. Sie öffnen nach außen und oben.
Beiderseits des Fracht-/Passagierraumes schließen sich, in Tiefdeckeranordnung, die Tragflächen der IL-12 an. Die tragende Struktur der Flügel wird durch drei Holme und mehrere Rippen gebildet. Die Außenhaut besteht aus Duraluminium. An der Tragflächenhinterkante befinden sich die Landeklappen, sowie, im äußeren Bereich, die Querruder.
An der Tragflächenvorderkante sind die Triebwerke montiert. Zum Einsatz kommen Doppelsternmotoren mit Aufladung und Direkteinspritzung des Typs ASch-82FN, die eine Startleistung von 1.850 PS haben. Ihre Höhenleistung beträgt 630 PS. Sie treiben Vierblattpropeller des Typs AW-9W an. Die Triebwerke sind mit je einer Feuerlöscheinrichtung ausgestattet. Dazu gehören Temperatursensoren, Kohlendioxidkanister, sowie Sprühdüsen.
Der Treibstoffvorrat wird in insgesamt zehn Tanks mit einem Gesamtvolumen von 6.000 Litern, innerhalb der Tragflächen, mitgeführt. Das Leitwerk der IL-12 ist freitragend ausgelegt. Das Seitenleitwerk gliedert sich in Seitenflosse und Seitenruder, das Höhenleitwerk in Höhenflossen und Höhenruder. Alle Steuerflächen werden mittels Gestänge oder Seilzüge gesteuert und können getrimmt werden.
Das Fahrwerk der IL-12 ist ein Dreipunktfahrwerk mit Bugrad. Das Hauptfahrwerk ist mit großen Niederdruckreifen der Größe 900 x 300 mm ausgestattet. Die Hauptfahrwerksräder sind mit Bremsen versehen. Die Bremsen werden am Boden zum steuern des Flugzeugs verwendet. Das Hauptfahrwerk wird nach vorn in die Triebwerksverkleidung eingezogen. Im ausgefahrenen Zustand des Fahrwerks bleiben die Fahrwerksklappen der IL-12 geöffnet. In der Praxis wurde bemängelt, dass sich auf diese Weise der Luftwiderstand unnötig erhöht und am Boden die Gefahr besteht, dass aufgewirbelter Schmutz in den Fahrwerksraum gelangen und dort potentiell zum Verklemmen des Fahrwerks führen kann.
Das Bugfahrwerk der IL-12 ist doppelt bereift. Die Reifen haben eine Größe von 770 x 330 mm. Das Bugfahrwerk wird hinten in den Rumpf eingezogen. Am Heck der IL-12 befindet sich ein Notrad, das Beschädigungen des Hecks bei zu steilem Start oder Landung verhindern soll. Das Rad hat die Größe von 300 x 125 mm.

Versionen:

IL-12	Basisversion
IL-12D	Militärvariante
IL-12T	Transportvariante

IL-14 (Nato-Code: Crate)

Die Ahnenreihe der IL-14 beginnt mit der legendären DC-3, jenem Passagierflugzeug das die amerikanische Flugzeugschmiede Douglas entwarf und das den Zivilflugzeugbau revolutionierte. Mögen wir Deutschen uns mit Recht darauf berufen, dass die Ju-52m3, die gute alte »Tante Ju«, einen ersten Meilenstein im zivilen Passagierflugzeugbau setzte, den Weg zum Flugzeug als Bewegungsmittel der Massen ebnete jedoch die DC-3.

Die Sowjetunion erwarb 1938 die Lizenz zum Bau der DC-3[177]. Die Realisierung des Serienbaus unter der Typenbezeichnung PS-84 war aber schwierig, weil die sowjetische Luftfahrtindustrie noch nicht alle Fertigungstechnologien beherrschte, die zum Bau des Flugzeugs notwendig waren. Deshalb wurde die DC-3 von einem Ingenieurskollektiv unter der Führung von Mjasischtschew umkonstruiert. Das Flugzeug wurde auf metrische Maße umgestellt[178], die Fertigungstechnologie so verändert, dass sie mit den sowjetischen Bedingungen kompatibel war. Weitere Änderungen betrafen eine etwas reduzierte Spannweite und der Einsatz eines schwächeren, nur 1.000 PS leistenden Motors. Sie wurden vorgenommen, weil es aus sowjetischer Sicht nicht auf die mögliche Höchstgeschwindigkeit ankam, sondern auf die Reichweite. Dementsprechend flog die ab 1940 als Li-2 bezeichnete Lizenzversion der DC-3 nicht nur deutlich langsamer als das amerikanische Original, sondern auch etwas weiter[179].

Die Li-2 wurde zum sowjetischen Standardtransportflugzeug des Zweiten Weltkrieges. Die Erfahrungen zeigten bald, dass eine höhere Fluggeschwindigkeit durchaus wünschenswert war, vor allem dann, wenn sich die Transportflieger ins feindliche Hinterland aufmachten, um dort operierende eigene Verbände zu versorgen. Deshalb begannen im Jahr 1943 im OKB Iljuschin die Vorarbeiten an einem neuen Transportflugzeug, das sich in seiner Auslegung an der DC-3 orientierte, jedoch auch modernere Konstruktionsansätze aufgriff. Zu den Neuerungen zählte der Übergang zum Bugfahrwerk, die Neugestaltung der Tragflächen und des Seitenleitwerks und der Einbau stärkerer Triebwerke, die während des Krieges noch den Jagdflugzeugen vorbehalten waren. Im Ergebnis entstand die IL-12, die 1946 fertiggestellt wurde und ab 1947 in den Serienbau ging. Weil

Technische Daten der IL-14P (DDR Produktion)	
Bezeichnung NATO	Crate
Abmessungen	
Spannweite	31,70 m
Länge	22,31 m
Höhe	7,80 m
Flügelfläche	99,70 m²
Massen	
Leermasse	12.700 kg
Startmasse	17.700 kg
Max. Startmasse	18.500 kg
Treibstoffmenge	3.520 l
Antrieb	2 x ASch-82T
Startleistung	2 x 1.397 kW / 1.900 PS
Flugleistungen	
Höchstgeschwindigkeit	430 km/h in 2.000 m
Marschgeschwindigkeit	280 – 360 km/h
Landegeschwindigkeit	135 km/h
Reichweite	1.000 km
Gipfelhöhe	6.500 m
Steiggeschwindigkeit	5,0 m/s
Nutzlast	4.800 kg Fracht 18 – 32 Passagiere 28 Fallschirmjäger
Besatzung	4 – 5

Die IL-14 war bis Anfang der 1980er-Jahre das Standardtransportflugzeug der NVA. Dieses Bild entstand in den frühen 1980er-Jahren und zeigt die Tarnbemalung. (Foto: Torsten Jentzen)

[177] Auch in Japan wurde die DC-3 in Lizenz gefertigt. Dort lief sie als Nakajima L2D, bzw. Showa L2D vom Band.

[178] Die Umstellung der Konstruktion auf das metrische System mag zunächst als wenig beeindruckend erscheinen. Sie war aber von hoher logistischer Tragweite. Durch die Verwendung von Schrauben, Muttern, Nieten etc., die in metrischen Maßen gefertigt wurden, waren für den Bau und den Betrieb der Li-2 keine speziellen Werkzeuge notwendig. Jeder, der schon einmal versucht hat ein amerikanisches Fahrzeug mit europäischen Werkzeugsätzen zu reparieren, wird den Wert der Umrüstung auf das metrische System zu schätzen wissen.

[179] Die DC-3 flog 60 km/h schneller, die Li-2 bis zu 300 km weiter.

Diese IL-14 hatte zusätzliche Gondeln für Fotoaufnahmen. Als Fotoflugzeug machte sie Luftbildaufnahmen für militärische, aber auch zivile Zwecke. (Foto: Torsten Jentzen)

die IL-12 mit einigen Kinderkrankheiten zu kämpfen hatte begannen sofort nach der erfolgreichen Absolvierung des staatlichen Testprogramms die Arbeiten am Nachfolgemodell IL-14. Ein Hauptproblem mit dem die IL-12 zu kämpfen hatte trat beim Ausfall eines Motors während der Startphase auf. Hier zeigte das Flugzeug Schwächen. Oft genug gelang es den Piloten nicht mehr das Flugzeug in die Luft zu bekommen, was in etlichen Fällen mit einem Bruch endete. Die Aeroflot hatte sich damit beholfen das Startgewicht des Flugzeugs per Befehl zu limitieren. Doch war dieser Weg ökonomisch wenig befriedigend. Außerdem entsprach das Flugverhalten der IL-12 bei niedrigen Geschwindigkeiten nicht unbedingt den Anforderungen an ein sicheres Passagierflugzeug.

Zwei IL-14 auf dem Flugplatz Cottbus. (Foto: Flugplatzmuseum Cottbus)

Im OKB Iljuschin kam man deshalb auf die Idee dem Flugzeug stärkere Motoren zu spendieren. Die Wahl fiel auf den Doppelsternmotor ASch-73, der eine Startleistung von satten 2.400 PS aufweisen konnte.

Die IL-12 wurde für diesen Motor umkonstruiert. Man machte das Flugzeug ein klein wenig größer und etwas schwerer. Die Sitzkapazität stieg auf 48. Das waren 30 Passagiere mehr, als die IL-12 bei der Aeroflot transportieren durfte. Weil die Änderungen groß genug waren, um eine neue Typenbezeichnung zu rechtfertigen, wurde dieses Flugzeug als IL-14 bezeichnet.

Im Frühjahr 1947 war das Projekt IL-14 auf einem guten Weg, doch dann kamen im OKB Iljuschin Zweifel auf. Die bloße Erhöhung der Motorleistung ermöglichte zwar den Start des Flugzeugs mit nur einem Motor und das auch noch, wenn das Fahrwerk ausgefahren war. Es wurde aber auch errechnet, dass die IL-14, bedingt durch den einseitigen Schub des verbliebenen Triebwerks, stark zur Seite ausbrechen würde. Dieses Verhalten war während der Startphase wenig wünschenswert.

Diese IL-14 ist im Technikmuseum Hugo Junkers Dessau ausgestellt. (Foto: Normann)

Deshalb wurde nach anderen Wegen gesucht, das Problem zu lösen. Gefunden wurde die Lösung nachdem man etliche Designstudien durchgeführt und die bei der Flugerprobung der IL-12 gewonnenen Daten ausgewertet hatte. Man kam zu dem Schluss, dass es ausreichend sei, wenn man die Triebwerksleistung der Motoren um schlappe 50 PS steigerte, allerdings nur, wenn gleichzeitig Maßnahmen ergriffen würden, die den Luftwiderstand des Flugzeugs deutlich reduzierten. Entsprechend dieser Erkenntnisse wurde die IL-14 umkonstruiert.

Ein erster Schritt betraf das Fahrwerk. Bei der IL-12 blieben die Fahrwerksklappen bei ausgefahrenem Fahrwerk stets offen. Dies generierte einen nicht unerheblichen Luftwiderstand. Bei der IL-14 wurden die Fahrwerksklappen nun so eingestellt, dass sie, bis auf die kurze Zeitspanne des Ein- und Ausfahrens des Fahrwerks, stets geschlossen blieben. Dies reduzierte nicht nur den Luftwiderstand, sondern verhinderte auch das Eindringen von aufgewirbeltem Schmutz, während des Rollens auf Gras- oder Sandpisten.

Ein verstärktes Hydrauliksystem beschleunigte das Ein- und Ausfahren des Fahrwerks. Bei der IL-14 war dieser Vorgang in fünf Sekunden erledigt. Beim Vorgängermodell hatte es noch doppelt so lange gedauert. Ein zweiter Schritt zur Reduzierung des Luftwiderstands bestand darin eine völlig neue Tragfläche zu konstruieren. Die Tragfläche der IL-14 hatte in etwa dieselbe Spannweite wie die der IL-12, dafür bekam sie aber ein völlig anderes Profil. Dieses Profil war dicker, jedoch strömungstechnisch günstiger geformt, was den Luftwiderstand verminderte. Das dickere Tragflächenprofil hatte noch einen positiven Nebeneffekt. Man konnte die Treibstofftanks weiter nach außen verlegen und so den Abstand zwischen Tanks und Passagierkabine vergrößern. So konnte die Feuergefahr für Passagiere und Besatzung beträchtlich reduziert werden.

Die Form der neuen Tragfläche unterschied sich deutlich vom Vorgängermodell. Sie hatte nun eine nach hinten gepfeilte Tragflächenhinterkante, die aerodynamisch günstig in den Rumpf überging. Das an dieser Tragfläche erzeugte Strömungsverhalten war sehr hilfreich, wenn das Flugzeug sehr langsam oder mit großen Anstellwinkeln flog. Deshalb wies die IL-14 ein deutlich stabileres Flugverhalten auf, als ihre direkte Vorgängerin.

Um das Flugverhalten beim Start zu verbessern wurde auch das Klappensystem der IL-14 überarbeitet. Es arbeitete nun effizienter und erlaubte es dem Flugzeug, auch mit ausgestellten Klappen, schneller zu beschleunigen und damit eher vom Boden abzuheben.

Der dritte Schritt zur Verbesserung des Flugzeugs betraf den Antrieb. Der Doppelsternmotor ASch-82FN wurde gründlich überarbeitet. Die Motorenbauer verstärkten die Leistung um gerade einmal 50 PS. Dafür gelang es ihnen die Zuverlässigkeit des Aggregats deutlich zu steigern. Seine Lebensdauer betrug nun 500 Stunden. Verglichen mit den zuvor erreichten

IL-14 der Aeroflot auf dem Flugplatz Alma Ata. (Foto: Sammlung Normann)

Blick in ein IL-14 Cockpit. (Foto: Normann)

100 bis 150 Betriebsstunden war das eine erhebliche Verbesserung.
Ein weiterer positiver Aspekt des überarbeiteten Motors war eine Reduzierung seines Treibstoffverbrauchs[180]. Der überarbeitete Motor bekam die Typenbezeichnung ASch-82T. Weitere Veränderungen betrafen den Einbau eines größeren Seitenleitwerks, ein verbessertes Enteisungssystem, sowie modernere Navigationsmittel und verbesserte Funkgeräte.
Durch Veränderungen in der Kabine konnte der Masseschwerpunkt des Flugzeugs nach vorn verlagert werden. Weil nun nicht mehr die Gefahr bestand, dass das Flugzeug bei einem zu steilen Start mit dem Heck auf die Startbahn aufschlagen würde, konnte auf das bei der IL-12 übliche Spornrad verzichtet werden. Der erste Prototyp der IL-14 wurde noch mit der alten Tragfläche und dem Seitenleitwerk der IL-12 gebaut. Er startete am 13. Juli 1950 zu seinem Jungfernflug.
Der Flug dauerte aber gerade einmal eine Viertelstunde, weil sich das Enteisungssystem als eine Fehlkonstruktion erwies und rasch überhitzte[181]. Das Enteisungssystem musste von Grund auf überarbeitet werden. Bei der Flugerprobung wurde außerdem schnell aufgedeckt, dass das Flugzeug immer noch beim Langsamflug eine zu geringe Längsstabilität besaß.
Im zweiten Prototyp wurden nun die gesamten Neuerungen eingebaut. Er bekam die neue Tragfläche, ein vergrößertes Leitwerk, die verbesserten Motoren und ein überarbeitetes Enteisungssystem. Die Typenbezeichnung wurde in IL-14P abgeändert.

Am 20.09.1950 startete die IL-14P zu ihrem Jungfernflug. Die Testpiloten waren mit ihr völlig zufrieden. Die IL-14P flog zuverlässig und stabil. Sie konnte Starts und Landungen mit nur einem Triebwerk spielend bewältigen und beim Ausfall beider Triebwerke konnte sie problemlos wie ein Segelflugzeug landen. Die IL-14P flog 30 km/h schneller als eine IL-12, verbrauchte weniger Treibstoff, was sich in einer vergrößerten Reichweite niederschlug. Sie war einfach zu steuern und sehr sicher. Sie war so robust, dass sie in allen Gegenden der Sowjetunion eingesetzt werden konnte. Bei der Flugerprobung bewies sie ihre Fähigkeiten sowohl im eisigen hohen Norden, als auch in den Wüstengegenden Mittelasiens oder auf hochgelegenen Flugplätzen im Kaukasus.
Die Werkserprobung zog sich bis Mitte 1951. Ende 1951 übergab man das Flugzeug zur staatlichen Erprobung, die bis zum August 1952 abgeschlossen werden konnte. Die Serienfertigung der IL-14P wurde im Frühjahr 1953 aufgenommen. Die ersten Maschinen wurden von der Aeroflot einer intensiven Erprobung unterzogen. Dabei bestätigten sich die positiven Ergebnisse der vorherigen Erprobungsphasen. Am 30. November 1954 nahm die IL-14P ihren regulären Liniendienst auf.
Weil die Produktionskapazitäten in der Sowjetunion nicht ausreichten wurde die Fertigung der IL-14 auf die Luftfahrtindustrie befreundeter Staaten verteilt. In Polen, der Tschechoslowakei und der DDR wurde die IL-14P ab 1955 in Lizenz gefertigt. Die Auslieferung der ersten in der DDR gebauten Maschine erfolgte 1956. Bis zur Einstellung des Serienbaus im Jahr 1959 verließen achtzig IL-14P die Werkhallen. Achtzehn Maschinen wurden an die NVA ausgeliefert.
Die in der DDR gebauten IL-14P unterschieden sich vom sowjetischen Original durch einen größeren Anteil von Bauelementen, die aus Leichtmetall gefertigt wurden. Deshalb konnten diese Flugzeuge maximal 32, statt der ursprünglichen 26 Passagiere befördern.
Die IL-14P wurde in den 1950er-Jahren zur Stütze der sowjetischen Zivilluftfahrt. Es zeigte sich bald, dass ihre Transportkapazität zu begrenzt war. Deshalb wurde die IL-14M geschaffen. Bei der IL-14M handelt es sich um eine Variante mit einem um etwa einen Meter gestreckten Rumpf. So konnten mehr Passagiere befördert werden. Allerdings stieg damit auch die Startmasse, was sich in leicht verschlechterten Flugleistungen niederschlug. In den 1960er-Jahren wurde die IL-14 von moderneren Flugzeugen abgelöst. Sie kam nun vermehrt auf dem Kurzstreckennetz der Aeroflot zum Einsatz. Hier kam es weniger auf Reichweite an, so dass es möglich wurde die Zahl der Passagiersitze zu erhöhen, bei gleichzeitiger Reduzierung des Tank-

[180] Die Treibstoffeinsparung betrug etwa 15%.
[181] Beim ersten IL-14 Prototyp wurden heiße Abgase des Motors direkt über ein Leitungssystem an die zur Vereisung neigenden Stellen transportiert. In der Praxis zeigte sich, dass das Leitungssystem schnell überhitzte. Man löste das Problem, indem man einen Wärmetauscher zwischenschaltete, in dem die heißen Abgase ihre Temperatur an die Luft innerhalb des Röhrensystems der Enteisung weitergab. Dieser Wärmetauscher konnte bei Bedarf gekühlt werden. Ein weiterer Vorteil war, dass die stark korrosiven Abgase nun vom Röhrensystem des Enteisungssystems ferngehalten wurden.

Die IL-14 wurde in der NVA durch die An-26 abgelöst. (Foto: Eberhard Kubig via Kobert)

volumens[182]. Von der IL-14 wurden im Laufe der Zeit einige Abarten produziert. Dazu zählen die Salonflugzeuge mit gehobener Ausstattung. Weiter gab es reine Transportflugzeuge für das Militär, Flugzeuge zum Absetzen von Fallschirmjägern oder Fotoflugzeuge zur Fernerkundung der Erde.

Einen wichtigen Beitrag leisteten speziell für die Bedingungen des hohen Nordens modifizierte IL-14 bei der Erschließung Sibiriens und der Arktis, sowie bei Expeditionen in der Antarktis. Auf den Nebenlinien blieb die IL-14 bis zum Ende der Sowjetunion im Einsatz. Die IL-14 war ein zweimotoriges Passagierflugzeug. Sie war eine Ganzmetallkonstruktion deren Rumpf in Halbschalenbauweise gefertigt wurde. Im Cockpit der IL-14 gab es Platz für fünf Besatzungsmitglieder. Dazu zählten Pilot und Copilot, Bordmechaniker, Funker und Navigator. Das Cockpit war durch eine Trennwand abgeteilt. Zum Betreten des Cockpits gab es eine Tür. Die sich hinter dem Cockpit anschließende Kabine wurde je nach Nutzungszweck des Flugzeugs entweder als Passagier- oder als Frachtraum verwendet. In den Passagiervarianten war die Kabine wärme- und schallisoliert. Sie konnte beheizt und belüftet werden. Je nach Bestuhlung fanden hier bis zu 32 Passagiere Platz. Es gab eine Bordküche und eine Toilette. Der Zugang zum Flugzeug erfolgte über eine Einstiegstür auf der rechten Seite. Eine Sonderform des Passagierflugzeugs IL-14 war dessen Salonvariante. Sie war mit bequemen Sesseln und Tischen, und sogar mit einer Schlafgelegenheit ausgestattet.

Bei den Frachtvarianten gab es in der Regel keine Schall- oder Wärmeisolierung in der Frachtkabine. Sitzgelegenheiten waren entlang der Seiten des Frachtraumes in Form von Sitzbänken[183] vorhanden. Um größere Frachtstücke einladen zu können wurden Anfang der 60er-Jahre die Einstiegstüren einiger

IL-14 der sowjetischen Polarflieger mit Kufenfahrwerk. (Foto: Sammlung Normann)

182 Bei der IL-14P stieg die Passagierzahl auf bis zu 32, bei der IL-14M auf 36 Personen.

183 Es gab auch Varianten mit Metallklappsitzen.

Dieser IL-14 der Polarflieger wurde bei einer missglückten Landung die Nase eingedrückt. Das Bild zeigt, wie das Flugzeug vor Ort repariert wurde. (Foto: Sammlung Normann)

Frachtflugzeuge der NVA durch große Ladeluken ersetzt. Die Ladeluken ließen sich nach oben schwenken und dort arretieren. In die Ladeluken war zudem die bisherige Einstiegstür integriert.

Durch die Ladeluken ließen sich größere Frachtstücke in das Flugzeug verladen. Die so modifizierten Maschinen erhielten die Bezeichnung IL-14P(T).

Die Beladung einer IL-14P(T) war trotz der Ladeluke sehr aufwändig. Das hing damit zusammen, dass der Einstieg weit über dem Bodenniveau lag. Alle Frachtstücke mussten hochgewuchtet und dann in den Laderaum bugsiert werden. Um sich die Arbeit zu erleichtern lud man in der Regel alle Frachtstücke zunächst auf einen LKW, von dessen Ladeplattform man die Fracht nahezu ebenerdig ins Flugzeug befördern konnte.

Die Tragflächen der IL-14 waren vollkommene Neukonstruktionen, die nach einer neuentwickelten aerodynamischen Theorie gestaltet wurden. Sie waren in Tiefdeckeranordnung am Rumpf des Flugzeugs befestigt und hatten im Vergleich zur IL-12 ein neues Profil, sowie eine trapezförmige Gestalt. Dank der neuen Formgebung generierten sie weniger Luftwiderstand und ermöglichten ein angenehmeres Flugverhalten des Flugzeugs. Die Tragflächen der IL-14 waren mit Querrudern und Landeklappen versehen. An den Tragflächenvorderkanten gab es Vorrichtungen zur thermischen Enteisung.

Die IL-14 Tragflächen waren dreigeteilt. Am Ende des inneren Drittels befanden sich die Triebwerksgondeln. Als Antrieb kam der Sternmotor ASch-82T zum Einsatz. Er war robust und relativ genügsam. Den Vortrieb generierte ein Vierblattverstellpropeller. Das Flugzeug war so konstruiert, dass es auch beim Ausfall eines Triebwerks problemlos weiterfliegen konnte[184].

Das Hauptfahrwerk der IL-14 war an den Triebwerksgondeln befestigt. Es war doppelt bereift und fuhr nach vorn ein. Die Fahrwerksklappen verschlossen sich auch bei ausgefahrenem Fahrwerk. So wurde der Luftwiderstand beim Flug mit ausgefahrenem Fahrwerk reduziert und gleichzeitig die Verschmutzung des Fahrwerksraumes beim Rollen am Boden verhindert.

Das Bugfahrwerk der IL-14 war einfach bereift. Es wurde nach hinten eingezogen.

Höhen- und Seitenleitwerk der IL-14 waren vollständig aus Metall gefertigt und in Normalform ausgelegt. Auch an den Leitwerken gab es eine thermische Enteisung.

Exkurs – In deutschen Diensten:

Die NVA flog IL-14 aus deutscher und sowjetischer Produktion[185]. Dabei spielte die IL-14 die Rolle des »Mädchen für alles«. Man nutze sie sowohl als Passagierflugzeug, als auch als Transportflugzeug und zur Erfüllung von Fotoaufgaben[186]. In der Salonvariante wurde sie von den Regierungsfliegern verwendet und kam als Stabsreiseflugzeug zum Einsatz.

Zunächst flogen die IL-14 der NVA in Silbergrau. Eine Ausnahme bildeten die als Schulflugzeuge für die Transportflieger verwendeten Maschinen. Diese hatten von Anfang an einen

[184] Mehr oder weniger scherzhaft wurde behauptet, dass die IL-14 beim Ausfall beider Triebwerke noch eine ganze Weile als Segelflugzeug weiter fliegen könne und auch problemlos wie ein Segelflugzeug zu landen vermochte.

[185] Aus der Sowjetunion kamen vier Maschinen.

[186] Diese Aufgaben betrafen unter anderem auch die Volkswirtschaft. Hier wurde z.B. die Luftbildvermessung von Tagebauen betrieben. So konnte der Abbaufortschritt leichter und schneller dokumentiert werden, als es mit herkömmlichen Methoden der Landvermessung möglich war.

Diese IL-14 in den Farben der Polarflieger wird in Russland als Traditionsmaschine genutzt. (Foto: Sammlung Normann)

grünen Anstrich. Im Laufe der Jahre wurden alle IL-14 der NVA mit einer Tarnbemalung, bzw. mit einem matten Tarngrün versehen[187].

Die Iljuschin IL-14 wurde im Dezember 1956 in Dienst gestellt und diente zunächst in der Transportfliegerschule (TFS) Dessau. Ab Juli 1957 kam sie auch bei den Regierungsfliegern (STS-29) zum Einsatz. Als die Transportfliegerschule 1963 aufgelöst wurde stellte man im selben Jahr die Transportfliegerstaffel 27 (TS-27) in Dresden auf. Ihr wurden alle Dessauer Maschinen zugeteilt.

Ab Mitte der 60er-Jahre war die TS-27 (später TS-24) alleiniger Betreiber der IL-14. Die Regierungsflieger gaben ihre IL-14 zu Gunsten neuer Flugzeugtypen ab.

Die bei den Transportfliegern der LSK verwendeten IL-14 waren in der Mehrzahl mit Klappsitzen und einer normalen Eingangstür ausgestattet. Diese Flugzeuge wurden als *Schul-, Transport-* und *Springervariante* bezeichnet. Darüber hinaus gab es die IL-14 in der Passagiervariante und als Salonflugzeug. Da die Beladung einer IL-14 durch die kleine Eingangstür schwierig war, wurden im Laufe der Zeit vier Maschinen mit einer großen Ladeluke nachgerüstet.

Drei weiter Maschinen rüstete man zu Fotoflugzeugen um. Dazu erhielten sie eine Beobachtungsgondel unter dem Rumpf. Die Gondel war mit Fenstern versehen. So konnten Fotoaufgaben besser gelöst werden. Die IL-14 wurde in der NVA lange und intensiv genutzt. Sie war ein gutmütiges, robustes und zuverlässiges Flugzeug. Am Ende ihrer Dienstzeit begannen sich aber durch Abnutzung hervorgerufene Ausfälle zu mehren. Deshalb begann man ab 1979 die verbliebenen IL-14 außer Dienst zu stellen.

Ihre Aufgaben wurden durch die An-26 übernommen. 1982 war die Zeit der IL-14 in der NVA endgültig abgelaufen. Während der 26 Jahre, die die IL-14 bei der NVA im Dienst stand ging nur eine einzige Maschine durch einen Unfall verloren[188].

Versionen:

IL-14	Basisvariante
IL-14P	Passagierversion für 18 bis 32 Passagiere.
IL-14PS	Passagierversion mit gehobenem Komfort
IL-14S, SI, SO	Salonversionen
IL-14M	Version mit längerem Rumpf für 28 bis 36 Passagiere
IL-14T	Transportvariante für das Militär
IL-14TB	Schleppversion für Lastensegler
IL-14TS	Sanitätsversion
IL-14D, TD, T-TD	Fallschirmjägerversionen
IL-14G	zivile Frachtversion
IL-14 Patrulnui	Version für die Grenztruppen des KGB
IL-14FKM, FMP	Fotoversionen

[187] Nach anderer Quellenlage waren alle IL-14 der Transportflieger der NVA zu Beginn ihrer Dienstzeit waren mit einem dunkelgrünen Sichtschutzanstrich versehen. In den 60er-Jahren wurde dieser entfernt, so dass die Maschinen silbergrau unterwegs waren. In der Mitte der 70er-Jahre erhielten die Iljuschins einen individuellen, zweifarbigen Tarnanstrich.

[188] Das war eine Kollision mit einem Schornstein des Kraftwerks Vockerode, während des Landeanflugs auf den Flugplatz Dessau.

IL-76 (Nato-Code: Candid)

Die Militärstrategie der Sowjetunion war während des Kalten Krieges vom Trauma des 22. Juni 1941 geprägt. Für westdeutsche Leser und die nachgeborene Generation muss man erklären, dass der 22. Juni 1941 für die Sowjetunion dasselbe war, wie Pearl Harbour für die Amerikaner. Nur mit dem Unterschied, dass die Amerikaner lediglich eine Handvoll Schiffe und etwa 3.000 Menschenleben verloren, die Sowjetunion jedoch in Folge des deutschen Überfalls mehrere Millionen Soldaten und knapp ein Drittel des Territoriums einbüßte. So etwas durfte sich nicht wiederholen.

Deshalb war die sowjetische Militärdoktrin offensiv ausgerichtet. Der Konflikt, von dem man ausging, dass ihn der Westen beginnen würde, sollte so schnell wie möglich auf das Territorium des Feindes getragen werden. Dazu wurden zahlenmäßig starke und schlagkräftige Angriffsverbände, inklusive Luftlandetruppen aufgestellt.

Mitte der 1960er-Jahre war die An-12 das Arbeitspferd der WTW, der sowjetischen Luftlandetruppen. Die Antonow war solide und zuverlässig, den Planern der sowjetischen Strategie jedoch nicht mehr schnell genug. Und zwar aus gutem Grund. Um eine großangelegte Luftlandung, tief im gegnerischen Gebiet, durchführen zu können brauchte man schnelle Transportflugzeuge. Sie sollten massiert eingesetzt werden, die von den eigenen Luftstreitkräften in die feindlichen Luftverteidigungslinien gerissenen Lücken ausnutzen, zum Absprunggebiet vorstoßen und dort Fallschirmjäger, Nachschub und Kampftechnik in großer Zahl abwerfen. Um dem Feind keine Zeit für die Organisation einer effektiven Abwehr zu geben, musste die Luftlandeaktion so schnell wie möglich über die Bühne gehen. Deshalb wurde für die zukünftigen Transportflugzeuge eine möglichst hohe Marschgeschwindigkeit angestrebt.

Am 28. Juni 1966 gab das Ministerium der Luftfahrtindustrie einen Befehl heraus, mit dem das OKB Iljuschin angewiesen wurde die Möglichkeit zur Schaffung eines neuartigen Transportflugzeugs zu untersuchen. Das neue Flugzeug sollte mittelschwer werden und vier Turbofan-Triebwerke erhalten. Es sollte zukünftig als Arbeitspferd der Luftlandeverbände zent-

Technische Daten der IL-76	
Bezeichnung NATO	Candid
Abmessungen	
Spannweite	50,50 m
Länge	46,59 m
Höhe	14,76 m
Flügelfläche	300,00 m²
Massen	
Leermasse	88.000 kg
Startmasse	157.000 kg
Max. Startmasse	170.000 kg
Treibstoffmenge	109.480 Liter
Antrieb	4 x D-30KP
Schub	4 x 117,7 kN / 12.000 kp
Flugleistungen	
Höchstgeschwindigkeit	975 km/h
Marschgeschwindigkeit	750 - 800 km/h
Landegeschwindigkeit	k.A.
Reichweite	4.000 bis 5.000 km
Gipfelhöhe	12.000 m
Nutzlast	40.000 kg Fracht normal 47.000 kg Fracht maximal 145 Soldaten im Frachtraum 126 Fallschirmjäger im Frachtraum
Besatzung	6 + 2

Die IL-76TD-90WD ist eine moderne Version des Flugzeugs. (Foto: Giorgio Varisco)

Die An-76TD-90WD von vorn gesehen. (Foto: Giorgio Varisco)

raler Unterstellung[189] dienen, sowie bei den Transportfliegerkräften der einzelnen Fronten[190] zum Einsatz kommen. Gefordert war die Fähigkeit von unvorbereiteten Landestreifen mit begrenzter Länge operieren zu können, sowie die Fähigkeit sowohl Luftlandesoldaten und Kampftechnik, als auch Versorgungsgüter in nennenswerter Zahl absetzen zu können.

Die Transportkapazität des neuen Flugzeugs war so auszulegen, dass es drei Luftlandeschützenpanzer BMD-1[191] auf einen Schlag transportieren konnte. Dementsprechend musste der Frachtraum konfigurierte werden. Das OKB Iljuschin erarbeitete einen dementsprechenden Vorschlag, der am 25. Februar 1967 vom Generalkonstrukteur Sergei Iljuschin abgesegnet wurde. Am 27. November 1967 wurde der Vorschlag dem Ministerrat der Sowjetunion vorgelegt und von diesem gebilligt.

Damit konnte die Entwicklung des nun als IL-76 bezeichneten Flugzeugs in die nächste Phase gehen. Die Anforderungen, die man an die IL-76 stellte, waren hoch. Sie musste auf unbefestigten Pisten starten und landen können und außerdem in der Lage sein auf einer nur 40 m breiten Startbahn zu wenden. Deshalb musste ein neuartiges Fahrwerksystem entwickelt werden. Die Lösung, die schließlich gefunden wurde, war innovativ. Um den Bodendruck so gering wie möglich zu halten wurde jedes Fahrwerksbein mit vier großdimensionierten Rädern mit Niederdruckreifen ausgestattet. Die Räder wurden dabei paarweise, auf einer Achse, an den Fahrwerken befestigt. Um nach möglichst kurzer Zeit das Flugzeug zum Stehen zu bringen, wurden die Hauptfahrwerke mit hocheffizienten Scheibenbremsen ausgerüstet.

Die Triebwerke erhielten aus dem gleichen Grund Schubumkehrvorrichtungen. Als Antrieb waren vier Strahltriebwerke mit hohen Bypass-Verhältnis und einem Schub von jeweils 11.000 kp vorgesehen. Sie mussten aber erst noch entwickelt werden. Um der IL-76 sowohl eine hohe Marschgeschwindigkeit, als auch gute Langsamflugeigenschaften geben zu können musste eine neue Tragfläche entwickelt werden. Es wurde ein mäßig gepfeilter Flügel ausgewählt, der mit einer Vielzahl von Klappen und Spoilern versehen wurde. So wollte man den Anforderungen gerecht werden.

Die Frachtraumgröße wurde auf 20 m Länge, ohne Laderampe, 3,45 m Breite und 3,40 m Höhe festgelegt[192]. Laderampe und Frachtraumboden sollten so massiv ausgelegt werden, dass sie von kettengetriebener Kampftechnik problemlos befahren werden konnten.

Ende 1968 war das Projekt so weit vorangeschritten, dass ein Maket, ein lebensgroßes Modell, des Flugzeugs gebaut werden konnte. Im Mai 1969 wurde das Maket von der Modell-Kommission ausgiebig begutachtet. Hierbei wurde ein besonderes Augenmerk auf die Ladekapazität des Flugzeugs gelegt. Dazu hatte man den Frachtraum des Makets so massiv gebaut, dass er von schwerer Kampftechnik befahren werden konnte. Während der Überprüfung wurde die gesamte Technik einer Luftlandedivision durch den Frachtraum geschleust. Sie wurde in den Frachtraum gefahren, dort vertäut und anschließend wieder entladen. Dieser Vorgang dauerte etwa zwei Wochen. Die dabei gesammelten Daten wurden ausgewertet.

Am 20. November 1969 bestätigte der Kommandeur der so-

[189] Zentrale Unterstellung … sowjetischer Begriff für Einheiten, die dem Zentralkommando direkt unterstellt waren.

[190] Front … sowjetischer Begriff für Heeresgruppe.

[191] Der BMD-1 wurde ab 1965 entwickelt. Er war etwa 8 t schwer, 5,40 m lang, 2,63 m breit und 1,97 m hoch. Er hatte eine Besatzung von 2 Mann und konnte zusätzlich 5 Luftlandesoldaten transportieren. Bewaffnet war er mit einer 73 mm Glattrohrkanone, einem 7,62 mm Koaxial-MG und einer Panzerabwehrlenkwaffe Maljutka.

[192] In den Serienmaschinen wurde er leicht vergrößert.

Diese IL-76T wurde für Hilfslieferungen im Sudan eingesetzt. Gut zu erkennen sind die »dünnen« Triebwerke, die bei den ersten Versionen der IL-76 zu Einsatz kamen. (Foto: USAID)

Diese IL-76 wurde als Versuchsträger für das Triebwerk der An-70 verwendet. (Foto: Rob Schleiffert)

Entladung einer IL-76. (Foto: US Air Force, Senior Airman Ken Bergmann)

wjetischen Fliegerkräfte die Ergebnisse der Maket-Untersuchung und gab grünes Licht für die Weiterentwicklung der IL-76. Damit trat die Entwicklung der IL-76 in die nächste Phase ein. Während der vollständigen Entwicklung der IL-76 wurde großer Wert gelegt auf die Überlebensfähigkeit, die Flugsicherheit und die Fähigkeit autonom von vorgeschobenen Basen aus operieren zu können. Es wurden etliche Lösungen neu erfunden, was zu mehr als 200 Patentanmeldungen führte. Zusätzlich wurden 30 ausländische Patente eingekauft, um deren Lösungen in der IL-76 anwenden zu können.

Der Bau des ersten Prototyps begann 1970 im hauseigenen, dem OKB angeschlossenen Flugzeugwerk. Im Frühjahr 1971 wurden die Arbeiten abgeschlossen und am 25. März 1971 startete die IL-76 zu ihrem Jungfernflug vom Flugplatz Chodinka aus. Gelandet wurde auf dem Flugplatz Ramenskoje. Danach begannen die Flüge der Werkserprobung, um die erbrachten Flugleistungen mit den errechneten Daten abzugleichen.

Im Mai 1971 wurde die IL-76 der Partei- und Staatsführung vorgestellt. Die Elite war von dem neuen Flugzeug so begeistert, dass Iljuschin die Erlaubnis erhielt die IL-76 auf dem Internationalen Luft- und Raumfahrtsalon in Paris Le Bourget auszustellen.

Der zweite Prototyp der IL-76 wurde ebenfalls in Moskau gebaut. Er startete Ende 1972[193] zum Erstflug. Zwei weitere Prototypen wurden im Flugzeugwerk Taschkent gefertigt. Es waren Maschinen der Vorserie, die an der staatlichen Flugerprobung teilnahmen. Bei ihnen lag der Schwerpunkt bei der Erprobung der militärischen Komponenten des Flugzeugs, inklusive seiner Heckbewaffnung. Auch wurden zukünftige Verfahren für den Lastenabwurf unter gefechtsmäßigen Bedingungen erprobt.

Nach 964 Flügen und 1.676 akkumulierten Flugstunden endete die Flugerprobung am 15. Dezember 1974. Zu diesem Zeitpunkt lief bereits die Serienfertigung im Flugzeugwerk Taschkent. Hier hatte die IL-76 sowohl die An-12, als auch die An-22 auf den Fertigungslinien abgelöst.

Als erste Einheit erhielt das 339. Transportfliegerregiment aus Witebsk das neue Flugzeug. In Witebsk war die IL-76 damals schon keine Unbekannte mehr, waren doch Teile der Flugerprobung von diesem Flugplatz aus erfolgt.

Den Besatzungen fiel der Umstieg auf die IL-76 nicht gerade leicht. Das Flugzeug war deutlich leistungsfähiger und komplexer als die An-12, die sie abgelöst hatte. Es musste in einem Geschwindigkeitsbereich zwischen 260 und 825 km/h sicher beherrscht werden[194]. Für gewöhnlich hatte die IL-76 der ersten Bauserie eine maximale Startmasse von 170 t und konnte 28 t Fracht transportieren. Die Reichweite lag bei 4.200 km. Später wurde das Flugzeug modernisiert. Es wog nun maximal 190 t, trug bis zu 43 t Last und flog bis zu 4.000 km weit.

[193] Nach anderer Quelle Anfang 1973.

[194] Bei 260 km/h wurden Fallschirmjäger und Kampftechnik abgesetzt.

Neu waren für die Besatzungen die Qualität der Avionik, der Funktechnik und der Flugsteuerungskomplex PNKP-76. Letzterer machte es möglich, dass das Flugzeug einem vorher eingegebenen Kurs automatisch folgte und an den eingespeicherten Wegpunkten vorgegebene Aufgaben ohne Zutun der Besatzung erledigte. Mit dem PNKP-76 war es auch möglich vollautomatisch im Gefechtsverband mit anderen IL-76 zu fliegen. Der Automatisierungsgrad war für die damalige Zeit ausgesprochen hoch.

Am 21. April 1976 wurde die IL-76 offiziell in den Bestand der Transportfliegerverbände der Sowjetarmee aufgenommen. In der Folgezeit stellten immer mehr Einheiten von der An-12 auf die moderne IL-76 um. Mitte der 1980er-Jahre war die Zahl der IL-76 bereits soweit angestiegen, dass sie 89% aller luftbeweglichen Truppentransporte und 74% der militärischen Luftfracht bewältigten. Während des Afghanistanfeldzuges absolvierten Maschinen des Typs IL-76 14.700 von 26.900 insgesamt geflogenen Einsätzen der Transportfliegerkräfte. Ab Mitte der 1980er-Jahre stellte die IL-76 auch zahlenmäßig die größte Gruppe der sowjetischen Transportflugzeuge.

1991, dem Jahr des Zusammenbruchs der Sowjetunion, waren 69% aller sowjetischen Transportflugzeuge vom Typ IL-76. Bis heute bildet die IL-76 das Rückgrat der russischen Transportfliegerkräfte. Ab 1978 wurden zivile Varianten der IL-76 von den Frachtfliegern der sowjetischen Fluglinie Aeroflot eingesetzt. Sie kamen sowohl im Inland, als auch im Ausland zum Einsatz.

Im Laufe der Jahre wurde die IL-76 immer weiter modernisiert. Neue, immer leistungsfähigere Transportversionen erschienen. Neben der originalen IL-76 gab es die Frachtvariante IL-76T, sowie die eigentliche Militärausführung IL-76M, bzw. die mit größeren Tanks ausgerüsteten Varianten IL-76TD und IL-76MD. Außerdem gab es eine Sanitätsvariante, eine Version für Such- und Rettungsoperationen, einen fliegenden Kommandopunkt, eine Variante zur Kosmonautenausbildung und fliegende Laboratorien zur Erprobung von Triebwerken.

Neben den neuen Versionen entstanden auch spezialisierte Ableitungen. Dazu zählen die Tankflugzeuge des Typs IL-78 und die fliegende Radarstation A-50. Im Flugzeugwerk Taschkent wurden pro Jahr etwa 65 Flugzeuge hergestellt. Die Gesamtzahl aller IL-76 belief sich auf insgesamt 955 Maschinen. Davon gingen über 100 in den Export.

Nach dem Ende der Sowjetunion wurde die IL-76 immer noch weiterentwickelt. Dabei ging es vor allem um den Einbau modernerer Triebwerke und besserer Avionik. Die militärische IL-76 wurde nicht nur in der Sowjetunion und den Nachfolgestaaten des ehemaligen Riesenreiches genutzt. Sie wurde auch exportiert. Zu den Exportkunden zählten Algerien, Angola, China, Indien, Jordanien, der Irak, der Iran, Libyen, Nordkorea, Sudan und Syrien. Zivile Varianten kommen in einer noch weit größeren Zahl von Nutzerstaaten zum Einsatz.

IL-76MD während eines Manövers. (Foto: Mil.ru)

Das wirbelt mächtig Staub auf: Start auf einer Graspiste. (Foto: Mil.ru)

Die IL-76 ist ein vierstrahliges Transportflugzeug mit Heckladerampe und T-Leitwerk. Der Rumpf der IL-76 gliedert sich in drei Abschnitte: die Cockpitsektion, das Rumpfmittelstück mit dem Frachtraum und das Heck mit dem T-Leitwerk und dem Abwehrstand.

Das Cockpit der IL-76 befindet sich auf zwei Ebenen. In der oberen Etage sitzen der Pilot, der Copilot, der Bordingenieur und der Bordfunker. In der unteren Etage sind der Platz des Navigators, sowie seine Ausrüstung untergebracht. Beide Cockpitebenen sind großflächig verglast und bieten der Besatzung einen guten Blick nach draußen. Beide Cockpitebenen sind mit einer Leiter verbunden.

Hinter dem oberen Cockpit gibt es einen Raum für technische Ausrüstung. Dort sind auch Klappsitze für den Lademeister angeordnet. Es gibt auch einen Ruheraum für die Besatzung.

Im Dach des oberen Cockpits befindet sich eine Luke, die den Zugang zur Oberseite des Rumpfes und den Tragflächen ermöglicht. In der linken Seite des unteren Cockpits gibt es eine Notausstiegsluke für die Besatzung.

Der Cockpitsektion schließt sich der Frachtraum an. Der Frachtraum ist 24,50 m lang, 3,46 m breit und 3,40 m hoch. Damit passt er bequem in den kreisrunden Rumpfquerschnitt mit einem Durchmesser von 4,80 m. Der Frachtraumboden ist so massiv aufgebaut, dass er auch von Kettentechnik befahren werden kann. Unter dem Frachtraumboden gibt es Staufächer für kleinere Frachtstücke oder Ausrüstungsgegenstände. Im Frachtraum sind etliche Befestigungspunkte angebracht, mit deren Hilfe die Fracht gegen Verrutschen gesichert werden kann. Damit das Flugzeug ohne fremde Hilfe in der Lage ist auch schwere, nichtmotorisierte Frachten an Bord nehmen zu

IL-76 von unten gesehen. Man kann die robuste Konstruktion des Fahrwerks gut erkennen. (Foto: Pawel Adschigildjajew)

Indische IL-76 bei der Landung auf einem Flugplatz im Himalaya. (Foto: Karunakar Rayker)

IL-76TD-90 der Fluglinie SilkWay auf dem Flughafen Leipzig-Halle. (Foto: Nicole Pacholak)

Nachtaufnahme einer geparkten aserbaidschanische IL-76TD-90. (Foto: Nicole Pacholak)

können gibt es an Bord der IL-76 zwei Winden. Mit ihrer Hilfe können Frachtstücke über ein Rollensystem an Bord gezogen werden. An der Frachtraumdecke befinden sich Laufkatzen mit einer Traglast von 2.500 kg.

Der Frachtraum der IL-76 ist so bemessen, dass er sechs Standardluftcontainer mit einer Masse von jeweils 5.670 kg, zwölf kleinere Luftfrachtcontainer von je 2.500 kg, drei Luftlandeschützenpanzer BMD-1, 145 Soldaten oder 126 Fallschirmjäger aufnehmen kann[195].

Der Zugang zum Frachtraum erfolgt über die Heckluke. Sie verschließt den Frachtraum hermetisch. Das Heckrampensystem besteht aus fünf Teilen. Dazu zählen die eigentliche Heckrampe, die abgeklappt werden kann und als Fahrbahn ins Innere des Frachtraums dient, die Druckluke, die mittlere Hecklukenklappe, sowie zwei bewegliche Seitentore. Die Hecklukenklappe öffnet sich nach oben, die Seitentore werden zur Seite geschwenkt.

Über die Heckluke können Frachten abgeworfen oder Fallschirmjäger abgesetzt werden. Das Absetzen von Fallschirmjägern kann in vier Kolonnen erfolgen. Zwei Kolonnen springen direkt über die Heckluke ab, die anderen beiden werden durch Seitentüren abgesetzt. Das Absetzen über die Heckluke war aber nicht sonderlich beliebt, weil die Fallschirmjäger, nach dem Absetzen, durch die Luftverwirbelungen arg herumgeschleudert wurden.

Oberhalb des Frachtraums setzen die Tragflächen am Rumpf an. Die Tragflächen haben eine Trapezform, wobei die Tragflächenhinterkante einen charakteristischen Knick aufweist. Die Tragflächenvorderkante hat eine Pfeilung von 25°. Damit sind Flüge im hohen Unterschallbereich möglich.

Um auf möglichst kleinen Feldflugplätzen starten und landen zu können sind die Tragflächen mit effizienten Auftriebshilfen ausgestattet. Die Tragflächenvorderkante ist über die gesamte Länge mit Nasenklappen ausrüstet. An der Tragflächenhinterkante gibt es großdimensionierte Landeklappen. Zur Steuerung des Flugzeugs befinden sich an den Tragflächenenden Querruder. Sie werden in ihrer Wirkung durch auf der Tragfläche befindliche Spoilerklappen unterstützt. Bei der Landung werden die Spoiler nach Bodenberührung des Fahrwerks ausgefahren. Sie erzeugen eine zusätzliche Bremswirkung und sorgen für eine Reduzierung des Auftriebs der Tragflächen. Beides hilft die Landestrecke zu verkürzen. Zur Verringerung der Fluggeschwindigkeit verfügen die Tragflächen der IL-76 auch über vier Bremsklappen.

Im Inneren der Tragflächen sind die Tanks der IL-76 untergebracht. Das gesamte Tankvolumen beträgt dabei 109.480 Liter.

[195] In den Versionen IL-76M und MD, die mit einem verlängerten Oberdeck ausgerüstet sind, können bis zu 225 Soldaten mitfliegen.

IL-76TD-90WD beim Start. Das Hauptfahrwerk wird während des Einfahrens um 90° verdreht. (Foto: Nicole Pacholak)

Ein Wartungstechniker arbeitet an einem Triebwerk einer IL-76TD-90WD. (Foto: Nicole Pacholak)

Eine geparkte IL-76TD-90WD auf dem Flugplatz Leipzig-Halle. Man erkennt gut die deutlich voluminöseren modernen Triebwerke. (Foto: Nicole Pacholak)

Viele militärische Transportmaschinen der Sowjetarmee trugen eine pseudozivile weiße Bemalung mit blauer Bauchbinde. Nur der Rote Stern, die taktische Nummer und das Fehlen des Namens Aeroflot unterschied sie von Zivilflugzeugen. (Foto: Hendrik van Broekhuizen)

Diese IL-76 diente der Flugerprobung des Triebwerks D-27, das für die An-70 vorgesehen war. (Foto: Hendrik van Broekhuizen)

Die Tanks sind in Dreiergruppen angeordnet. Dazu zählen ein Haupttank, ein Zusatztank und ein Reservetank. Der Haupttank beinhaltet einen separierten Abschnitt aus dem das Triebwerk gespeist wird. Jede Dreiergruppe versorgt ein Triebwerk. Die Tankgruppen sind untereinander mit einer Treibstoffringleitung verbunden, so dass ein Umpumpen des Treibstoffs möglich ist.
Die Tanks sind zwischen den Rippen der Tragfläche eingebaut und werden durch diese voneinander separiert. Um die Brandgefahr zu reduzieren besitzt die IL-76 das System des neutralen Gases. Hier wird im Bedarfsfall das nichtbrennbare Gas Stickstoff in die Tanks gepresst und somit die Entstehung einer explosionsfähigen Sauerstoff-Treibstoff-Atmosphäre unterdrückt.
Unter der Tragflächenvorderkante befinden sich die Triebwerke der IL-76. Zum Einsatz kommen Turbofantriebwerke

IL-76MD steht für den Start bereit. (Foto: Hendrik van Broekhuizen)

IL-76MD erhebt sich in die Lüfte. Man beachte das Fehlen der Heckbewaffnung. (Foto: Hendrik van Broekhuizen)

Obwohl das Flugzeug zivil markiert ist, zeigt die Heckbewaffnung, dass es sich um ein Militärflugzeug handelt. (Foto: Hendrik van Broekhuizen)

Die IL-76 blieb auch nach dem Ende des Sowjetunion die Hauptstütze des Lufttransports in den Nachfolgestaaten. (Foto: Hendrik van Broekhuizen)

des Typs D-30KP unterschiedlicher Baureihen. Die erste Bauserie hatte einen Schub von 11.000 kp / 107,9 kN, das zweite Baulos wurde auf 12.000 kp / 117,7 kN hochgezüchtet. Ab den 1990er-Jahren wurden in modernisierten IL-76 Triebwerke des Typs PS-90 eingebaut[196]. Diese haben sowohl einen größeren Schub, als auch einen geringeren Treibstoffverbrauch. Mit diesen Triebwerken vergrößert sich die Reichweite der IL-76 um 15 bis 20%. Zur raschen Verringerung der Geschwindigkeit während der Landung können alle Triebwerke der IL-76 in den Schubumkehrmodus gebracht werden. Die Triebwerke der IL-76 sind mit einer automatischen Feuerlöschvorrichtung ausgestattet. Sie arbeitet mit dem Löschmittel Freon. Feuerlöscheinrichtungen gibt es auch im Frachtraum und den Hilfsgeneratoren.
Das Leitwerk der IL-76 ist am Heck des Flugzeugs angebracht. Es ist als T-Leitwerk ausgelegt. Durch die Hochlegung des Höhenleitwerks wird sichergestellt, dass sich das Höhenleitwerk in jeder erdenklichen Fluglage außerhalb der durch Tragflächen und Triebwerke verursachten Verwirbelungen befindet und damit stets seine Wirksamkeit behält.

Bei militärischen IL-76 befindet sich am Heck des Flugzeugs der Abwehrstand. Der Abwehrstand ist hermetisch abgeschlossen und gegen Beschuss gepanzert. Bewaffnet ist er mit einer beweglichen Doppellafette für 23 mm Kanonen, des von der MiG-21 bekannten Typs, GScha-23L. Der Bordschütze kann die Kanonen mit Hilfe eines optischen Visiers ausrichten oder auf das Krypton Feuerleitradar vertrauen.
Einige Baureihen der militärischen IL-76 verfügen über einen aktiven Radarstörsender. Er ist auf die Niederhaltung von westlichen Fla-Raketen-Systemen optimiert und soll in der Lage sein auch die modernste Version des weitverbreiteten Raketensystems HAWK zu neutralisieren. Bei IL-76, die über diesen Störsender verfügen, wurde die Besatzung um einen Spezialisten für den FEK[197] erweitert.
Für den passiven Schutz gegen infrarotgelenkte Raketen wurden die militärischen IL-76 mit Störkörperwerfern nachgerüstet oder bei neueren Modellen direkt vom Werk aus mit diesen versehen. Die Infrarotköderwerfer können mit 384 Patronen bestückt werden. Daneben gibt es auch Werfer für Düppel-

[196] Der Startschub für das PS-90A-76 beträgt 14.500 kp, sprich 142,25 kN.
[197] FEK ... Funkelektronischer Kampf, bei der Bundeswehr ELOKA genannt.

IL-76MD reihen sich zum Start auf. (Foto: Hendrik van Broekhuizen)

Die Zivilversion IL-76TD kann man am Fehlen des Heckstandes erkennen. (Foto: Hendrik van Broekhuizen)

Die IL-76M war eine frühe Militärversion der IL-76. (Foto: Hendrik van Broekhuizen)

streifen zur Ablenkung radargelenkter Raketen. Sie können 320 Düppelwolken erzeugen.
Die IL-76 kann mit vier Bomben bis zum Gewicht von 500 kg beladen werden. Die Bombenträger waren dazu gedacht Leuchtbomben oder Radiobaken abzuwerfen, um mit diesen Mitteln Landezonen zu markieren. Das Fahrwerk der IL-76 wurde so konstruiert, dass es mit den Bedingungen von unvorbereiteten Landestreifen, inklusive nassen Wiesen zurechtkommt.
Das Hauptfahrwerk befindet sich beiderseits des Rumpfes und wird von aerodynamischen Verkleidungen geschützt. Auf jeder Rumpfseite befinden sich, im Bereich der Spanten 35 und 51, zwei Hauptfahrwerksbeine. Diese sind mit vier großformatigen Niederdruckreifen ausgestattet. Ungewöhnlich ist, dass sich alle vier Räder auf einer Achse befinden, also nebeneinander angeordnet sind. Das Hauptfahrwerk der IL-76 ist mit leistungsfähigen Scheibenbremsen ausgestattet und sorgt somit für eine möglichst kurze Landestrecke.
Das Hauptfahrwerk wird in die aerodynamischen Verkleidungen eingefahren. Das Bugfahrwerk der IL-76 ist ebenfalls vierfach bereift. Auch hier befinden sich alle Räder auf einer Achse. Das Bugfahrwerk ist am Boden in einem Bereich von +/-48° steuerbar und kann bis zu +/-50° frei nachschwingen. Bei Start und Landung ist der Schwenkbereich des Bugfahrwerks auf +/-7° beschränkt. Das Fahrwerk ist so ausgelegt, dass die IL-76 auf einer nur 40 m breiten Fläche wenden kann. Um sich den unterschiedlichsten Bodenbeschaffenheiten anpassen zu können ist es möglich den Luftdruck in den Reifen zentral zu steuern.
Die IL-76 hat sich als Transportflugzeug, sowohl im militärischen, als auch im zivilen Sektor vielfach bewährt. Von den einstmals 955 gebauten Maschinen sollen heute noch über 300 im Einsatz stehen. In Russland wurde und wird immer wieder über die Wiederaufnahme der IL-76-Produktion nachgedacht, denn für dieses Flugzeug gibt es bisher keinen modernen Ersatz.

Versionen:

IL-76	Basisversion
IL-76M	Militärversion
IL-76MD	Militärversion mit größerer Reichweite
IL-76MD-90A	Modernisiert mit PS-90 Triebwerk
IL-76MF	modernste Militärversion PS-90 Triebwerke
IL-76MT	fliegendes Krankenhaus
IL-76T	Zivilversion
IL-76TD	Zivilversion mit größerer Reichweite
IL-76TD-90WD	modernisierte IL-76TD
IL-76TF	modernste Zivilversion mit Triebwerk PS-90
IL-76P	Feuerlöschvariante
IL-76MDK	Version zur Kosmonautenausbildung

IL-78 (Nato-Code: Midas)

Die IL-78, die von der Nato Midas genannt wird, ist ein Tankflugzeug. Da dieses Buch Transportflugzeuge behandelt, mag es auf den ersten Blick erstaunlich sein, die IL-78 hier zu finden. Doch nur auf den ersten Blick, denn wenn man genauer hinschaut, dann wird man feststellen, dass die IL-78 in der Zweitverwendung durchaus als Transportflugzeug eingesetzt werden kann und dies in der Vergangenheit im Einsatz auch geschehen ist[198]. Sie gehört also durchaus in dieses Buch.

Die IL-78 gehört zur zweiten Generation sowjetischer Tankflugzeuge. Die erste Generation bestand aus Mjasisichtschew Bombern 3M und 3MS, die man zu Tankflugzeugen umgebaut hatte und den Tu-16N Tankflugzeugen aus dem Hause Tupolew. Neben den originär als Tu-16N gebauten Tankflugzeugen gesellten sich im Laufe der Jahre noch Maschinen, die aus der Umrüstung von Bombern in Tankflugzeuge entstanden. Insgesamt soll es etwa 90 Mjasischtschew Tanker und 204 Tu-16 Tanker gegeben haben.

Den sowjetischen Tankflugzeugen der ersten Generation war ein, aus westlicher Sicht, eigentümliches Lufttankverfahren gemein. Hierbei wurde der Treibstoff mittels eines Tankschlauchs von Tragflächenspitze zu Tragflächenspitze übergeben. Dieses Verfahren erwies sich in der Praxis als sehr kompliziert. Sowjetische Piloten sprachen von „einer artistischen Zirkusnummer“, die sie während einer Luftbetankung auszuführen hatten.

Nachteilig war auch, dass zeitgleich nur ein Flugzeug in der Luft nachgetankt werden konnte und die maximal zu übergebende Treibstoffmenge auf 10 t begrenzt war. Hinzu kam noch, dass nur schwere Bomber betankt werden konnten. Die Masse der taktischen Kampfflugzeuge blieb dabei außen vor.

Technische Daten der IL-78	
Bezeichnung NATO	Midas
Abmessungen	
Spannweite	50,50 m
Länge	46,59 m
Höhe	14,76 m
Flügelfläche	300,00 m²
Massen	
Leermasse	72.000 kg
Startmasse	160.000 kg
Max. Startmasse	190.000 kg
Treibstoffmenge	109.480 Liter
Antrieb	4 x D-30KP
Schub	4 x 117,7 kN / 12.000 kp
Flugleistungen	
Höchstgeschwindigkeit	950 km/h
Marschgeschwindigkeit	750 - 800 km/h
Reichweite	7.300 km
Gipfelhöhe	12.000 m
Nutzlast	18.230 l im Frachtraum
Besatzung	6

Das Tankflugzeug IL-78 wurde direkt aus der IL-76 abgeleitet. (Foto: Mil.ru)

Das OKB Iljuschin wollte dies ändern. Deshalb war von Anbeginn der Entwicklung des Transportflugzeugs IL-76, NATO-Code: Candid, klar, dass eine Version des neuen Flugzeugs speziell für die Luftbetankung gebaut werden sollte. Bereits in den späten 1960er Jahren wurden erste Ideen skizziert. Die richtigen Arbeiten an der Tankerversion der IL-76 begannen am 14. März 1968. Doch bald stellte sich heraus, dass, mit der damals in der Sowjetunion vorhanden Technologie, aus der IL-76 kein effizientes Tankflugzeug werden würde. Berechnungen zeigten, dass der IL-76 Tanker Kampfflugzeugen, in militärisch sinnvoller Distanz vom Heimatflugplatz, lediglich 10 Tonnen Treibstoff abgeben konnte. Das war genau diesel-

[198] Dies betraf vor allem ukrainische IL-78, weil es für diese nach dem Ende der Sowjetunion in der Ukraine kaum noch Verwendung gab.

Eine indische IL-78 betankt eine Su-30MKI. (Foto: Indian Air Force)

be Menge, die eine Tu-16N abzugeben vermochte. Das Militär zeigte deshalb wenig Interesse an einem neuen Tankflugzeug und blieb bei der bewährten Technik. Die Arbeiten am IL-76 Tanker schliefen ein.

Dieser Schlaf dauerte mehr als zehn Jahre. In der Zwischenzeit war eine neue Kampfflugzeuggeneration in der Entwicklung. Es war den Beteiligten klar, dass Kampfbomber Su-24 und ihr zukünftiger Su-27 Geleitschutz durchaus von der Möglichkeit einer Luftbetankung profitieren würden. Hinzu kamen Spezialflugzeuge wie die fliegende Radarstation A-50, NATO-Code: Mainstay, Langstreckenabfangjäger MiG-31 und auch Langstreckenbomber Tu-95MS. Man schätzte ein, dass es in den 1980er Jahren über 1.000 potentielle „Kunden“ einer „fliegenden Tankstelle“ geben würde. Und dann war ja auch noch die Option ein solches neuentwickeltes Tankflugzeug exportieren zu können, was Devisen in die klammen Kassen spülen würde.

In der Zwischenzeit war auch eine neue Version der IL-76 in der Entwicklung. Die IL-76MD hatte eine größere Tragkraft und effizientere Triebwerke, weshalb die abzugebende Treibstoffmenge deutlich anstieg. Die IL-76MD wurde dann zum Ausgangspunkt der Überlegung ein neues Tankflugzeug zu entwickeln.

Die Idee wurde vom Militär begrüßt und am 20. März 1982 erließ der Ministerrat der UdSSR das Dekret aus der IL-76MD ein Tankflugzeug abzuleiten. Als Typenbezeichnung wurde IL-78 ausgewählt. Die Forderungen, die an die IL-78 gestellt wurden, beinhalteten den Auftrag Jagdflugzeuge zu jeder Tageszeit in der Luft nachzutanken, um ihre Verweildauer im zu schützenden Gebiet zu verlängern und Angriffsverbände zu begleiten, um deren Eindringtiefe in feindliches Gebiet zu vergrößern. Eine weitere Forderung besagte, dass die IL-78 auch am Boden in der Lage sein müsse Flugzeuge zu betanken. Als Nebenforderung wurde die Fähigkeit beschrieben die IL-78 im Bedarfsfall vom Tankflugzeug in ein Transportflugzeug umrüsten zu können, und umgekehrt.

Ein neues Lufttankverfahren wurde entwickelt, indem man sich am Lufttanksystem der US-Navy orientierte. Die Verbindung von Schlauch und Fangkorb erschien den sowjetischen Entwicklern die am besten geeignete Übergabemethode zu sein. Deshalb entstand ein UPAS-1A[199] genannter Lufttankbehälter. Dieser Behälter trug einen auf einer Trommel aufgerollten

[199] In der englischsprachigen Literatur wird die Bezeichnung UPAZ-1A verwendet.

Während die IL-78 zur Sowjetzeit stets in Zivilbemalung aufgetreten sind, bekamen sie in Russland eine Militärbemalung. (Foto: Hendrik van Broekhuizen)

Tankschlauch von 28 m Länge in sich. Angetrieben wurde der Ab- und Aufrollmechanismus durch einen Elektromotor, der seinen Strom von einer im Tankbehälter befindlichen Windturbine erhielt. Die Förderpumpe, die sich ebenfalls im Tankbehälter befand, wurde von einer zweiten Windturbine mit Energie versorgt. Der Behälter war an das Tanksystem der IL-78 angeschlossen und in der Lage 1.200 kg Treibstoff in einer Minute abzugeben. Der Tankschlauch des Behälters war mit einem Fangkorb ausgerüstet. Dieser stabilisierte den Tankschlauch in der Luft, was in deutlich geringeren Ausschlägen in der Luft führte[200]. Der Fangkorb war mit einem Enteisungssystem ausgerüstet und besaß Leuchten, damit er auch bei Nacht beobachtet werden konnte.

Es wurde festgelegt, dass die IL-78 drei dieser Behälter bekommen sollte. Zwei sollten unter den Tragflächen und der restliche Behälter im Heck der IL-78 befestigt werden. Der Behälter im Heck sollte schwere Flugzeuge betanken, während die beiden Tragflächenbehälter zur Betankung von leichten und mittelschweren Kampfflugzeugen vorgesehen waren.

Damit die IL-78 genügend Treibstoff bereitstellen konnte, wurden im Frachtraum zwei Treibstofftanks mit einem Gesamtvolumen von 14 Tonnen, also 18.230 Litern, eingebaut. Zur Gewährleistung der Brandsicherheit wurden im Frachtraum Feuersensoren und eine automatisch arbeitende Feuerlöscheinrichtung installiert. Das System der Treibstofftanks musste ebenfalls überarbeitet werden, damit es in der Lage war die geforderten Treibstoffmengen abgeben zu können. Es wurde so umgebaut, dass Treibstoff sowohl aus den Tanks im Frachtraum, als auch aus fast allen internen Treibstofftanks zur Luftbetankung herangezogen werden kann[201].

Das Gesamttreibstoffvolumen der IL-78 belief sich auf 118 Tonnen. Davon konnten bei einer Entfernung von 650 km vom

[200] Das Ausschlagen betrug nun nur noch 4,50 m, was ein großer Fortschritt gegenüben dem alten Flügel-zu-Flügel-Tanksystem darstellte. Bei diesem betrug der Ausschlag des Tankschlauchs bis zu 17 Meter.

[201] Die einzige Ausnahme sind die Treibstoffentnahmetanks der Triebwerke. Diese bleiben unangetastet.

Heimatflugplatz 84 bis 86 Tonnen an zu betankende Flugzeuge abgegeben werden. Das war eine Verachtfachung der Übergabekapazität im Vergleich zur Tu-16N
Eine weitere Änderung betraf das hintere Cockpit. In der IL-76MD saß dort der Bordschütze, der mit seiner Abwehrbewaffnung die Aufgabe hatte das Flugzeug vor anfliegenden Jagdflugzeugen zu schützen. An seine Stelle trat nun der „Tankwart“. Der Tankoperateur überwachte von seiner Position aus, wie die Treibstoffübergabe vonstattenging. Weil er dazu keine Bewaffnung brauchte wurde sie bei der IL-78 entfernt.
Damit sich Tankflugzeug und Treibstoffempfänger in der Luft überhaupt finden konnten wurde die IL-78 mit dem damals hochmoderen RSBN-7S Navigationssystem ausgerüstet. Dieses System sendete ein Signal aus, das von Kampfflugzeugen aus Distanzen bis zu 300 km empfangen werden konnte und diese zum Tankflugzeug lotste.
Weil die IL-78 nicht nur als Tank-, sondern auch als Transportflugzeug eingesetzt werden sollte wurde der Frachtraum so gebaut, dass selbst einfach ausgebildetes Bodenpersonal die zusätzlichen Treibstofftanks in wenigen Stunden demontieren konnte. Die Tankbehälter unter den Tragflächen ließen sich in nur sechs Stunden abbauen. Für den Rückbau zum Tankflugzeug wurden 10 bis 12 Stunden veranschlagt. Der Zeitunterschied zur Demontage war mit den Funktionstests der wieder angebrachten UPAS-1A verbunden.
Die erste IL-78 wurde bereits wenige Monate nach dem Dekret des Ministerrates im Flugzeugwerk Taschkent gebaut. Sie startete am 26. Juli 1983 zum Jungfernflug. Während der bis in den Dezember andauernden Werkserprobung zeigte

Detailaufnahme an einer IL-78M. Der Lufttankbehälter am Heck des Flugzeugs. (Foto: Hendrik van Broekhuizen)

sich, dass die IL-78 nahezu dasselbe Flugverhalten wie eine IL-76MD hatte.

Während der Flugerprobung stellten die Testpiloten fest, dass der maximale Treibstofffluss von 1.200 kg/min bei der Betankung von leichten Kampfflugzeugen zu gering war. Sie schlugen eine Verdopplung der Durchflussmenge vor. In Folge dieser Erkenntnis wurde der UPAS-1A Tankbehälter überarbeitet. Der Tankschlauch bekam einen größeren Durchmesser. Seine Länge wurde aus Stabilitätsgründen um zwei Meter gekürzt. Außerdem versetzte man die Position der Behälter unter den Tragflächen um zwei Meter in Richtung der Tragflächenspitzen. Sie befanden sich nun 16,40 m von der Längsachse des Flugzeugs entfernt.

Nach Abschluss der Werkserprobung wurde die IL-78 im März 1984 dem Staatlichen Luftfahrtinstitut zur Durchführung der staatlichen Flugerprobung übergeben. Diese Erprobungsphase erstreckte sich bis zum 30. Juni 1984. Das Fazit der Behörde fiel positiv auf, weshalb empfohlen wurde die IL-78 in Serie gehen zu lassen.

Die Serienproduktion begann noch im Jahr 1984 im Flugzeugwerk Taschkent. Es wurden insgesamt 55 IL-78 verschiedener Versionen gebaut. Davon wurden aber bis zum Auseinanderbrechen der UdSSR nur 52 fertiggestellt. Die restlichen drei Maschinen blieben unvollendet. 42 IL-78 verschiedener Versionen wurden an die sowjetischen Luftstreitkräfte übergeben. Sieben Maschinen gingen in den Export[202] und drei IL-78 blieben bei den Flugzeugherstellern für die weitere Erprobung.

Alle IL-78 flogen zur Sowjetzeit in den Farben der Aeroflot. Nur für eine Vorführung für eine amerikanische Delegation wurde in einem Einzelfall die Sowjetflagge durch einen Roten Stern ersetzt. Nach dem Ende der Sowjetunion trugen alle russischen IL-78 den Roten Stern als Hoheitszeichen.

Die IL-78 wurde ab 1984 an die Truppe ausgeliefert. Anfang 1988 waren bereits 18 Maschinen im Einsatz. Im Truppendienst stellte sich heraus, dass man sehr wohl drei Flugzeuge gleichzeitig betanken konnte. Aus praktischen Gründen kam man aber von dieser Variante wieder ab und es bürgerte sich ein an jeweils nur zwei Flugzeuge gleichzeitig Treibstoff abzugeben. Es war einfach sicherer so.

Bei den Besatzungen war die IL-78 beliebt. Sie stellte im Vergleich zu ihren Vorgängern einen großen Fortschritt dar. Man konnte nicht nur viel mehr Flugzeuge betanken und auch größere Treibstoffmengen abgeben. Man flog auch komfortabler und vor allem sicherer. Letzteres war vor allem der Möglichkeit zu verdanken, den Tankvorgang im Notfall augenblicklich abbrechen und die Flugzeuge in der Luft physisch trennen zu können. Auch verursachte der Fangkorb, bei einem ungewollten Kontakt mit der Flugzeugzelle des zu betankenden Flugzeugs, viel weniger Schäden an der Außenhaut.

Als Nachteilig wurde empfunden, dass die Triebwerke der IL-78 zu „durstig“ waren, was die Effizienz des Flugzeugs reduzierte. Dieses Problem wollte man mit dem Einbau moderner Triebwerke des Typs PS-90A-76, wie sie auch in modernen IL-76MD-90 zum Einsatz kommen, beheben.

Ein weiterer Negativpunkt war der hohe Preis des Flugzeugs. Er lag etwa 80% über dem einer Transportmaschine IL-76MD. Die IL-78 hat sich als zuverlässiges und vielseitiges Flugzeug bewährt und bildet heute das Rückgrat der Tankerflotten Russlands und Indiens.

Versionen:

IL-78	Originalversion
IL-78M	1987 erschienen, max. Startmasse 210 t, Treibstoffmenge 138 t, davon 106 t für Luftbetankung nutzbar
IL-78-2	Modernisierung mit Triebwerk PS-90A
IL-78M-90A	Modernisierung auf Status der IL-76MD-90A
IL-78Ä	Exportversion
IL-78MKI	Exportvariante für Indien
IL-78MP	Umbau ukrainischer IL-78M für Pakistan

[202] Exportkunden waren Indien und Algerien. Der Irak bastelte aus einer IL-76 ein eigenes Tankflugzeug. Pakistan erhielt nach dem Ende der Sowjetunion Maschinen aus den Beständen der Ukraine.

A-50 (Nato-Code: Mainstay)

Technische Daten der A-50	
Bezeichnung NATO	Mainstay
Abmessungen	
Spannweite	50,50 m
Länge	46,59 m
Höhe	14,76 m
Flügelfläche	300,00 m²
Massen	
Leermasse	72.000 kg
Startmasse	160.000 kg
Max. Startmasse	190.000 kg
Treibstoffmenge	109.480 Liter
Antrieb	4 x D-30KP
Schub	4 x 117,7 kN / 12.000 kp
Flugleistungen	
Höchstgeschwindigkeit	800 km/h
Marschgeschwindigkeit	750 km/h
Reichweite	7.500 km
Gipfelhöhe	12.000 m
Besatzung	5 + 10 Radaroperateure

Die A-50 ist eine fliegende Radar- und Jägerleitstation. Im amerikanischen Sprachgebrauch redet man von einer AWACS, im russischen von einer DRLO, im deutschen von einem Frühwarnflugzeug. Die A-50 gehört zur zweiten Generation dieser Flugzeuggattung.

Dass fliegende Radarstationen für den Ausgang von Luftkämpfen entscheidend sein können, erkannte das Militär bereits in den späten 1950er Jahren[203]. Die Amerikaner machten mit der EC-121 Warning Star, die auf dem Passagierflugzeug Lockheed Super Constellation basierte, den ersten Schritt. Die Sowjetunion antwortete mit der Tu-126, die aus dem Umbau von Tu-114 Passagierflugzeugen entstand. Mit den Frühwarnflugzeugen der ersten Generation waren aber weder die Amerikaner, noch die Sowjets zufrieden. Die Radarleistung der damals eingesetzten Geräte war zu gering. Außerdem waren sie nicht in der Lage tieffliegende Luftziele zu erkennen. Im Fall der Tu-126 kam noch hinzu, dass die elektromagnetischen Abstrahlungen der gewaltigen Propellertriebwerke das Radarbild beeinträchtigten.

Als sich die Amerikaner daran machten mit der E-3A Sentry ein modernes Frühwarnflugzeug zu entwickeln, sah sich die Sowjetunion gezwungen nachzuziehen. Doch dazu musste ein völlig neuer Radarkomplex entwickelt werden, ein Komplex, der nicht nur in der Lage war Luftziele im offenen Luftraum, sondern auch vor dem Erdhintergrund entdecken zu können. Das war mit der damals in der Sowjetunion vorhandenen Technologie eine gewaltige Herausforderung.

Im Jahr 1969 fällte die Sowjetführung die Entscheidung ein solches Radarsystem entwickeln zu lassen. Als Tarnbezeichnung wurde „Schmel"[204] gewählt. Den Auftrag „Schmel" zu entwickeln erhielt das in Moskau ansässige Konstruktionsbüro „Vega".

Das Radarsystem war aber nur ein Teil der Gleichung. Man benötigte auch ein passendes Trägerflugzeug. Mehrere potentielle Kandidaten wurden in Betracht gezogen. Letztendlich blieben nur das Projekt Tu-156 vom OKB Tupolew und die IL-76 vom OKB Iljuschin übrig. Die Tu-156 war rein äußerlich ein perfektes Gegenstück zur Boeing 707, die die Amerikaner als Trägerflugzeug des AWACS-Systems nutzten. Doch hatte sie den Nachteil, dass sie bisher nur auf dem Papier existierte. Die IL-76 gab es dagegen bereits. Sie wurde in Serie produziert und hatte ihre Zuverlässigkeit ausreichend unter Beweis gestellt. Außerdem sprach für sie, dass ein DRLO, das auf ihrer Basis gebaut würde, von der Serviceinfrastruktur der IL-76 profitieren würde und kein zusätzlicher Logistikstrang aufgebaut werden müsste. Weil die Arbeiten am Radar nicht so schnell wie gewünscht vorankamen, ließ man sich mit der Auswahl des Trägerflugzeugs vier Jahre Zeit. Erst 1973 fiel die Wahl endgültig auf die IL-76.

Weil das OKB Iljuschin mit anderen Aufgaben ausgelastet war, erhielt das in Taganrog beheimatete OKB Berijew den Auftrag die IL-76 zu einem Frühwarnflugzeug weiterzuentwickeln. Im OKB Berijew machte man sich Gedanken wie und wo man den Radarkomplex am besten in die IL-76 einbauen könne. Es gab Gedankenspiele die Radarantennen starr am Bug und Heck anzubauen und damit in etwa eine Konfiguration zu erhalten, wie sie die Briten bei ihrem Frühwarnflugzeug Nimrod

203 Der Beweis für diese These wurde im Libanonkrieg 1982 geliefert, als die Syrern, durch das Terrain bedingt, kein vollständiges Lagebild besaßen, die Israelis durch ihre E-2C Hawkeye Radarflugzeuge jedoch jede Flugbewegung des Feindes beobachten konnten. Sie konnten ihre Jagdflugzeuge fast immer in vorteilhafte Ausgangspositionen bringen, das Luftkampfgeschehen diktieren und einen für Israel positiven Ausgang herbeiführen.

204 Schmel …russ.: Hummel

A-50 Prototyp in Zivilbemalung. (Foto: Hendrik van Broekhuizen)

verwendeten. Dies hatte den Vorteil einer mehr oder weniger aerodynamisch sauberen Formgebung. Der Nachteil lag aber darin, dass es schwierig war eine 360° Abdeckung des Radarfeldes zu erreichen.

Eine weitere Möglichkeit bestand darin das Radargerät unter einem Radom auf dem Rumpf zu installieren. Diese Variante, die sowohl in der EC-121 und der Tu-126 zum Einsatz gekommen war, generierte aber einen nicht unbeträchtlichen Luftwiderstand und führte zu einigen unangenehmen Änderungen im Flugverhalten des Trägerflugzeugs. Deshalb wandte man sich in Taganrog der Konfiguration, die die Amerikaner bei der E-3A Sentry verwendet hatten, zu und befand sie für gelungen. Man beschloss die Radarantenne in einer abgestrebten diskusförmigen Verkleidung oberhalb des Rumpfes zu installieren. So konnte eine Rundumsicht der Radarantenne gewährleistet werden. Gleichzeitig wurde der Anstieg des Luftwiderstandes in Grenzen gehalten. Sorgen bereitete die Vorstellung, dass die Luftverwirbelungen, die von der Radarverkleidung verursacht wurden, direkt auf das Höhenleitwerk der IL-76 geleitet und somit dessen Wirksamkeit herabsetzen würden. Daraufhin wurden Windkanalversuche unternommen, wo man feststellte, dass die Luftströmung, um die diskusförmige Radarschüssel, einen den Flug des Flugzeugs stabilisierenden Effekt auslöste. Während die Spezialisten des Konstruktionsbüros Vega versuchten dem Schmel Radarsystem Leben einzuhauchen, begannen in Taganrog die Arbeiten an dem nun A-50 „Schmel“ genannten Flugzeug. Dazu wurde eine serienmäßige IL-76 genommen und entsprechend umgebaut. In einem ersten Schritt warf man die gesamte Transporteinrichtung heraus. Die Ladeluke wurde entfernt und der Rumpf im Heck hermetisch verschlossen. Das Heckcockpit verschwand. Dann platzierte man die zum Tragen der Radarantenne notwendigen Streben möglichst oberhalb des Masseschwerpunkts des Flugzeugs und installierte die Radarverkleidung. Die Radarverkleidung hatte beachtliche Dimensionen. Sie maß 10,50 m im Durchmesser und war etwa zwei Meter hoch.

Der Frachtraum der A-50 wurde zur Operationszentrale umgebaut. In ihm sollten zukünftig zehn Radaroperateure[205] ihrer Arbeit nachgehen. Weil sich die Entwicklung des Radarkomplexes immer weiter nach hinten verschob, wurde der erste A-50 Prototyp lediglich als leere Hülle gebaut und mit Masseäquivalenten versehen, die das Gewicht, des später zu installierenden Radarkomplexes, simulieren sollten. Im Laufe des Jahres 1978 waren diese Arbeiten abgeschlossen.

Am 19. Dezember 1978 hob die A-50 zu ihrem Jungfernflug ab. Dabei zeigte sie sich von ihrer guten Seite, weshalb die Testpiloten feststellen konnten, dass die fliegerischen Unterschiede zur IL-76 wohl zu bemerken wären, aber nicht ins Gewicht fielen.

1979 war der Radarkomplex Schmel fertiggestellt und wurde in die A-50 integriert. Zum Radarkomplex Schmel gehörte nicht nur die um 360° drehbare Antenne, sondern auch die dazugehörige 3D-Radarstation. Hinzu kamen die Arbeitsplätze der Radaroperateure, mit ihren Anzeigegeräten und Kommunikationsanlagen. Es gab ein Freund-Feind-Abfragegerät, das automatisch feststellte ob ein erfasstes Flugzeug zur eigenen

[205] Nur zum Vergleich: in der E-3 Sentry gibt es für die gleiche Aufgabe 20 Arbeitsplätze.

Seite gehörte oder auch nicht. Für eigene Flugzeuge wurden den Radaroperateuren Kennnummer, Kurs, Geschwindigkeit, restliche Treibstoffmenge, sowie der Waffenstatus angezeigt. Für die automatisierte Weitergabe der vom Radarkomplex gesammelten Daten an eigene Jäger oder Luftabwehreinheiten gab es ein System der Datenfernübertragung. Und vieles andere mehr. Die Gesamtmenge der in der A-50 verbauten elektronischen Komponenten wog mehr als 20 t, was 1,5mal mehr war, als vergleichbare Komponenten der E-3A AWACS wogen. Dennoch waren die Fähigkeiten des Schmel Systems beeindruckend. Es konnte Luftziele, in Abhängigkeit von ihre Größe[206] und im offenen Luftraum, bis zu einer Distanz von 300 bis 600 km orten. Tieffliegende Luftziele konnten auf 200 bis 400 km Entfernung erkannt werden. Seeziele entdeckte das Radar auf 400 km, wobei es auch dort sicher Abweichungen gab, je nachdem ob das Seeziel ein Schnellboot oder ein Flugzeugträger war. Schmel war in der Lage 50 bis 60 Ziele gleichzeitig zu orten und zu begleiten. Jägerleitoffiziere vermochten das gleichzeitige Abfangen von zehn bis zwölf Zielen zu koordinieren[207].

Der wichtigste Vorteil, den das Schmel System bot, war die automatisierte Zusammenarbeit mit verbündeten Jagdflugzeugen. Schmel lieferte diesen Jägern ein vollständiges Lagebild, ohne dass die Jäger ihr eigenes Radar aktivieren mussten. Die Jagdflieger bekamen die Informationen des DRLO-Radarbildes auf ihr Blickfelddarstellungsgerät eingespiegelt, wobei eigene Maschinen als Kreise und Feindflugzeuge als Dreiecke, samt Kursvektor, markiert waren. Die Waffenkontrollsysteme der Jagdflugzeuge konnten nun die Bekämpfung des Luftgegners, anhand der von der DRLO gelieferten Daten, überneh-

Die IL-76 wurde als Basis für das Frühwarnflugzeug A-50 verwendet. Serienmaschinen erhielten eine Militärbemalung. (Foto: Hendrik van Broekhuizen)

[206] In sowjetischen und russischen Quellen wird immer von Zielen in „Jägergröße" gesprochen. Doch dieser Begriff ist mehr als dehnbar. So hatte z.B. die MiG-21 im Direktanflug eine Radarrückstrahlfläche von etwa 1 m², während eine MiG-29 es auf stolze 15 m² brachte. Das ist in etwa soviel wie ein Tu-16 Bomber hatte.

[207] Modernere Versionen der A-50 haben eine deutlich bessere Performance. Manche Quellen sprechen von bis zu 200 gleichzeitig beobachteten Luftzielen. Jäger sollen an bis zu 20 Ziele simultan herangeleitet werden können.

Detailaufnahme des Bugs eines A-50 Prototyps. (Foto: Hendrik van Broekhuizen)

Detailaufnahme des Bugs einer A-50 Serienmaschine. (Foto: Hendrik van Broekhuizen)

men. Nur in der Endphase des Zielanflugs der Raketen musste der Jagdflieger sein Radar aktivieren. Das verkürzte die Reaktionszeit des angegriffenen Ziel mehr als deutlich, so dass ihm wenig Zeit blieb Gegenmaßnahmen zu ergreifen.

1979 wurden, wie schon gesagt, die Komponenten von Schmel in die A-50 eingebaut und erprobt. Allerdings war das System bei weitem noch nicht ausgereift, so dass die Erprobung einer Vielzahl elektronischer Baugruppen zunächst am Boden und nicht in der Luft erfolgen musste. Dennoch begann am 16. August 1979 die staatliche Flugerprobung. Bis zum Oktober 1983 wurden noch zwei weitere IL-76 zu A-50 umgerüstet. Diese Flugzeuge nahmen ebenfalls an der Flugerprobung teil. Im Laufe der Jahre sollen, je nach Quelle, bis zu zwölf A-50 an verschiedenen Phasen der Flugerprobung beteiligt gewesen sein.

Im Dezember 1984 war die Flugerprobung soweit fortgeschritten, dass beschlossen werden konnte die Serienproduktion der A-50 aufzunehmen. Den Auftrag zum Bau dieses Flugzeugs erhielt das Flugzeugwerk Taschkent, das bereits die IL-76 fertigte. Die Flugerprobung endete im darauffolgenden Jahr. Während die A-50 Prototypen im Zeitraum der Flugerprobung eine Aeroflot-Bemalung gehabt hatten, wurde für den Truppendienst eine weiß-graue Bemalung vorgezogen.

Die ersten A-50 liefen der Truppe bereits 1985 zu. 1987 entdeckten norwegische Seeaufklärer P-3 Orion erstmalig eine A-50 im internationalen Luftraum, als sich das Flugzeug im Rahmen der Truppenerprobung über der Barentssee aufhielt. Ende der 1980er Jahre wurde die A-50 in das integrierte Luftverteidigungssystem eingebunden und bewies, während einiger Übungen mit sowjetischen, aber auch Fliegerverbänden des Warschauer Vertrages, dass sie die Kampfkraft der Luftverteidigung um ein Mehrfaches zu steigern vermochte. Im östlichen Verteidigungsbündnis hatte es bis dato kein vergleichbares Lagebild gegeben.

1988 beschloss die Sowjetführung die A-50 für den Export freizugeben. Dafür wurde eine vereinfachte Version geschaffen, die die Bezeichnung A-50E erhielt. Indien interessierte sich als erster Kunde für dieses Flugzeug.

In der Sowjetunion lief die Serienproduktion in vergleichsweise großer Zahl an, sie wurde aber durch den Zusammenbruch des Landes je gestoppt. Die Quellen sind sich nicht einig, wie viele A-50 gebaut wurden. Die Zahlen schwanken zwischen 30 und 40 Maschinen.

Nach dem Zusammenbruch der Sowjetunion gingen alle A-50 in den Bestand der russischen Luftstreitkräfte über. Sie sind bis zum heutigen Tag im Einsatz und haben sich als zuverlässig und leistungsstark erwiesen. Sie kamen während der Golfkriege von 1991 und 2003 zum Einsatz, um die Gefechtsflüge der Anti-Saddam-Koalition zu beobachten. Sie übernahmen die Luftlageaufklärung während der Tschetschenienkriege 1994 und 1999 und überwachen seit 2014 den ukrainischen Luftraum.

In Russland gibt es Bestrebungen die A-50 weiterzuentwickeln. Das Projekt läuft unter der Bezeichnung A-100. Als Trägerflugzeug dient diesmal die moderne IL-76 Version IL-76MD-90.

Der A-50 äußerlich sehr ähnlich war das irakische Frühwarnflugzeug „Adnan“. Hier wurde die IL-76MD als Trägerflugzeug

Die A-50 Prototypen sind an der großflächigen Verglasung des Bugs ala IL-76 zu erkennen. (Foto: Hendrik van Broekhuizen)

verwendet, jedoch westliche Radartechnik und Elektronik verbaut.

Kurze technische Beschreibung:
Die Berijew A-50 „Schmel“ ist ein vierstrahliges Frühwarnflugzeug, das auf der IL-76 basiert. Rumpf, Tragflächen, Leitwerk und Fahrwerk entsprechen weitestgehend denen der IL-76. Die Bugsektion der A-50 ist im Gegensatz zur IL-76 wenig verglast. Die existierenden Glasscheiben sind mit einer dünnen Metallschicht überzogen, die verhindern soll, dass ein Übermaß an Radarstrahlung ins Innere des Flugzeugs eindringen kann. Außen am Bug befinden sich eine Vielzahl von Antennen und Sensoren, sowie die Lufttanksonde.
Die Besatzung ist im Cockpit untergebracht. Sie besteht aus Pilot, Copilot, Bordfunker, Navigator und Bordmechaniker. Das Cockpit ist im Wesentlichen mit dem einer IL-76 identisch. Es ist vom Operationsraum durch eine Tür getrennt. Operationsraum und Cockpit sind mit einer vor Radarstrahlen schützenden Verkleidung ausgestattet.
Im vorderen Teil des ehemaligen Frachtraums befindet sich die Radarzentrale. Hier gibt es zehn Arbeitsplätze für Jägerleitoffiziere, die mit großdimensionierten Anzeigegeräten bestückt sind und Kommunikationsmittel für den Kontakt mit zu leitenden Jagdflugzeugen beinhalten. Die Kommunikation kann über Sprechfunk oder automatisiert über einen kodierten Datenkanal erfolgen.
Im hinteren Teil des ehemaligen Frachtraums ist das Radargerät untergebracht. Das Radargerät gewinnt seine Informationen aus einer über dem Rumpf angebrachten Radarantenne. Die Antenne dreht sich etwa sechsmal die Minute und sendet Radarwellen im Zentimeterbereich aus. Die Frequenz liegt zwischen 2 und 4 Gigahertz. Die maximale Leistungsabgabe beträgt rund 1 Megawatt.

Detailaufnahme von der Radarverkleidung, sowie des Störkörperwerfers einer A-50. (Foto: Hendrik van Broekhuizen)

Im Heck der A-50 gibt es, im Gegensatz zur IL-76, keine Heckluke. Bei den Prototypen, die durch Umrüstung aus IL-76 entstanden, wurde die Heckluke verschlossen. Neugebaute A-50 besaßen von Anfang an keine Heckluke.
Beiderseits des Flugzeughecks befinden sich Täuschkörperwerfer, die sowohl Düppel, als auch Infrarotstörkörper verschießen können. Zum Selbstschutz der A-50 gehören außerdem leistungsfähige Störsender, die eine Radarerfassung erschweren, einen feindlichen Waffeneinsatz unterbinden und Feindkommunikation unterdrücken sollen.
Die Tragflächen, die beiderseits des Rumpfes in Hochde-

Das A-50 DRLO mit dem Eigennamen Taganrog im Moment des Einfahrens des Fahrwerks. (Foto: Mil.ru)

Blick von unten auf eine moderne A-50 der russischen Streitkräfte. (Foto: Mil.ru)

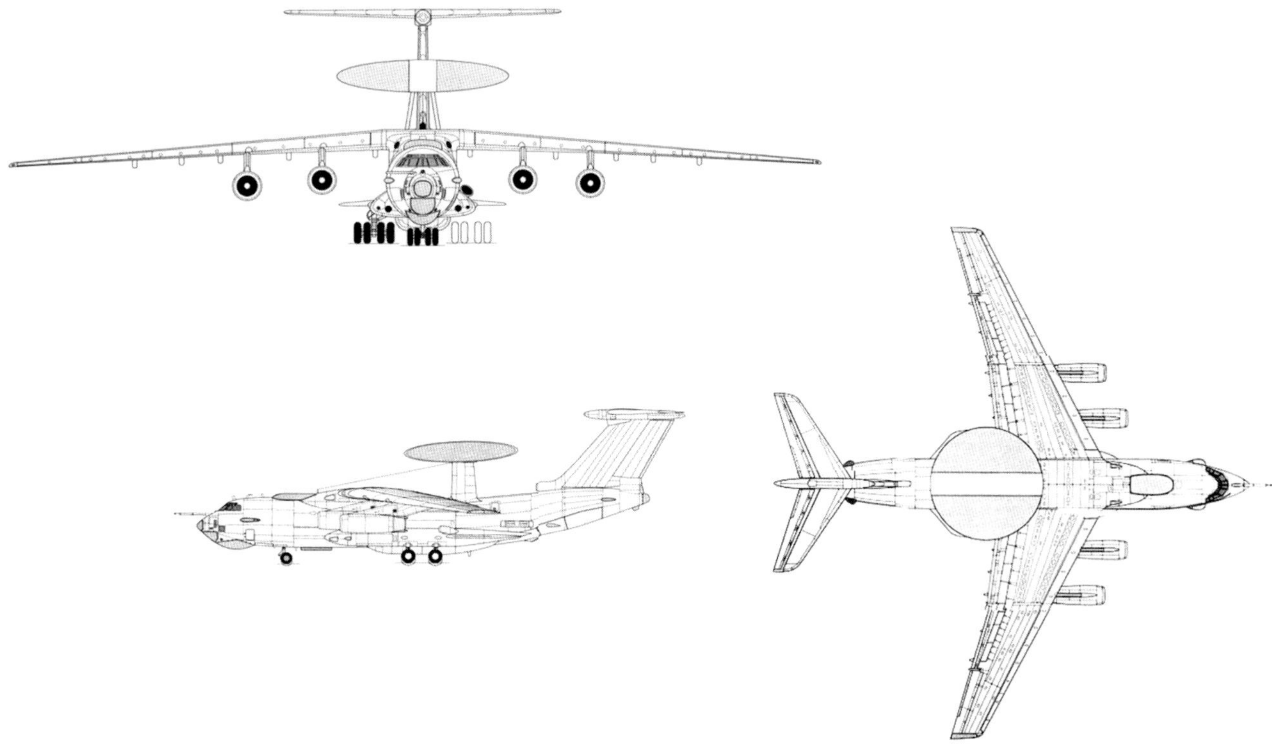

Dreiseitenriss der A-50 Mainstay.

ckeranordnung ansetzen, sind mit denen der IL-76 identisch. Sie haben einen Pfeilwinkel von 25°, sind mit Vorflügeln und Landeklappen ausgestattet. Im Außenbereich sind an der Hinterkante die Querruder installiert. Im Inneren der Tragflächen befinden sich die Treibstofftanks. Sie sind in Dreiergruppen angeordnet, wobei jede Dreiergruppe ein Triebwerk versorgt. Alle Dreiergruppen sind miteinander über eine Treibstoffringleitung verbunden, so dass Treibstoff im Bedarfsfall umgepumpt werden kann. Die Treibstoffmenge ist ausreichend, um Einsätze von sechs Stunden Dauer, in 600 km Distanz vom Heimatflugplatz, durchführen zu können. Eine Besonderheit der A-50 ist die Tanksonde am Bug der Maschine. Sie ist über eine Treibstoffleitung mit den Tanks verbunden. Mit Hilfe der Luftbetankung ist es möglich die Einsatzdauer der A-50 deutlich zu steigern.

Das Leitwerk der A-50 ist analog zu dem der IL-76 aufgebaut. Es ist ein freitragendes T-Leitwerk, das sich in Flossen und Ruder teilt. Ein Unterschied zur IL-76 besteht darin, dass die A-50 Stabilisierungsflossen am hinteren Teil der aerodynamischen Fahrwerksverkleidungen besitzt.

Das Fahrwerk der A-50 ist mit dem der IL-76 identisch. Das Hauptfahrwerk hat auf jeder Seite zwei unabhängige Fahrwerksbeine. Es gibt pro Bein vier Hauptfahrwerksräder, die alle nebeneinander auf einer Achse sitzen. Diese Räder verfügen über hocheffektive Scheibenbremsen. Sie werden in die Seitenwülste am Rumpf eingefahren, wobei sich die Fahrwerke um 90° drehen.

Das Bugfahrwerk ist ebenfalls vierfach bereift. Auch hier sitzen die Räder auf einer Achse. Das Fahrwerk ist ungebremst und kann vom Piloten gesteuert werden. Wie bereits schon die IL-76 ist auch die A-50 am Boden sehr beweglich. Sie vermag auf 40 m breiten Bahnen zu wenden.

Versionen:

A-50	Basisausführung des Frühwarnflugzeugs
A-50M	modernisierte Version mit dem deutlich verbesserten Komplex Schmel-M
A-50E	Exportversion, eine Maschine für Algerien gebaut
A-50EI	Exportversion für Indien, hier wurden israelische Komponenten verbaut

Li-2 (Nato-Code: Cab)

Technische Daten der Lisunow Li-2	
Bezeichnung NATO	Cab
Abmessungen	
Spannweite	28,81 m
Länge	19,65 m
Höhe	5,15 m
Flügelfläche	91,33 m²
Massen	
Leermasse	7.700 kg
Startmasse	10.500 kg
Max. Startmasse	11.280 kg
Treibstoffmenge	3.110 l
Antrieb	2 x ASch-62
Schub	2 x 736 kW / 1.000 PS
Flugleistungen	
Höchstgeschwindigkeit	280 km/h in 2.000 m
Marschgeschwindigkeit	220 km/h
Landegeschwindigkeit	108 km/h
Reichweite	2.500 km
Gipfelhöhe	5.800 m
Nutzlast	2.850 kg Fracht
Besatzung	4 – 6

Wenn ich bei diesem Buch über die sowjetischen Transportflugzeuge die einzelnen Flugzeugtypen nicht nach dem Alphabet, sondern nach dem Zeitpunkt ihres Erscheinens geordnet hätte, dann hätte die Lisunow Li-2 an erster Stelle stehen müssen. Und zwar deshalb, weil mit der Li-2 de facto alles begann. Es gab zwar früher schon Versuche in der Sowjetunion Transportflugzeuge zu konstruieren, doch keines dieser Flugzeuge fand eine große Verbreitung.

Des technologischen Rückstands war man sich in der Sowjetunion wohl bewusst, so dass man in den 1930 Jahren mehrere Expertenkommissionen gen Westen entsandte, die den Auftrag hatten notwendige Technologien einzukaufen. Gezahlt wurde mit Gold und für Gold waren die Kapitalisten des Westens bereit alles zu verkaufen. Auf diesem Wege kamen Motoren und Flugzeuge, Panzer und Werkzeugmaschinen, ja ganze Fabrikanlagen in die Sowjetunion.

Ein besonderer Coup gelang, als 1936 in den USA ein Vertrag mit der Flugzeugfirma Douglas geschlossen werden konnte, der die Lizenzproduktion der legendären DC-3 beinhaltete. Im Jahr zuvor hatte die sowjetische Seite bereits einige Exemplare der DC-2, des Vorgängermodells der DC-3 angekauft[208]. Im Frühjahr 1936 wurde die DC-2 von Spezialisten des ZAGI gründlich erprobt und für gut befunden. Es wurde aber empfohlen das leistungsfähigere Nachfolgemodell DC-3 zu beschaffen.

Die Flugzeugtypen DC-2 und DC-3 waren den einheimischen Produkten so überlegen, dass man bei der Firma Douglas anfragte, ob und unter welchen Konditionen die DC-3 in der Sowjetunion in Lizenz gefertigt werden könne. Die Firma Douglas zeigte sich dem Ansinnen gegenüber aufgeschlossen und die amerikanischen Regierungsstellen sahen auch keinen Hinderungsgrund. Auf dieser Grundlage kam das Geschäft zustande. Es wurde vereinbart im Zeitraum 1937 – 1938 achtzehn DC-3 an die Sowjetunion auszuliefern. Das letzte Flugzeug sollte allerdings in Einzelteilen zerlegt beim Empfänger ankommen. Des Weiteren wurde die Lizenzfertigung vereinbart und in Vorbereitung der Lizenzproduktion sollte eine Gruppe sowjetischer Spezialisten in die USA entsandt werden, um bei der Douglas Aircraft Company eine Art Praktikum zu absolvieren. Sie sollten sich mit den Fertigungsverfahren, die zum Bau der DC-3 notwendig waren, vertraut machen. Außerdem war vorgesehen, dass die sowjetischen Ingenieure die Dokumentationen der DC-3 aus dem Englischen in die russische Sprache übersetzen würden.

Mit den übersetzten Dokumenten in die Heimat zurückgekehrt stellte man fest, dass die sowjetische Flugzeugindustrie nicht alle technologischen Fertigungsverfahren beherrschte, die zum Bau der hochmodernen DC-3 notwendig waren. Außerdem war das imperiale Maßsystem für die Umsetzung in einer auf dem metrischen System fußenden Industrie kontraproduktiv.

Deshalb wurde ein Ingenieurskollektiv zusammengestellt, das die Aufgabe erhielt die DC-3 so umzukonstruieren, dass sie auf dem metrischen System basierte und nach sowjetischer Technologie gefertigt werden konnte. Zum Leiter des Kollektivs wurde der Flugzeugkonstrukteur V. Mjasischtschew ernannt. Zur gleichen Zeit legte die Zentrale fest, dass die sowjetisierte DC-3 im Flugzeugwerk Chimki, nahe Moskau, gebaut werden sollte. Das Spezialistenkollektiv, unter der Leitung von Mjasischtschew, wurde dem Flugzeugwerk direkt unterstellt.

[208] Über die Zahl der angekauften DC-2 sind sich die Quellen uneinig. Manche Quellen sagen aus, dass nur eine einzige DC-2 in die Sowjetunion eingeführt wurde.

Die Li-2 war die Lizenzversion der DC-3. (Foto: Sammlung Normann)

Ihm wurde der Status eines Versuchskonstruktionsbüros zuerkannt.

Die Aufgabe der Entwicklungsgruppe bestand darin, die DC-3[209] möglichst wenig zu verändern und doch den sowjetischen Gegebenheiten anzupassen. Dieses Ziel konnte nicht ganz erreicht werden. Es wurden schließlich über 1.000 Änderungen gegenüber dem Original notwendig. Dazu zählten der unvermeidliche Austausch von im imperialen Maß gefertigten Schrauben, Muttern und Nieten durch metrische Äquivalente. Eine dickere Außenhaut, weil sich bei der Umrechnung von Zoll auf Millimeter Rundungsabweichungen ergaben. Der Austausch der 1.250 PS leistenden Twin Wasp Triebwerke durch weniger durstige M-62[210] Motoren mit nur 1.000 PS Leistung.

Der Grund für den Motorwechsel lag darin, dass es der sowjetischen Seite weniger auf Höchstgeschwindigkeit, sondern auf Reichweite ankam. Deshalb war die DC-3 um einiges schneller als die sowjetische Lizenzvariante, dafür flog sie aber auch etwa 300 km weniger weit.

Weitere Änderungen betrafen ein höheres Gewicht, eine etwas geringere Spannweite und die Verlagerung der Eingangstür von der linken auf die rechte Rumpfseite. Außerdem waren andere Funk- und Navigationsgeräte an Bord.

Während sich die Expertengruppe damit beschäftigte die DC-3 zu sowjetisieren, wurde ihr Leiter V. Mjasischtschew von der Geheimpolizei NKWD verhaftet und der »antisowjetischen Sabotage« bezichtigt. In einem Schnellverfahren wurde Mjasischtschew zu Lagerhaft verurteilt und in ein Spezial-Gulag verbracht. Dort arbeitete er zusammen mit weiteren verhafteten Flugzeugkonstrukteuren an anderen Flugzeugprojekten. Im Flugzeugwerk Nr.84 in Chimki, bei Moskau, gingen die Arbeiten indes unter der Leitung des Konstrukteurs A. Senkow weiter. Sie konnten im Laufe des Jahres 1938 abgeschlossen werden.

Im Herbst 1938 kam die letzte DC-3, vertragsgemäß in Einzelteile zerlegt, in Chimki an und wurde dort von sowjetischen Arbeitern zusammengebaut. So konnten sie sich mit den notwendigen Arbeitsschritten vertraut machen. Das Flugzeug wurde Mitte 1939 dem Forschungsinstitut der Zivilluftflotte übergeben, wo es auf Herz und Nieren getestet wurde. Die DC-3 bestand die Tests mit wehenden Fahnen.

Noch während die Tests liefen begann die Serienproduktion der nun offiziell PS-84[211] genannten sowjetisierten DC-3. Geplant waren eine Passagierversion, eine reine Frachtversion und eine kombinierte Fracht-/Passagiervariante. Ab Sommer 1939 wurde die PS-84 in Serie hergestellt. Alle PS-84 übergab man der Zivilluftflotte. Unter der Hand wurde das Flugzeug

Weil sich die Li-2 äußerlich kaum von der DC-3 unterschied nannten die Piloten und Techniker ihr Flugzeug unter der Hand stets »Douglas«. (Foto: Sammlung Normann)

[209] Während der Arbeiten wurde das Flugzeug werksintern als »DC-3 2M-62IR« bezeichnet. Das Kürzel stand für »DC-3 mit zwei Motoren des Typs M-62IR«.

[210] Später als ASch-62 bezeichnet. Dieser Motor basierte auf dem amerikanischen Wright Cyclone Motor und wurde von Schewzow auf die sowjetischen Bedingungen angepasst.

[211] PS-84 … Passagierskij Samoljot …. Passagierflugzeug. Die 84 stand für das Herstellerwerk.

Die Li-2 bewährte sich in allen Klimazonen der Sowjetunion. Für den Einsatz in Eis und Schlee konnte sie mit Kufen ausgerüstet werden. (Foto: Sammlung Normann)

allerdings selten mit dem offiziellen Typennamen bezeichnet. Man sprach vielmehr von der »Douglas«.

Als die Sowjetunion im Winter 1939/40 Finnland überfiel wurden einige PS-84 vom Militär eingezogen und für Transportaufgaben verwendet. Im Sommer 1940 nahm eine weitere Gruppe PS-84 an der Besetzung Bessarabiens[212] teil. Etwa zur selben Zeit nahm das Flugzeugwerk in Kasan die Serienproduktion der PS-84 auf.

Als am 22. Juni 1941 der Große Vaterländische Krieg begann, wurden alle PS-84 vom Militär requiriert und den Transportfliegern zugeteilt. Sie kamen zunächst hauptsächlich bei der Versorgung der belagerten Stadt Leningrad[213] zum Einsatz. Später flog man im Raum Moskau[214].

Als sich die Front Moskau näherte, wurde beschlossen das Flugzeugwerk Nr.84 zu evakuieren. Man demontierte alles was nicht niet- und nagelfest war, lud es auf Eisenbahnwaggons und fuhr es nach Taschkent. Hier, in der Hauptstadt Usbekistans, wurde das Werk wieder aufgebaut und nahm im Januar 1942 die Produktion wieder auf. Inzwischen hatte sich die Typenbezeichnung gewandelt. Sie lautete nun Lisunow Li-2, benannt nach dem Chefingenieur des Werkes, der den Bau der »Douglas« in Taschkent überwachte.

In Taschkent lief die Li-2 in Großserie vom Band. Zwischen 1942 und 1945 wurden dort 2.125 Li-2 aller Versionen hergestellt. Zunächst wurden aber reine Transportflugzeuge gefertigt. Sie bildeten bald das Rückgrat der sowjetischen Transportfliegerkräfte. Mit ihnen wurde die Masse des Lufttransports durchgeführt. Dazu zählten neben dem Transport von Truppen und Nachschub, auch Versorgungsflüge für Partisaneneinheiten, die im feindlichen Hinterland kämpften. In einigen Fällen wurde die Li-2 auch dazu genutzt Fallschirmjäger und Kommandotrupps abzusetzen. Später wurde die Li-2, dem internationalen Trend folgend, auch zum Schleppen von einem oder mehreren Lastenseglern eingesetzt.

Ab September 1942 wurde eine spezielle Militärversion hergestellt. Sie war durch den Abwehrturm auf dem Rumpfrücken erkennbar. Darüber hinaus wurden einige Li-2 so modifiziert, dass sie als Nachtbomber eingesetzt werden konnten. Sie trugen bis zu vier 500 kg Bomben. Es gab auch Modifikationen, die im Rumpf Steubombenbehälter mitführen konnten.

Die Hauptversion war und blieb jedoch das Transportflugzeug Li-2. Nach dem Krieg wurde die Abwehrbewaffnung wieder entfernt und die überlebenden Flugzeuge wurden für zivile und militärische Zwecke weiterbetrieben. Etliche Li-2 gab man an verbündete Staaten in Osteuropa, sowie China und Nordkorea ab. In Nordkorea sollen angeblich noch heute einige Li-2 aktiv sein.

Die Serienfertigung der Li-2 wurde auch nach dem Krieg weitergeführt. Nun aber in zwei Versionen. In der Variante 1 war sie ein Passagierflugzeug mit variabler Bestuhlung, das auch als Passagier-/Frachtflugzeug zum Einsatz kommen konnte. Und die zweite Variante, Li-2T genannt, war ein reines Transportflugzeug, ohne jeglichen Komfort.

Die Serienfertigung der Li-2 endete am 1. April 1953 nach 4.933 Exemplaren. Sie wurde durch die IL-14 auf den Ferti-

[212] Bessarabien war damals ein Teil Rumäniens. Heute umfasst das Gebiet Teile der Ukraine, sowie die Republik Moldawien und das politische Gebilde Transnistrien.

[213] Die Belagerung Leningrads dauerte 900 Tage und kostete etwa 1.000.000 Zivilisten das Leben. Die »Douglas« flogen Nachschub und Lebensmittel in die Stadt und brachten Verwundete und Zivilisten wieder zurück. Dabei wurden die Flugzeuge oft überladen. Statt der damals zugelassenen 14 Passagiere beförderte man 30 oder mehr Personen mit einem Flug. Die »Douglas« steckte das problemlos weg.

[214] Die Legende besagt, dass Stalin, während der Anfangsphase der Schlacht um Moskau, als es für die sowjetischen Truppen wahrlich nicht gut aussah, einen Panikanfall erlitt. In seiner Not wandte er sich an den Patriarchen von Moskau und fragte ihn, was er denn tun könne, um Moskau vor den Deutschen zu retten. Die Antwort des Patriarchen lautete: »Trage die Ikone eines orthodoxen Schutzheiligen dreimal um Moskau herum. Dann wird Moskau gerettet werden!« Stalin, so heißt es, habe besagte Ikone in eine Li-2 Transportmaschine bringen lassen, die den Auftrag erhielt Moskau dreimal zu umfliegen. Der Befehl wurde ausgeführt und wie die Geschichte zeigt, war der Einsatz erfolgreich. So hat die Li-2, der Legende nach, die Schlacht um Moskau gewonnen.

gungsstraßen abgelöst. In den 1950er-Jahren blieb die Li-2 das wichtigste Passagier- und Transportflugzeug der Sowjetunion. Erst mit dem Auftauchen der IL-14 wurde die Li-2 in die zweite Reihe verdrängt. Fortan flog sie auf Nebenlinien und in Regionen mit geringer oder nicht vorhandener Infrastruktur. Bis Mitte der 1960er-Jahre war die Li-2 in der Sowjetunion ein wichtiges Flugzeug. Danach ging ihre Bedeutung schnell zurück. Ab 1966 wurde die Überholung des Flugzeugs in den Reparaturwerken des Landes eingestellt. Abgeflogene Maschinen wurden stillgelegt. Am 30. Dezember 1976 fand der letzte reguläre Flug einer Li-2 in zivilen Diensten der Sowjetunion statt. Beim Militär wurde die Li-2 bis zum Ende des Jahrzehnts eingesetzt.

Die Li-2 war ein zweimotoriges Propellerflugzeug mit Einziehfahrwerk und Normalleitwerk. Es wurde zum größten Teil aus Metall gebaut. Zum Einsatz kamen verschiedene Aluminiumlegierungen und an hochbelasteten Baugruppen Stahl. Die Steuerflächen der Li-2 waren mit Stoff bespannt. Der Rumpf der Li-2 war eine Halbschalenkonstruktion. Seine Stützstruktur bestand aus 50 Spanten und Längsträgern. Die Außenhaut wurde durch Aluminiumbleche geformt, die miteinander vernietet waren.

Die Gesamtlänge des Rumpfes betrug 19,65 m, wobei es Fertigungstoleranzen von +/- 4 cm gab. Der Rumpf war 2,47 m breit und 2,69 m hoch. Das Cockpit der Li-2 bot Platz für vier Personen. Das waren der Pilot, der Copilot, der Bordfunker und der Bordmechaniker. Zur Besatzung zählten bei zivilen Maschinen eine Flugbegleiterin, bei militärischen Li-2 der Kriegszeit ein Bordschütze und bei der Bombervariante außerdem noch ein Navigator.

Das Cockpit hatte zwei vollausgerüstete Arbeitsplätze für die Piloten. Es gab vier Windschutzscheiben und zwei seitliche Schiebefenster. Die Schiebefenster waren zugleich als Notausstieg gedacht. Im Dach des Cockpits befand sich eine Luke. Sie ermöglichte den Zugang zur Flugzeugoberseite und war gleichzeitig ebenfalls ein Notausgang. Das Cockpit war mit einer Schall- und Wärmedämmung ausgestattet. Sie bestand aus einem Material, das sich ATIMX-10 nannte, sowie einer Filzschicht und einer abschließenden Lage aus grünem Kunstleder.

Das Cockpit war vom Fracht- bzw. Passagierraum durch eine Trennwand separiert. Es konnte durch eine Tür in dieser Wand betreten werden. Der Aufbau dieses Raumes unterschied sich zwischen den Fracht- und Passagierversionen. Die Außenhaut der Passagierversionen war ähnlich gegen Lärm- und Kälte gedämmt wie das Cockpit, während die Frachtversionen keinerlei Dämmung aufzuweisen hatten. Der Fußboden bestand in seiner tragenden Struktur bei beiden Varianten aus einer

Viele militärische »Douglas« erhielten während des Krieges einen Abwehrturm auf dem Rumpfrücken. Nach dem Krieg wurde dieser Turm wieder entfernt. Für weitere Maschinengewehre gab es kleine Luken im Rumpf. Auf dem Bild ist eine solche Öffnung kurz vor der taktischen Nummer zu erkennen. (Foto: Sammlung Normann)

Aluminiumstruktur aus Längs- und Querstreben. Bei der Passagierversion wurde der eigentliche Fußboden aus Sperrholzplatten gebildet, während der Fußboden der Frachtmaschinen mit Aluminiumplatten verkleidet war.

Bei den Passagierversionen gab es gepolsterte Sitze. Sie waren in sieben Reihen aufgestellt. Bei der luxuriösesten Variante gab es beiderseits des Mittelganges bequeme Sessel mit verstellbaren Rückenlehnen, die an jeweils einem Fenster aufgestellt waren. In einer abgespeckten Version gab es gepolsterte Sitze, die links vom Gang Doppelsitze, rechts vom Gang Einzelsitzplätze waren.

Bei den Frachtmaschinen gab es entlang des Frachtraumes klappbare Sitze aus Aluminium. Dafür war der Frachtraum mit Verzurrungsösen ausgestattet, damit Frachtstücke gegen Verrutschen gesichert werden konnten. Am Ende des Rumpfes gab es einen Gepäckraum. Passagierversionen hatten zusätzlich eine Bordtoilette und eine Bordküche. Diese Räume waren mit leichten Querwänden vom Rest des Flugzeugs abgetrennt. Im Rumpf der Li-2 gab es auf jeder Seite sieben eckige Fenster. In der rechten Rumpfseite war die Haupteingangstür untergebracht. Auf der linken Seite gab es die vordere Ladetür und die Zugangsluke zum Gepäckraum. Frachtmaschinen hatten ein großes Ladetor in das eine zusätzliche Eingangstür eingebaut war. Die Tragflächen der Li-2 waren in Tiefdeckeranordnung beiderseits des Rumpfes angebracht. Die Tragflächen bestanden aus zwei Teilen, wobei der äußere Teil abnehmbar war. Die tragende Struktur der Tragflächen bestand aus drei Holmen und Rippen, die mit einer Aluminiumaußenhaut bedeckt waren. Im Bereich der Triebwerke bestand die Außenhaut aus feuerfestem Stahl.

An der Vorderkante der Tragflächen befand sich der Rahmen der Triebwerksaufhängung. Er war so massiv ausgelegt, dass er Landungen mit eingefahrenem Fahrwerk problemlos überstehen konnte.

Als Triebwerke kamen zwei luftgekühlte Sternmotoren des Typs ASch-62IR[215] zum Einsatz. Jeder Motor hatte eine Startleistung von 1.000 PS. In den meisten Baureihen gab es für die Motoren kein Feuerlöschsystem. Erst die letzten Baureihen nach dem Krieg hatten solch eine Vorrichtung. Der Motor trieb einen Dreiblattpropeller des Typs AW-7N-161 an. Dieser Propeller war ein Verstellpropeller, d.h. der Winkel der Propellerblätter konnte je nach Bedarf gesteuert werden.

Gespeist wurden die Triebwerke aus jeweils zwei Tanks, die im Mittelteil der Tragflächen integriert waren. Das Gesamttankvolumen betrug 3.110 Liter. An der Hinterkante der Tragfläche befanden sich die Landeklappen. Sie wurden beim Start auf 10° eingestellt und bei der Landung auf 45°. Das Ausfahren der Landeklappen erfolgte hydraulisch. In die Hydraulik war ein Druckventil eingebaut, das das Fahren der Klappen bei Geschwindigkeiten größer 180 km/h verhinderte.

An den Hinterkanten der Außenflügel befanden sich die Querruder. Sie konnten im Bereich von +27° bis -18° bewegt werden. Am rechten Querruder gab es eine Trimmklappe. Am Heck des Rumpfes war das Leitwerk angebracht. Es war ein Normalleitwerk bestehend aus Flosse und Ruder. Die Flossen bestanden aus Aluminium, die Ruder hatten eine Stoffbespannung über der Rippenstruktur. Gesteuert wurden die Ruder über Seilzüge. Alle Ruder konnten getrimmt werden.

Das Fahrwerk war ein einziehbares Dreipunktfahrwerk mit Heckrad. Die Hauptfahrwerke wurden in die Triebwerksverkleidungen eingezogen. Jedes Rad war mit einem Reifen der Größe 1.200 x 450 mm bestückt. Die Räder des Hauptfahrwerks besaßen Trommelbremsen. Diese wurden durch Betätigung der Pedale am Boden gesteuert.

Das Heckrad war ebenfalls einziehbar. Es war ungesteuert, ungebremst und hatte eine Reifengröße von 600 x 250 mm. Die Li-2 war die sowjetisierte Variante der legendären DC-3. Wie ihr amerikanisches Vorbild war auch Li-2 äußerst robust, zuverlässig und langlebig.

Versionen:

PS-84	Ursprungsbezeichnung. Passagierflugzeug für 14 bis 28 Personen.
Li-2	Militärvariante
Li-2NB	Nachtbomberversion
Li-2 2M-88	Versuchsmuster mit leistungsstärkeren M-88 Motoren. 350 km/h schnell.
Li-2 Salon	Salonvariante für 10 Personen
Li-2D	Fallschirmvariante mit Abwehrbewaffnung
Li-2WW	Kriegsvariante, Bomber mit vier Aufhängepunkten für Bomben bis 500 kg, sowie Abwehrbewaffnung.
Li-2W	Höhenvariante mit zusätzlichem Turbolader. Nach dem Krieg entwickelt.
Li-2P	Hauptvariante für Passagiere. Nach 1946 gebaut.
Li-2T	Hauptvariante für Fracht. Nach 1946 gebaut.
Li-2USch	Schulflugzeug
Li-2WP	Nachtbomber
Li-2F	Fotoflugzeug
Li-2SCha	Landwirtschaftsflugzeug
Li-2SIP	Fliegender Führungspunkt.
Li-2 Meteo	Meteorologisches Beobachtungsflugzeug
Li-4	Variante mit Sternmotoren M-82FN (ASch-82FN)
Li-3	jugoslawische Li-2, die mit amerikanischen Originaltriebwerken der DC-3 ausgerüstet wurden.

[215] Damals noch Schewzow M-62IR genannt. Das waren in Lizenz gefertigte Wright Cyclone Sternmotoren, die für sowjetische Bedürfnisse angepasst wurden.

Wie ging es weiter?

Die Sowjetunion wurde nicht von einer Volksrevolution, wie in den anderen sozialistischen Staaten Europas geschehen, hinweggefegt, sondern wurde von oben zerschlagen. Kommunisten der nachgeordneten Führungsebenen strebten an die Macht und mutierten quasi über Nacht zu selbsternannten Demokraten. Dabei ging es jedoch nicht um die Errichtung von echter Demokratie, sondern um den Machterhalt einer Elite, die schon vor langer Zeit ihren Glauben an die Ideale des Kommunismus verloren hatte. Infolge dieser Ereignisse wurden die Unionsrepubliken eine nach der anderen unabhängig und begannen ihre eigenen Wege zu gehen. Und diese Wege führten zu einer zunehmenden Entfremdung und einer Rückbesinnung auf den längst überwunden geglaubten Nationalismus.
Damit gingen die Nachfolgestaaten der Sowjetunion einen Weg, der dem europäischen Einigungsbestreben, wie es in West- und Mitteleuropa zur selben Zeit vorangetrieben wurde, diametral entgegen stand. Während in der Europäischen Union Grenzkontrollen wegfielen, ein einheitlicher Wirtschaftsraum entstand und ein einheitliches Währungssystem aufgebaut wurde, begann man zwischen den Nachfolgestaaten der Sowjetunion Grenzschranken aufzurichten und einen einheitlichen Wirtschafts- und Währungsraum zu zerschlagen.
Die Auswirkung auf die Ökonomie war verheerend. Alle Staaten des postsowjetischen Raumes rutschten in veritable Wirtschaftskrisen ab. Die Nachfolgestaaten der Sowjetunion verarmten, während einige wenige Privilegierte unglaubliche Vermögen aufhäufen konnten.

Für die Luftfahrtindustrie im postsowjetischen Raum war diese Entwicklung verheerend. Sie war ja zu Sowjetzeiten über die gesamte Sowjetunion verteilt gewesen und wurde nun durch immer undurchlässiger werdende Grenzen behindert. Wo früher freier Warenverkehr herrschte, gab es nun Zollschranken und nationale Egoismen. Die Wirtschaftsbeziehungen zwischen Flugzeugbauern, Konstruktionsbüros und Zulieferbetrieben waren arg gestört.
Hinzu kam, dass keiner der Nachfolgestaaten der Sowjetunion in der Lage war große Geldströme ins Militär zu lenken. Damit fiel der Hauptabnehmer von Transportflugzeugen aus und die Herstellerfirmen standen ohne Beschäftigung da. Man behalf sich mit Notlösungen, mit Reparaturaufträgen und der Abarbeitung von Exportgeschäften, die noch zu Sowjetzeiten geschlossen worden waren. Diese trübe Zeit dauerte ein knappes Jahrzehnt an. Dann erkannten die Militärs, dass es nicht ausreichte die Transportfliegerkräfte bis in alle Ewigkeit mit zur Sowjetzeit gebauten Flugzeugen weiterfliegen zu lassen. Irgendwann musste moderner Ersatz angeschafft werden.
In der Ukraine begann der Nachfolger des OKB Antonow, das ANTK Antonow, damit eine Reihe neuer Flugzeuge zu entwickeln. Ausgangspunkt für die wichtigste ukrainische Entwicklungslinie war die An-74. Diese hatte sich im Truppendienst bewährt, wurde aber kommerziell nicht zum großen Erfolg, weil die oberhalb der Tragflächen angeordneten Triebwerke für die Wartungstechniker schlecht erreichbar waren und somit ein höherer Wartungsaufwand entstand. Deshalb wur-

Die IL-112W sollte das zukünftige mittelschwere Transportflugzeug Russlands werden. Ihre Zukunft ist allerdings ungewiss. (Foto: PAO Iljuschin)

de bei der Firma Antonow beschlossen eine Version zu entwickeln, bei der die Triebwerke unterhalb der Tragflächen befestigt werden sollten. Dieses Flugzeug wurde zunächst als An-74TK-300 bezeichnet und später in An-74-400 umgetauft. Ein Prototyp wurde gebaut und der Fachwelt präsentiert. Von diesem Flugzeug sollte es in Zukunft eine Passagier- und eine Transportvariante geben.
Doch die Verkaufserfolge blieben aus. Deshalb wurde das Flugzeug weiterentwickelt. Nun nannte man es An-174, um es später als An-148 zu bezeichnen. Dieses Flugzeug wurde in ukrainisch-russischer Zusammenarbeit entwickelt und durchlief erfolgreich die Flugerprobung. Es wurde vereinbart, dass die An-148 sowohl in Kiew, als auch im russischen Flugzeugwerk Woronesch in Serie gebaut werden sollte. Und so geschah es dann auch. Für eine gewisse Zeit schien die An-148 ein voller Erfolg zu werden. Russland bestellte eine größere Stückzahl und auch andere Exportkunden konnten gewonnen werden. Doch dann kam es zur Orangenen Revolution in Kiew und die westlich orientierte neue Regierung ließ die Zusammenarbeit mit Russland einstellen. Daraufhin zog sich auch Russland aus dem Programm zurück, so dass letztendlich nur 45 An-148 gebaut werden konnten. 33 dieser Flugzeuge waren an Russland gegangen, sechs wurden in der Ukraine in Dienst gestellt, der Rest wurde exportiert.
Beim ANTK Antonow hatte man in der Zwischenzeit die An-148 weiterentwickelt und schrittweise vergrößert. Die Reihe An-158, An-168 und An-178 entstand. Ganz neu wurde das Passagierflugzeug An-140 entwickelt, von dem ebenfalls eine Transportversion abgeleitet werden sollte. Und für eine gewisse Zeit, als sich die Beziehungen zwischen Kiew und Moskau normalisiert hatten, sah es so aus, dass Russland wieder zum Absatzmarkt für Antonow Flugzeuge werden könne. Doch nach der Maidan-Revolution von 2014 endete dieses Kapitel. Ohne den russischen Absatzmarkt konnten alle genannten Flugzeugtypen keinen kommerziellen Erfolg erzielen. Der Versuch bei der An-178 alle russischen Komponenten durch amerikanische Bauelemente zu ersetzen führte nur zu höheren Kosten, brachte aber kommerziell auch keinen Ertrag. Weder in der Europäischen Union, noch in den NATO-Staaten wurden Transportflugzeuge aus der Ukraine benötigt und im Rest der Welt sah man die neuentwickelten Antonows ebenfalls skeptisch, weil sich die Streitkräfte der Ukraine ebenfalls nicht als große Antonow-Fans erwiesen[216].
In Russland setzte man eine Zeitlang große Hoffnungen in die An-70, deren Entwicklung man zu etwa 80% finanzierte. Als sich die Beziehungen zur Ukraine verschlechterten begann man damit die IL-76 zu modernisieren. Damit war der Bedarf an mittleren Transportflugzeugen zunächst abgedeckt. Es bestand aber immer noch ein Bedarf an Flugzeugen, die die An-26 ersetzen konnten.
1999 wurde ein Wettbewerb ausgeschrieben an dem sich die Hersteller MiG, Suchoi und Iljuschin beteiligten. MiG warf eine Neuentwicklung mit der Bezeichnung MiG-110 ins Rennen. Suchoi gab ein Gebot ab, bei dem es sich um eine Weiterentwicklung des Ende der 1980er-Jahre entworfenen Projektes S-80 handelte. Und Iljuschin bot eine Neuentwicklung unter der Bezeichnung IL-112 an.
Iljuschin setzte sich durch. 2003 wurde der Wettbewerb wiederholt und wieder wurde die IL-112 zur Siegerin erklärt. Die Entwicklungsarbeiten begannen, wurden aber eingestellt, weil sich die Beziehungen zwischen Moskau und Kiew wieder gebessert hatten. Das russische Militär sah in der An-140 und der An-148 seine zukünftigen Transportflugzeuge.
Bis sich die Beziehungen zwischen Russland und der Ukraine erneut änderten. Nun wurde die IL-112 wieder spruchreif, diesmal in der Version IL-112W. Ein Prototyp wurde gebaut und erprobt. Dabei stellte sich heraus, dass das Flugzeug die geforderte Nutzlast nicht zu stemmen vermochte. Deshalb wurde die IL-112W überarbeitet und um etwa zwei Tonnen abgespeckt. Die Flugerprobung wurde wieder aufgenommen. Im Herbst 2021 stürzte der einzig vorhandene Prototyp der IL-112W wegen eines Triebwerksbrandes ab.
Ob die IL-112W jemals wieder flügge werden wird steht momentan in den Sternen. Russland benötigt all seine finanziellen Ressourcen, um den Krieg in der Ukraine zu bewältigen. An eine abschließende Finanzierung der IL-112W ist momentan nicht zu denken.
Um es zusammenzufassen. Sowohl in der Ukraine, als auch in Russland gab es, nach dem Zerfall der Sowjetunion, Bemühungen neue Transportflugzeuge zu entwickeln und in Serie zu bauen. Doch keine dieser Bemühungen war bis zum heutigen Tag wirklich erfolgreich.

[216] Wer kauft schon ein Flugzeug, wenn schon die Streitkräfte der Herstellernation nicht an diesem Produkt interessiert sind? Dieses Phänomen betrifft nicht nur die Ukraine. Erinnern wir uns an das durchaus gelungene Jagdflugzeug Northrop F-20, das keine Exportkunden gewinnen konnte, weil die US-Streitkräfte nicht gewillt waren die F-20 in Dienst zu stellen.

Warum schreibe ich Kiew und nicht Kyiv?

Dem aufmerksamen Leser wird sicher aufgefallen sein, dass ich den Namen der ukrainischen Hauptstadt »Kiew« und nicht, wie es heute in den Medien vielfach üblich ist, »Kyiv« schreibe. Das darf man nicht, schallt es empört aus den Lautsprechern, denn »Kiew« sei der russische Name der Stadt und dieser dürfe, seit Beginn des russischen Angriffs auf die Ukraine, nicht mehr verwendet werden! Wer es doch tue zeige, dass er ein »Russlandversteher« sei! Entschuldigung, aber dieses Totschlagargument kann ich nicht gelten lassen. Denn dass »Kiew« der russische Name der ukrainischen Hauptstadt sei, kann nur jemand behaupten, der niemals Russisch gelernt hat und/oder des kyrillischen Alphabets nicht mächtig ist:

Die Russen schreiben den Namen so: »**Киев**«. Überträgt man die kyrillischen Buchstaben ins lateinische Alphabet und buchstabiert dann den Namen, so kommt man zur Buchstabenfolge »K«, »i«, »je« und »w«, zusammen also »**Kijew**«.

Die Ukrainer schreiben den Namen so: »**Київ**«. Buchstabiert man ihn, kommt man zur Buchstabenfolge »K«, »i«, »i gratkoje« und »w«. Und weil das »i gratkoje« wie ein normales »i« ausgesprochen wird, kommt man zu »**Kiiw**«. Um sprachlich zu kennzeichnen, dass da zwei »i« sind müsste man schreiben »Ki-iw« oder »Kiïw«.

Schaut man sich nun das russische Wort »Kijew« und dass ukrainische Wort »Kiïw« an, so stellt man unschwer fest, dass sich beide Schreibweisen von der von mir gewählten Version »Kiew« unterscheiden.

Und das hat einen guten Grund. »Kiew« ist nämlich der deutsche Name dieser Stadt. Nicht mehr und nicht weniger.

Viele Städte, Flüsse und Landstriche haben deutsche Namen, die sich zum Teil deutlich von den Bezeichnungen, die die dort lebende Bevölkerung verwendet, unterscheiden. Genannt seien hier Prag, das die Tschechen Praha nennen, Mailand, das die Italiener als Milano bezeichnen. Die polnische Hauptstadt heißt bei uns Warschau und liegt am Fluss Weichsel. Für die Polen lauten die entsprechenden Namen Warszawa und Wisla. Denken wir nur an Städte wie Danzig, Breslau, Pilsen, Moskau, Rom und Lissabon. Alle tragen bei uns deutsche Namen. Deren Bewohner nennen sie Gdansk, Wroclaw, Plzen, Moskwa, Roma und Lisboa.

Und deutsche Namen gibt es nicht nur für Städte, Flüsse und Landschaften. Es gibt sie auch für ganze Länder.

Finnland nennen wir Finnland und nicht der Landessprache entsprechend Suomi. Irland, Estland, Frankreich, Großbritannien, Ukraine. Überall verwenden wir deutsche Namen und nicht die lokalen Bezeichnungen Eire, Eesti, France, Great Britain und Ukraina.

Und weil das so ist schreibe ich weiterhin von »Kiew« und »Saporoschje«, »Gostomel« und dem Fluss »Dnjepr«. Denn das sind schlichtweg die deutschen Namen.

Das Magazin für Luftfahrtgeschichte
Wo Historie lebendig wird
Klassiker der Luftfahrt bietet spannende Inhalte zur Luftfahrtgeschichte und der Klassikerszene in Deutschland, Europa und den USA. Acht Mal im Jahr liefert das Magazin detaillierte Flugzeugreports, packende Zeitzeugenberichte, aktuelle Luftfahrtfotografie fliegender Legenden und Neuigkeiten aus der Welt historischer Flugzeuge.
Museum in Indonesien | Neuigkeiten aus der Klassikerwelt | Luftwaffen-ABC
Klassiker der Luftfahrt
Das Magazin für Luftfahrtgeschichte
Traum der eigenen Huey
Condor im Liniendienst
Hawkeye im Detail
RACE 8
Reno
Rennpferde
Rekorde
BARDAHL Special
Nurflügler A.W.52
Britischer Misserfolg
Jetzt online!
Ausgabe als Heft oder E-Paper bestellen:
Telefon: 0781 6396659
Web: klassiker-der-luftfahrt.de/heft
E-Mail: mps-bestellungen@burdadirect.de